天才程序员

Coders

The Making of a New Tribe and the Remaking of the World

[美] 克莱夫·汤普森_著
(Clive Thompson)
符李桃_译

技术狂人如何改变世界

中信出版集团 | 北京

图书在版编目（CIP）数据

天才程序员：技术狂人如何改变世界 /（美）克莱夫 · 汤普森著；符李桃译 . -- 北京：中信出版社，2022.4

书名原文：Coders：The Making of a New Tribe and the Remaking of the World

ISBN 978–7–5217–3943–5

Ⅰ. ①天… Ⅱ. ①克… ②符… Ⅲ. ①程序设计－工程技术人员－研究 Ⅳ. ① TP311.1

中国版本图书馆 CIP 数据核字 (2022) 第 012483 号

天才程序员——技术狂人如何改变世界

著者：[美] 克莱夫 · 汤普森
译者：符李桃
出版发行：中信出版集团股份有限公司
（北京市朝阳区惠新东街甲 4 号富盛大厦 2 座　邮编　100029）
承印者：天津丰富彩艺印刷有限公司

开本：787mm×1092mm 1/16　　印张：23.5　　字数：290 千字
版次：2022 年 4 月第 1 版　　印次：2022 年 4 月第 1 次印刷
京权图字：01–2020–2695　　书号：ISBN 978–7–5217–3943–5
定价：88.00 元

服务热线：400–600–8099
投稿邮箱：author@citicpub.com

献给埃米莉、加布里埃尔、泽夫和我的母亲

目录

第一章
改变世界的一次软件更新

The Software Update That Changed Reality

圆圆乎乎的脸庞，大大咧咧的性格——程序员鲁奇·桑维在23岁那年成为脸书（Facebook）的一员。2006年9月5日凌晨，出自桑维之手的软件更新改变了世界。

桑维在印度长大，她的父亲经营着一家重型机械租赁公司，客户主要是港口、炼油厂和风车的承建商。儿时的桑维总是期待着某一天女承父业。但在美国卡内基梅隆大学（CMU）就读期间，桑维对计算机工程专业产生了极大的兴趣，这让她一发而不可收。学习的过程就像是在不断地解决谜题：怎样才能让算法更高效？怎样才能修补蹩脚的程序漏洞？桑维大脑中的每个角落仿佛都被这神奇的智力博弈占据了，她发现自己无时无刻不在思考和编程有关的问题。她告诉我："我总是沉迷其中，废寝忘食，很难不去想它。"

按照编程界的标准，桑维应该算是"后来者"，她的同学基本上都是男生，他们从八九岁打电玩的年纪就开始编程了，很多东西简直是手到擒来。但桑维没有气馁，她勤恳上进，成绩优异，毕业之后就被纽约市曼哈顿的一家金融衍生品交易公司聘用，从事数学建模工作。

桑维来到纽约，走进办公室，眼前灰蒙蒙连成一片的格子间让她呆若木鸡。在这个地方工作，她可能永远无法改变世界。为金融交易编写代码，就像机器中的一个齿轮，这不是她的梦想。桑维渴望工作的地方应该以技术产品为核心，以计算机科学家为主力，她希望自己的工作能够带来切实的产品，是人们在生活中真正能用到的东西，譬如自己在大学时开始使用的脸书，她想要参与类似的平台搭建工作。而且，脸书也让桑维有点儿上瘾，她时常登录脸书与大学同学联系，密切关注他们的动态。

金融公司的工作桑维一天都没做，果断辞职后，她跑到了旧金山，在数据软件公司甲骨文找了一份工作。突然有一天，桑维接到大学同学的邀约，让她到脸书来看看。

当时的脸书还是一家小公司，是一个仅面向大学生群体的平台，其他人用不了。桑维找到了脸书的办公地点：一家中餐厅的二楼。她发现公司里绝大部分都是白人男性，其中就有刚从哈佛大学退学的马克·扎克伯格。他穿着破旧的凉鞋在办公室里走来走去，还有亚当·德安杰洛（扎克伯格早年的编程启蒙老师），还有达斯汀·莫斯科维茨（扎克伯格在哈佛时的室友）。他们的工作强度很大，杂乱的桌面上摆放着永远打开的笔记本电脑，但办公区域旁边就是休息室，有点儿像宿舍，他们也爱在那里打电玩，有时候他们还会到公司的屋顶上晒晒太阳。刚好在那段时间，脸书请涂鸦艺术家崔大卫（韩裔美国人）在办公室墙面上绘制了壁画，据脸书早期员工埃兹拉·卡拉汉描述，其中一幅是“一位丰满魁梧的女性穿着‘疯狂麦克斯’风格的服装，骑在一头斗牛犬身上”。大家都极力想要为脸书带来改变，接连不断地写出新代码，让用户尝试新功能，其中就包括 Poke（戳一下）——可以发送在阅读后定时消失的信息，以及 Notes（网志）——

可以发布更长的帖子。他们喜欢剑走偏锋，险中求胜。有时候，一个新程序的编写过于匆忙，可能会带来意料之外的影响，往往是代码被发布到网站之后，他们才发现问题所在。所以，很多时候他们会在凌晨推出新代码，屏息静待网站会不会崩掉。如果新代码成功了，他们就能松口气，要是网站真的崩了，大家就得热火朝天地修补代码，时常折腾到第二天清晨。有时候和新代码较劲儿也没有用，那就得“恢复”原始代码。扎克伯格的名言中有一句是“快速前进，打破常规”，桑维特别喜欢。

她说：“（脸书）很不一样，充满活力，充满生机。大家一直都在忙，每个人都很忙，而且每个人对待自己的工作都特别投入……可以感受到那种能量。”如今，脸书已经是辐射全球的互联网巨头，谁又能想到在2005年的时候，脸书面临的困难之一就是缺人，公司迫切需要找到更多编程人员。当时，硅谷很多经验丰富的软件工程师认为，脸书引发的狂潮应该很短暂，在互联网的世界中不过是昙花一现，所以他们对脸书的岗位没有太大兴趣。而桑维抓住的时机非常完美：她很年轻，所以赶上在校园中使用脸书的热潮，知道它有多容易让人上瘾；但年纪又足够大，她刚好获得了硕士学位并且想从事编程工作。一个星期之后，脸书聘用了桑维。她成为公司首位女性软件工程师。

桑维很快就接到一项艰巨的任务。扎克伯格和其他的联合创始人认为，脸书的使用体验迟缓又不方便。在脸书运行早期，如果想知道自己脸书好友的动态，你就得进入对方的主页，这个过程需要用户积极主动去思考和判断。可能某一天有人发布了一些特别有料儿的信息，比如刚分手，一条小道消息，一张特别吸睛的照片，等等。如果当天刚好忘了去对方主页查看，你可能就错过了这些信息。实际上，脸书的用户体验就像一个人住在一幢公寓大楼里，你需要不断打探消息才能知道邻里发生的事情。

扎克伯格希望简化这个过程。那个时候，他每天都揣着自己的笔记本，上面密密麻麻地写着他设想的新功能——“动态消息”，当用户登录脸书账号时，动态消息会在页面中罗列上次登录到当前为止所有朋友发布的消息。这就像社交圈中的超感官知觉，只要有人发布了新动态，系统就会叮的一声提示你，该消息就会进入你的视线。对脸书来说，动态消息可不是小动作，不像是增加了一种新字体或新色度那么简单，这个功能将会重塑人们关注他人的方式。

现在，桑维的任务就是把动态消息这个功能开发出来。同时参与这项任务的还有克里斯·考克斯、马特·卡希尔、金康新（KX）、安德鲁·博斯沃思（扎克伯格在哈佛上学时的老师）。接下来是9个月紧锣密鼓的“战斗”——大家不断畅聊各种想法，然后各自埋头写代码，考克斯的计算机中总是大声播放着詹姆斯·布朗和约翰尼·卡什的音乐。桑维和其他程序员一样，夜以继日地投入编程工作，她时常在公司加班到凌晨，然后拖着疲惫的身躯返回洛杉矶的家中。因为长期缺乏睡眠，桑维在某次驾车途中差点儿出意外，于是她把家搬到了公司附近，有时候穿着睡衣就晃去办公室了，不过大家也不在意。对程序员来说，社交与工作总是交叉在一起，他们在上班时也可以打扑克或者打电玩。在2005年的一次录像访谈中，扎克伯格手中拿着聚会中常见的红色塑料啤酒杯，旁边一个同事还在倒灌啤酒。

程序员的世界就像男生俱乐部，对桑维来说这也不是什么新鲜事了。在她所熟知的计算机科学界中，男生总是占据主导地位，上大学时，她同届的150名学生中只有几个女生。这一屋子骄傲自负的男生，时不时就有人拉高嗓门，这个时候，桑维也会大声回击——她早已学会了“俱乐部”的生存之道。但是，对女性来说，“大嗓门”

会带来负面影响。桑维说："大家都说我特别咄咄逼人。这让我很难过。我并不认为自己咄咄逼人。"

即便如此，桑维也不想多惹麻烦，只想埋头写代码，因为这也是她最在乎的事情。在她看来，写代码是一个乐趣、意外与艰辛交织的过程。在创建动态消息的过程中，她和其他程序员要面对很多关于友谊的颇具哲学思考的问题，例如，朋友之间最想了解彼此什么信息？因为动态消息不可能把每个朋友的每个动态都展示出来。假设你有 200 位好友，每个人有 10 条新动态，那一共就是 2 000 条了，谁有时间每条都看？桑维和其他程序员需要制定一套规则，筛选每个人的动态，也就是给每个动态加上"权重"——以数字区分每个动态的重要程度。他们会在办公室中彼此提问，一直探讨到深夜——你觉得这两个人的关系怎么样？值多少权重？一个人和一张照片之间的关系又值多少权重？

到 2016 年中，他们已经制作出了程序原型。某天晚上，考克斯坐在家里，史上第一个动态消息出现在他眼前——"马克上传了一张新照片"。("手指一动，弗兰肯斯坦式的时刻出现了。"他后来开玩笑说。）到夏天快结束的时候，动态消息的运行已经很流畅了，公司已经做好了将其推向公众的准备。桑维正式对外发文，标题是"脸书迎来了大变脸"，她向全球公布了这一产品。桑维写道："该功能每天会带来个性化的信息推送，马克（扎克伯格）什么时候将布兰妮·斯皮尔斯加入他的'最爱'清单，你的暗恋对象又恢复单身了。现在，无论何时登录，你都不会再错过这些信息啦。"桑维认为，这些改变"与目前互联网上的功能大不相同"。

在午夜之后不久，桑维和其他程序员将新功能推向了全球，动态消息正式诞生！团队成员打开香槟，热烈拥抱。正是这样的时刻让桑维热爱计算机的世界——编写代码，改变人们的日常生活。

但是出现了一个问题：人们讨厌这个新功能！

桑维和团队成员将新功能推出后的几个小时，大家挤在桑维的办公桌前等待着用户评论。桑维蹲在地上，扎克伯格站在桌前紧盯着电脑屏幕，同事 KX 就站在扎克伯格身后，伸着脖子看屏幕。每个人都按捺不住内心的激动。扎克伯格后来回忆道："我们当时认为（评论）一定会是好消息。"

结果事与愿违。沿着屏幕往下滑，评论基本上都是"烂透了"。脸书用户开始大肆反击，很多人威胁说要注销账户、抵制脸书，还出现了"鲁奇是魔鬼"等名称的小组。有一名叫本·帕尔的学生建立了"学生群体抗议脸书动态消息"的小组，短短一天就有 25 万用户加入。

他们到底在抗议什么？帕尔解释道："大多数人不愿意让所有人自动知道自己的动态。动态消息有点儿诡异，有种被人跟踪的感觉。"确实，正如扎克伯格总结的那样，脸书的使用体验迟缓又低效，但是脸书用户似乎已经习惯甚至开始依赖这种低效体验。这让他们拥有某种舒适的秘密空间。比如，有人上传了新头像之后，如果不喜欢，几分钟后就可以换回旧的头像，也没有几个朋友会发现这个改动。但动态消息就像一个多管闲事又咋咋呼呼的大喇叭，生怕你有一次更新别人不知道。"嘿！丽塔和杰夫分手啦！她又单身啦！赶紧来看看！"

程序员是对的：这个发明确实改变了大家关注社交圈的方式。但是用户不确定的是，这种迅速而夸张地刷新注意力的机制真的好吗？真的是自己想要的吗？

躁动持续了一整天，之后有学生开始到脸书的办公楼前扎营抗议，这逼得桑维和其他程序员只能从后门进出。网络上的动静就更大了，整整 100 万脸书用户（约占脸书用户的 10%）加入了关闭动态消息的各个小组。

脸书员工开始探讨对策，并出现了两个阵营，一方支持关闭动态消息，另一方认为用户需要适应期。扎克伯格在第二阵营中，他认为，在最初的震动消退之后，用户会喜欢这个新功能的。桑维也表示强烈认同，不过她也承认，坚持保留动态消息，部分原因是出于软件工程师的自尊心。“为了它我花费了人生中整整 9 个月的时间，绝对不能轻易放手。”

扎克伯格的观点最终得到了肯定。即便如此，他也承认整个团队的行动过于仓促，其实应该在用户表示不满的时候做出让步。于是，脸书的程序员制订了新计划——增加隐私设置，用户可以禁止某些敏感的信息出现在动态消息中。又经过 48 小时加班加点的整改，脸书正式推出隐私设置功能。扎克伯格也在脸书上公开表达歉意：“我们这次确实搞砸了，（我们）没有做好解释新功能的工作，更没有做好让大家掌控新功能的工作。”不过，扎克伯格依然坚信，假以时日，动态消息肯定会大受欢迎。

果不其然，动态消息让人躁动，也让人沉迷。事实证明，这个每日更新的新鲜事报道释放出巨大的价值。用户查看消息，更新的动态会滚动出现，朋友们的生活动态生动地呈现在他们眼前。自动态消息功能推出后，桑维及其团队发现，用户使用脸书的时长增长了一倍。而且，用户形成小组的速度也大大提升。这也在情理之中。如果你看到自己朋友加入某个政治话题小组或乐队粉丝小组，你会不动心吗？之前提到那些抗议动态消息的小组，其实也正是因动态消息功能的出现才得以迅速扩张的，说来还有点儿哭笑不得。（当然，还有一些更有意义的小组也因此而建立，在动态消息推出后，脸书平台上形成的第二大小组就在呼吁关注达尔富尔种族屠杀事件，第四大小组则倡导乳腺癌研究。）

甚至有观点认为，动态消息最终成为过去 20 年里影响最为深远的计算机代码之一。它的作用无处不在，渗透到生活的方方面面。在动态消息中，有人得知朋友刚刚生了孩子，有人看到了朋友的生活空间，有人看到了朋友的假期时光，有人发现了很多笑料，有人找到了很多猫咪表情。动态消息汇聚了极高的关注度，成为推动各种现象疯传的最强媒介之一。从感人催泪的小短片到碧昂斯的演出剪辑，从“阿拉伯之春”的宣传到恐怖组织伊斯兰国（ISIS）的招募录像，数不尽的内容通过动态消息得以传播。动态消息将人们联结在一起，也带来很多大众心理学上的新病症，例如“信息过度（TMI）”（接收的信息超出某人的承受范围），“错失恐惧症（FOMO）”（担心失去或错过某些事情的焦虑情绪）。

动态消息大大增加了用户使用脸书的时间。在美国，人均每日使用脸书的时间为 35 分钟。原因显而易见，动态消息的算法就是要根据用户的喜好推送消息，因此，算法会观察用户在脸书的每一次点赞、每一条转发、每一次评论，从而筛选出更契合用户喜好的动态进行推送。迎合用户的需求自然能够为企业带来极好的商机。2017 年，脸书一年的广告收入达到 400 亿美元。然而，将极为庞大的注意力汇集到有限的领域也带来令人不安的副作用。动态消息在一定程度上阻碍了公民的话语讨论，如果有人想要故意传播误导性信息，散播谣言，或者诱发仇视情绪，动态消息就是非常高效的工具。在 2016 年美国大选末期以及特朗普总统任期的第一年，记者们发现，很多反面势力——白人至上主义者、时政假消息制造者——都在利用动态消息煽动舆论。更可怕的是，动态消息的设置就是要过滤掉与用户喜好不匹配的信息，这似乎也加深了美国党派之间的分歧。

2017 年 2 月，也许扎克伯格也开始怀疑自己打造的动态消息了。他发表了 5 700 字的长文，似乎是为脸书在当前政治分歧中的影响表达歉意，但语气又非常隐晦且带有防御性。该文写道："我们在脸书的工作是为了给人们带来尽可能多的最积极的影响，同时减少可能由技术和社交媒体制造的分歧和孤立领域。"

"同时减少可能由技术和社交媒体制造的分歧和孤立领域"，这个公司宗旨的措辞简直审慎得出奇。相较于"快速前进，打破常规"，前者更加慎重，也许，其中也默认了有些东西不应该被打破。

……………

风险投资人马克·安德森曾发文称："软件正在吞噬世界。"

是的。人们在清醒的时间里，几乎每分每秒都在使用软件。你的手机，你的笔记本电脑，你的电子邮箱，你的社交媒体，你的电子游戏，你的网络电视，你呼叫的出租车，你点的外卖……无一不与软件相关。但是，还有一些不太明显的软件也充斥着你的生活：你触摸到的每一本纸质书或每一页传单都是由软件设计的，你汽车中的刹车系统也有编程的影子，你的银行利用"机器学习"算法全天候监视着你的购买行为，一旦有人冒用你的信用卡，系统很快就能识别出来。

所有的软件都出自程序员之手，也就是鲁奇·桑维以及马克·扎克伯格的同行。这是不是有些诡异又理所当然？而且，软件产品的创意大概率也来自程序员：因为他们每天的工作就是要让计算机去完成新任务，所以他们也非常擅长思考计算机还可以完成什么千奇百怪的事情。（有没有可能，一台电脑可以对照常用词词典对所有输入的信息立即悄无声息地进行核对，以确定拼写是否有误？于是就有了"拼写检查"功能。）

有时候，你觉得自己使用的软件似乎就是突然被生产出来的，就像是草丛里疯长的草，特别理所当然。其实，每个软件程序的诞生都是程序员仔仔细细编写代码，一步步指引计算机完成任务的过程。“算法”这个词有一种祭司阶层的神秘感，但它们都是由指令构成的：先完成这一步，再完成那一步，然后完成下一步。当前的动态消息功能就是蕴含了某些机器学习路径的超复杂算法，但它终究是一系列的指示规则。那么规则制定者就拥有了权力。其实，当前高科技公司的创始人——也就是决定生产哪些产品、解决哪些问题，甚至定义哪些问题值得被称为“问题”的那些人——大多数都是技术人员出身，在职业生涯的早期，他们都在埋头写代码，也捣鼓出了足以创建新公司的软件雏形。

正因如此，程序员已经不声不响地成为世界上最具影响力的一群人。人类居住的世界由软件构成，而程序员就是建筑师。他们的决策引导着人们的行为：当他们以新手段简化了某件事情时，人们投入这件事情的频率就会增加；当他们将某些事情变得困难或复杂时，人们就会减少这方面的投入。20 世纪末到 21 世纪初，程序员开发了第一批博客工具，引发了表达自我的狂潮。一时间，公开发布内容成为极其简单的事情，上百万人不约而同地投身其中。后来，程序员又开发了“文件共享”工具，保护内容传播的传统机制瞬间失效，这引发了整个娱乐行业的震动。当然，娱乐行业随即雇用了自己的程序员团队，开发了“数字版权管理”软件，将其应用到音乐和电影产品中，增加复制产品、私人分享产品的难度，也就是以人工手段创造稀缺性。如果财力雄厚的利益群体不喜欢某些软件，他们也可以花大价钱让程序员开发与其相悖的软件。给予的是代码，能夺走的也是代码。

回顾世界历史，在不同的时间节点上，某个行业的重要性总会突然上升，而其中的从业者突然就拥有了极大的权力。世界总是在某个瞬间需要某一类技能，并对其报以丰厚的馈赠。

在18世纪末的美国独立战争时期，最关键的就是法律界。美国政府的组建根基就是法律。正因如此，律师以及法律撰稿人拥有了权力。他们能在大脑中构筑法律体系，又能为了胸中宏图高谈阔论。他们争取到了谈判桌上的话语权。美国的开国元勋大多专业律师出身（约翰·亚当斯，亚历山大·汉密尔顿，约翰·杰伊，托马斯·杰斐逊），他们还是坚定的守法主义者（詹姆斯·麦迪逊）。正是他们确立的规则定义了美国，正是他们谱写了美国民主体制的章程。即便是极其细微的决定也对美国的发展产生了深远的影响，美国国父们创立的选举人团制度就是一例，他们无意中创造了一个体系，在这个体系中——200年后，总统候选人发现，他们在竞选宣传时只需要关注几个“摇摆州”。只要某个州明确向共和党或民主党的任一方倾斜，它就不在拉票的考虑范围内了，候选人不会到访，也不会试图去拉拢选民。假设当时的选择是全民选举制度，那么选举现状必然大不相同。然而，在无法重修宪法的当下，美国人只能被困在这个由先辈创建的体系中。

美国独立战争100年之后，又有一个新行业变得尤为重要。随着工业革命轰轰烈烈地推进，美国的城市化进程开始了，在纽约、波士顿、芝加哥……摩天大楼拔地而起。如何在有限的空间内安置数百万人，如何为其提供卫生的环境、干净的水源和空气，以及方便的出行方式，这些问题迫在眉睫，这时候就需要大批出色的技术人员。于是，土木工程师、建筑师、城市规划师成为时代的主宰。相关领域的工作人员——包括地铁建筑师、桥梁设计师、园林规划师等——对美国城市居民的生活方式产生了极其巨大的影响。同样，即便是简单的选择也对后来人们的生活产生了长久的影响。罗伯特·摩西是20世纪中叶纽约著名城市规划师，他主导了很多工程，修建了很多高速公路和公园，塑造了今日的纽约。但他的某些决策也摧毁了人们的生活。1948年，摩西着手跨布朗克斯高速公路工程，在他看来，这条高速公路将会大大缓解长岛到新泽西的交通拥堵状况。确实，修建高速公路的作用十分显著，然而却让道路横贯而过的黑人聚居区付出了惨痛的代价。高速公路带来极大的噪声污染和空气污染，周边房产的价值遭到重创，对数百户并不富裕的非洲裔美国家庭来说，他们的居住环境变差了，资产缩水了。（摩西似乎也在追求“快速前进，打破常规”，可打破的已不仅仅是常规。）

如果想要了解当今世界的运转情况，你先要了解一下程序员。打造当今世界的这群人到底是谁？为什么他们那么重要？什么样的人喜欢编程？他们的工作对我们有什么影响？更有意思的一个问题是，他们的工作对他们自身又有什么影响？

说到程序员被编程吸引的时刻，几乎所有的故事都有一个相似的开端。

是的，就是他们写下第一个代码，让计算机说出“Hello,World!”的时刻。以下是计算机程序设计语言Python写出这一代码的过程：

```
print (“Hello, World!”)
```

按回车键，运行代码，计算机就会显示：

```
Hello, World!
```

这看起来并不复杂，对吧？但是对新手来说，这个时刻扣人心弦又神圣非凡。在旧金山著名的编程之家 Noisebridge，一名程序员向我描述说："当时我 13 岁，面对眼前的机器，我仿佛让它有了生命，它会执行我所吩咐的一些事情。对小孩子来说，这种感觉真的太棒了。就像是你创造了一个自己可以控制的小宇宙。"

从目前的文献来看，第一次出现"Hello, World!"是在 1972 年，一名叫布莱恩·柯林汉的青年计算机科学家正在撰写一本手册，解释如何使用编程语言 B 进行编程。他要展示 B 语言所能完成的最简单的任务——输出一条信息。柯林汉告诉我，他看过一个动画，有一只小鸡从蛋壳中露出头来，说了一句"Hello, World!"，他特别喜欢这个有趣又离奇的动画设计。于是，他决定把输出这句话作为 B 语言的简单任务范例。程序员们很快就喜欢上了柯林汉风趣诙谐的设计，此后，几乎所有的编程语言（超过 250 种）都引入了这句"咒语"作为使用指南的开始。"Hello, World!"——生动简洁地呈现出编程的神奇时刻，即程序运行成功，被赋予生命的那一刻。

编程总是带有一种难以言喻的神奇感。没错，编程确实是工程设计的一种，却不同于其他任何类型的工程设计，包括机械工程、工业工程、土木工程。编程以文字进行设计制造。代码是一种语言，是人类对硅元素（计算机芯片原材料）发出的话语，最终赋予设计成果以生命，让其执行人类的意愿。这使得代码有了非常文艺的一面，法律也体现出代码的这一特质。像汽车发动机、开瓶器等实体机械产品会受到专利权法的保护，而软件则受到版权法的保护，类似于对诗歌或小说的法律保护。但是，软件又与诗歌或小说截然不同，前者会对人类生活直接产生实际影响。（所以，有部分程序员认为，以版权法规范编程带来了极其严重的后果。）总而言之，编程横跨的两个世界，一边是冰冷的金属，一边是飞扬的思绪。

早在1975年，著名软件工程师弗雷德里克·布鲁克斯就写道："编程人员，就像诗人，与纯粹的思考相差并不远。程序员通过发挥想象力凭空建造自己的城堡……但是，程序结构又不同于诗人的文字，它更加真实，它能够带来改变，激发效应，产出有别于程序结构本身的有形成果。它可以输出文字，可以绘制图片，可以产生声音，可以移动肢体。在我们这个时代，神话中的魔法终于成真。在键盘上敲入准确的咒语，显示器上就会呈现出新的生命，展示出前所未有的神奇成果。"

正因如此，"Hello, World!"这样短短两个单词才承载了极大的神奇力量。就像宗教传统中神明宣告万物的诞生，例如《圣经》开篇第一句"起初，神创造天地"。（信奉基督教的程序员尤其钟爱这一关联：与人合作创造了游戏《神秘岛》的程序员罗宾·米勒是福音派信徒，他时不时会因为自己编写出很棒的代码而停下来感叹一句："太神奇了！"）

但是"Hello, World!"也有诡异的一面，它仿佛在提醒人们，有些东西一旦被赋予生命，一旦逃离人类的掌控，就可能带来意想不到的后果。比如，弗兰肯斯坦博士创造出的怪物，在遭到背弃之后，这个怀恨在心的怪物最终杀死了弗兰肯斯坦的至亲。又比如，电影《魔法师的学徒》中被下了咒语的扫把拖布，因为学徒无法驾驭，不断分化重生，导致一场闹剧。软件程序也是如此。动态消息可以推动热心的人们组织起来照顾不幸身患癌症的朋友，也可以被阴暗的人们用来传播极端丑恶的阴谋论。正是神秘力量与代码的交织让20世纪80年代的少年程序员很快就爱上了《龙与地下城》（融合想象力与掷骰概率学的游戏），爱上了奇幻文学作家托尔金的伟大作品。在20世纪60年代，程序员发明了一种可以在后台持续运行的代码，将其称为 daemon（意为古希腊神话中的“恶魔”）。计算机科学家拉里·沃尔在其发明的编程语言 Perl 中加入了一个名为“Bless”（“祈福”）的功能。程序员丹尼·希利斯曾经写道：“假如是在几百年前的新英格兰，我的职业可能会让我遭受火刑。”

掌控魔力的感觉令人着迷且乐趣无穷，它往往会带来过度乐观的理想主义。同时，这也会让一些年轻的程序员，尤其是那些未被生活与失败挫去锐气的年轻人变得狂妄自大。程序员出身的技术文化评论家马切伊·切格沃夫斯基指出，擅长编程的人“慢慢地会觉得自己有一种独特的能力，在没有任何培训的条件下，就能凭借自己卓越的分析能力理解任何一种系统的基本原则。在软件设计的人工世界里，成功往往会带来一种颇具危险的自信”。或者正如计算机科学家约瑟夫·维森鲍姆 1976 年指出的那样：“如果阿克顿勋爵对于人性的洞察——权力使人腐化——不适用于一个无所不能的世界，那么人们一定会感到很惊讶。”

编程工作并不容易，程序员要长时间坐在电脑前，在大脑中构建出一个软件纷繁复杂的细节。比如，为什么用户输入这个信息就会产生这个循环？这个子程序运行之后就不会产生循环？哪个时刻程序应该启动？我听过各种各样的比喻，“就像建造并熟记伦敦每一条街道的构造”和“就像在头脑中搭建起巨大的空中楼阁”。正因如此，编程往往特别吸引性格内向且痴迷于逻辑思考的人。想象某个星期六的晚上，有人在抽屉里突然翻出一个 1997 年就被淘汰的网络摄像头，那么他一定会宅在家里，兴致勃勃地给它捣鼓出一个驱动程序，这里说的就是这类人。对他们来说，驱动陈旧的设备可太有意思了，而相较于人际交往，前者的可预测性明显更高。（但是，这种内向性格与编程的关系并不绝对。当下，编程工作与社交的关系越来越密切，软件的设计必然需要团队合作，而且，和同事开会讨论编程内容的时间很多时候也超过了编程本身的时间。）

除了性格内向和具有逻辑思维，编程所需的人才更需要具有应对无尽挫折的能力。计算机确实可以执行人们发出的指示，但前提是你要给计算机极其精确的指示。就如前面提到的“Hello，World！”，如果你慌慌张张，输入计算机的英文如下：

```
print (Hello, World!)
```

……哎呀，忘了输入双引号。这时你按下回车键，程序就崩溃了。计算机这回就不会执行你的指示了。而且，计算机可不太友好，绝对不会来一句：“十分抱歉，出现故障。”计算机只会吐出一条信息，比如 SyntaxError: invalid syntax（语法错误：无效语法），然后你还得弄清楚自己到底是哪里做错了。编程语言就是语言的一种，是与计算机对话的方式。但是，计算机可能是地球上最吹毛求疵的语法学家，它咬文嚼字的本领可以说登峰造极。当我们与人对话时，对方会用心理解我们到底说了什么。计算机可不会。当你与计算机对话时，每一个语法错误都会被它不留情面地指出来，摆到你面前，直到错误被修正为止。这对人的思维和性格也会产生影响。程序员在每天的工作中都少不了跟无穷无尽的失败做斗争，还要想办法消化挫败感。

程序总是被破坏，被搞砸，还有一堆程序错误。有时候，你两分钟前写的代码第一次运行就崩溃了。计算机科学家和教育学家西蒙·派珀特 1980 年就指出：“在你学习计算机编程的时候，你几乎不可能第一次就把它做好。”他认为这是考验所有程序员心理素质的核心。当程序员写了代码，尝试运行代码，运行失败时，程序员就要想办法弄清楚到底哪里出了问题。那些每天面对接连的失败还能够坚持下来的人才会成功，如果做不到，你就只能逃离编程的世界。

1949 年 6 月，计算机科学家莫里斯·威尔克斯在爬梯子的时候突然顿悟：“我余生的很大一部分时间将花在寻找自己程序中的错误上。”70 年后，那一刻的顿悟成为所有程序员的现实生活。而且，更有意思也更常见的现象就是，有时候程序员不是在自己写的代码中发现了问题，而是在公司前雇员写的程序中找到了问题，那往往就是“面条式代码”——格式混乱，变量名称难以理解，简直就像小说《芬尼根的守灵夜》那样晦涩难懂。程序员要一头扎进去，一点一点修复里面的错误。程序员这个职业，在我看来真的很像希腊神话中的西西弗斯，他每天都要卖力地把巨石往山上推，然后眼睁睁地看着巨石滚下山……日复一日，年复一年……突然有一天，巨石翻过了山顶，他赶紧跟着翻过去，他看到了什么呢？又一座大山。

数十年来，电视和电影导演总是将编程呈现为疯狂敲击键盘的画面，程序员总是行云流水般写出大量程序。但现实中的画面可真是太枯燥了。你去看看程序员工作（我本人就认真观察过好几个小时），他们大部分时间都是坐在计算机前，皱着眉，盯着屏幕，时不时沮丧地两手抱头，时不时又敲一下键盘，在好不容易取得了一些微小的进展之后悄悄露出不易察觉的笑容。有一名程序员跟我说：“老兄，我真不知道这书你打算怎么写，看别人编程是世界上最无聊的事情。”微软公司的程序员斯科特·昂塞尔曼告诉我：“（编程工作）没什么看头。就是坐在那里敲键盘。”

打扰他们也不是什么好事。假设你走进一家高科技企业的市场营销部工作区域，你会发现那里满眼都是外向热情的人，他们互相套近乎，不停地交谈。一旦游荡到编程部门的工作区域，你会发现那里简直比寺庙还安静，满眼都是戴着耳机的程序员，每个人都尽力维系着自己的工作状态，把数十个甚至数千个复杂的结构牢牢掌控在大脑之中。进入状态并不容易，一旦进去他们就不想出来了。这个时候，你要是拍拍某人的肩膀问“嘿，进展如何?”，那大概率会引发对方喷涌而出的愤怒。这是因为你打破了魔咒，人家好不容易搭建起来的城堡就这样崩塌了。“再见，世界。”

我们现在尝试着用代码实现一个简单的自动化。例如，能否利用“Hello,World！”的程序对不同的人说“hello”？我们可以输入：

```
names = ["Cynthia", "Arjun", "Derek",
"Alondra"]
for x in names:
 print ("Hello there, " + x + "!")
```

代码中有一个 4 个名字的清单，把这个清单放入叫“names”的变量中。然后写入 for 循环进行循环控制，这样程序就会一次一次将每个名字都插入“Hello there, ____!”中的空白处。最后写入输出的内容。现在运行这个 Python 语言编写的程序，你就会看到：

```
Hello there, Cynthia!
Hello there, Arjun!
Hello there, Derek!
Hello there, Alondra!
```

是不是更有意思了。这也意味着，机器可以替我们做一些重复性的无聊事情了。你可以给出有 10 个名字的清单，然后循环 10 次。还可以给出有 1 万个名字的清单，程序就会给出 1 万次问候。1 000 万次、10 万亿次，都没问题。

换言之，编程非常适于规模化。计算机需要精确的指示，只要指示准确无误，机器就会不辞劳苦一遍又一遍完成你给它布置的任务，为全球的用户服务。看到自己创造出恪尽职守的机器人，服务于全球上百万用户，这种感觉着实振奋人心。很多软件工程师像飞蛾一样被编程的规模化火焰吸引。他们不仅仅是为了自己或者身边的几个朋友编写代码，他们更希望就在当下为整个地球上的人编写代码。解决了一个问题，你就解决了所有人的问题。

当桑维和其他脸书的工程师思考如何创造动态消息的时候，他们首先会将其定义为一种私人新闻服务。它将是 18 世纪欧洲贵族公报的现代版，消息灵通的仆人会将你认识的形形色色的人的各种消息报送过来。或者，用桑维的话来说，它就是一种个性化的新鲜事报道。桑维说："3 个刚从大学毕业的工程师要为 1 000 万用户打造个性化的新鲜事报道，这似乎有些疯狂。" 而规模化令人惊叹的力量正在于此。

与此同时，编程的另一特点就是对效率的狂热追求。程序员可以让计算机毫厘不差地重复指示的任务，因此，他们根本不屑于自己去做重复性的事情，对低效的反感几乎成为他们自身审美的重要组成部分。低效二字于程序员仿如羞辱，令人避之不及。只要有可能让一件事情自动化、效率化，程序员就必定会抓住机会。（桑维甚至将这种理念延伸到婚姻中。桑维的母亲希望她在印度结婚，也就是沿袭印度包办婚姻的传统。桑维同意了，因为她猛然想到这比约会要高效得多。如果纯粹从计算机科学的角度出发来分析，约会就是一种资源密集型的分类算法，很不划算。桑维在一次演讲中说：“印度式的婚姻吸引了我作为工程师的那一面，这种方法非常务实，而且成功率更高。”）

不断追求优化和规模化的本质也带来了软件公司与民众生活的激烈碰撞。脸书将普通人的生活视为低效的信息传输。在使用脸书之前，我每天做的事情（思考的问题、阅读的书籍）可能也是我朋友感兴趣的事情。但是，我没有什么简单的方法将自己每天的生活告知他人，他们也没有途径知道。我们只是时不时打一通电话，到酒吧里喝一杯，或者在路上遇到的时候聊一聊。而动态消息极大地优化了我们的“周边视觉”，将其拓展到世界的每个角落。同理，优步（Uber）优化了呼叫出租车的体验，电子商务平台亚马逊则优化了购物体验，还有很多公司通过“零工”雇员提供了各种各样的即时服务。在每一个案例中，技术公司为了追求优化的极致，往往会与更加看重延续性的个人、政府或不同群体产生剧烈冲突：司机或雇员更喜欢稳定的工作而不是时有时无的零工，由于无法与电商竞争，很多街坊小店关门、职员失业。或者有一种文化突然意识到，动态消息在很多方面都非常宝贵，但有时也会让我们彼此接触过于频繁。

编程让提升效率、扩大规模变得更简单、更诱人，甚至成为一种必然。因此，程序员非常容易融入商业世界，这也在一定程度上解释了为什么部分程序员很容易陷入自由主义思维。他们的才华恰恰契合了资本主义的核心，基本上就是“进一步提升做某事的效率，然后赚取利润”。不过，软件程序本身也让某些资本主义的设定变得有些诡异。一个软件程序是一件物品，是一种可以做事的工具，所以你可以拥有它。但是这个软件程序同时又是一种语言，很容易被共享。很多时候，它会被不断分享。程序员非常乐意公开讨论自己每天的工作，他们时常会把自己编程中的问题发布到网络论坛上，也会在论坛上花很多时间解答别人的问题。（20世纪80年代的一项调查发现，在程序员群体中，“对雇主的忠诚度要低于对这一职业的忠诚度”。）即使是在硅谷最具资本主义色彩的企业中，程序员也会花上很多时间（在自己的办公桌前）帮助其他痴迷于技术的人解决问题。自由的开源软件世界往往存在一种共产主义精神，程序员会无私贡献自己的工作成果，开发任何人都可以自由使用的软件。

媒体十分关注硅谷中富有的自由主义者。这是可以理解的，他们掌握了极大的财富，可以决定资金的流向。他们热衷于“颠覆”，也由此决定了哪些技术将得到资金支持。但是，一般程序员的政治观点往往比人们预想的更多元化：有些功利心极强的程序员在喝到微醺的时候可能会承认自己给特朗普投了票，但与他并肩作战的同事可能是住在共享公寓里的无政府主义者，坚定地支持“财产是赃物”；参加编程大会的程序员，既有传统的加州左翼自由主义者，也有竭力抨击女权主义的人。

但这个行业的确存在性别、平等与种族多样性等方面的问题。综观收入丰厚且社会地位高的行业，美国女性劳动力呈下降趋势的屈指可数，软件行业便是其中之一。20世纪50年代出现的第一代程序员中就有女性的身影，其中不乏业界翘楚，例如创造了第一个编译器的格雷斯·霍珀，还有编程语言Smalltalk的创始人之一阿黛尔·艾德堡。1983年，大学计算机科学专业有31.7%是女性。到了2010年之后，女性占比竟然下降到17%左右（就业市场上的数据也非常接近，2015年，在谷歌、微软等知名技术公司中，女性占比可能为17%到20%不等）。种族多样性也在下降，走入一家初创公司，大数据的分析结果就会赫然呈现：大部分程序员都是白人男性和亚裔男性。全美非洲裔和拉美裔程序员的占比都是个位数，在硅谷顶尖的企业中，这一比例低至 1% 到 2%。

这一现象颇具讽刺意味，因为软件行业长期以来的定位就是英才至上，理论上，一切都以能力说话。这种错觉可以理解，一定程度上也是由编程本身决定的。编程真的会让人有能力至上的感觉：能力差，写的代码就会崩溃；能力强，写的代码就会顺利运行。的确，软件工程师喜欢清晰的二进制。解决一个刁钻的编程问题就像跑一场马拉松，是对自己能力真正的衡量和认证。另外，相较于很多行业，软件行业更民主，在这个行业里，博士生与自学成才的业余人士可以并肩奋斗（这在外科手术、法律、航空航天工程等领域是绝对不可能出现的）。而且，很多程序员会满怀敬佩地告诉你，他们的同行不仅技术过硬，而且是黑客精英，就像《黑客帝国》中的尼奥一样，可以源源不断地写出代码，破解难题，速度远远超过普通程序员。正因如此，这个行业中的错觉有很深的源头。这个行业有太多个人英雄主义的故事，而很多白人男性没有经历过少数族裔在生活中面对的各种歧视，也就很容易受到这种错觉的影响。他们真诚地相信，这个行业就是黑白分明、能力至上的，即使那些对歧视现象感到厌恶或愤怒的程序员，也几近天真地相信这一事实。他们觉得，如果女性或少数族裔没能在这个行业有所发展，那就一定是他们不够努力，或者没有这方面的天赋。

但事实截然相反。很多证据已经推翻了这种认知，其中就包括硅谷最喜欢的 A/B 测试研究。在一项实验中，一家技术行业招聘公司给雇主推送了 5 000 份简历，第一次是匿名推送，第二次是署名推送。在匿名的简历筛选中，雇主不知道求职者的性别（西方名字一般能看出性别），女性求职者 54% 得到了面试机会。在署名的简历筛选中，女性求职者得到面试机会的概率下降到 5%。我在采访技术公司的女性和少数群体时，很多人都向我倾诉了形形色色的歧视现象，既有隐晦的言语攻击，也有明目张胆的骚扰。软件行业变得狭隘的过程提醒着人们，现代社会的机会分配正变得不公平，也推动着人们去思考该如何改变这种状况。

这里面隐藏的风险高得惊人。在产品设计上，文化因素很关键。如果开发某个程序的团队成员具有单一的文化背景，那么这个程序一定存在严重的盲区，这是工商管理硕士就能学到的知识点。所以，我们说代码改变了我们的生活。近年来，很多极具影响力的软件都出自年轻白人团队之手，他们没有预见到自己编写的代码会如何影响那些和他们不一样的人。举个例子，推特就出现了很多辱骂、骚扰现象。设计团队的年轻人——从人口统计学的角度看——在网上遭到辱骂的概率很小。因此，他们在设计初期就没有把网络暴力和网络骚扰视作重要的潜在问题。恰恰相反，有的成员还将公司戏称为“言论自由党的言论自由派”。他们在早期几乎没有针对网络骚扰等现象设计出有效的防卫措施，几年后，键盘侠、白人至上主义者发现，推特很适合他们去骚扰特定的对象。

……………

增加编程人员的多样性现在已经成为鲁奇·桑维的工作。

我第一次见到桑维时她 35 岁，但是在更新换代极快的互联网行业中，桑维已然是幕后大佬了。在脸书工作了 5 年后，她创立了自己的公司，之后转手卖给了云存储网络公司多宝箱（Dropbox），并在那里担任了一段时间的副总裁。离开多宝箱之后，桑维又开发了一个新项目：South Park Commons 社区，旨在推动下一代程序员成长。它位于旧金山市场街南区一幢翻新的办公楼里，年轻的技术人员可以相聚在这里，思考自己的未来。

我在一个炎热的夏天中午来到桑维的办公室，桑维告诉我，“这里就像沙龙”。工程师、研究人员、创业者三五成群地坐在长桌旁，埋头阅读邮件、白皮书，办公室的墙上是一幅巨幅画作，天花板上是交错的木制拱顶结构。桑维每次会招纳 30 到 40 名成员，主要通过口碑传播，然后鼓励他们演讲，组织讲座，讨论各种想法。这里不太像那些“创业加速器”，不是让年轻人拼死拼活 3 个月徒手建立一家公司以期吸引风险投资。这里的不确定性更多，成员们要到完全新奇甚至古怪的领域中去探索。他们最近讨论的主题集中于人工智能及如何编写能够自主学习的机器算法。桑维的社区组织至少有 6 名成员，之后去了谷歌大脑团队和人工智能非营利组织 OpenAI 工作。

在该社区推动产生的初创企业中，有 6 家公司由女性创立。这也是很大的成就，让更多女性走到创始人的位置上，意味着她们对公司的发展方向会有更深刻的影响，也能从公司的发展中获益更多。桑维记得自己曾为了在脸书得到公平的股票市值分配而据理力争，桑维告诉我，她向马克·扎克伯格说明了自己的要求：“我当时说，要么让我得到公平的股票分配，要么增加给我的现金报酬。”她告诉扎克伯格：“我真正关心的就是产品。在工作时我不希望脑子里还想着其他事，我希望能够一心思考和编程有关的事。”（桑维指出，她不是针对男女同工不同酬的问题，因为那个时候她也不知道其他人的报酬是多少。）不过，这真是非常典型的程序员之间的对话：一切基于效率。程序员的大脑就像计算机的中央处理器，两者的处理能力都有极限，没人愿意浪费时间。扎克伯格被说服了，因为他显然懂得程序员的语言。

我去桑维的社区时，下一代程序员追寻的未知领域的景象依旧与桑维多年前在脸书工作时的情景相似。桑维认为，虽然该体系仍存在很多问题，但是互联网行业依旧是（正如作家道格拉斯·拉什科夫所说）“一个高杠杆点”——一个可以撬动世界的支点。而你需要找到这个支点。

软件行业在创始之初正是如此。回顾编程的历史，回看那些走入编程行业的个体，你会发现这是一扇开启的大门，新一代程序员正大步踏入新的世界。每一个新出现的群体都会改变软件的结构，并在我们的生活方式上留下他们的印记。20 世纪 90 年代早期，21 世纪前 10 年它出现过。20 世纪 80 年代个人计算机诞生时它出现过。回溯到 20 世纪 70 年代、60 年代，在计算机还是庞大而神秘的机器时，它同样出现过。这是一个关于程序员的故事，他们发现了自己对逻辑与艺术的热爱，正是这份热爱让人类开始和机器对话。

其中一个故事的主人公就是玛丽·艾伦·威尔克斯。

第二章
四代程序员

The Four Waves of Coders

玛丽·艾伦·威尔克斯从未想过要成为软件工程师。早在 20 世纪 50 年代，年少的威尔克斯生活在马里兰州，当律师才是她的梦想。少年时期的威尔克斯就展露出她严谨缜密的逻辑推理能力。1951 年，威尔克斯还在读初中，有一天地理老师突然对她说："玛丽·艾伦，长大后你应该成为一名计算机程序员！"

啊？威尔克斯根本不知道老师在说什么，她不知道什么是程序员，甚至也不太清楚计算机是什么。其实在那个年代，大部分美国人都还不知道新奇的"数字化大脑"到底长什么样，是怎么运转的。当时距离第一批数字计算机的建成不过 10 年，这些机器都集中在大学和政府的实验室里，跟今天的计算机基本上没有相似之处。当时的计算机就是高能耗的计算器，科学家和军方用它来破解敌军的加密信息或计算炸弹的轨迹。后来，威尔克斯去了韦尔斯利学院攻读哲学本科学位，地理老师的那番话也被她深藏于脑海了。

4 年后，威尔克斯快要毕业了，她意识到自己追求法律职业的道路可能极其艰难。1959 年，法律界的性别歧视依旧很严重，极少有女性能够成为出庭律师。老师们的建议如出一辙：不要申请法学院。

她回忆当时老师们的话:“申请也没用，你不会被录取的。就算真的被录取了，将来也很难毕业，就算真的毕业了，也很难找到工作。”就算她真的在法律界谋得一份工作，也无法成为出庭律师，也许只能去法律图书馆做管理员，也许去做法务秘书，处理信托或房产方面的事务。威尔克斯说:“我想成为出庭律师，然而在 20 世纪 60 年代，这是不可能实现的。”

这时，她想起初中老师关于编程的那番话。在大学里，她对计算机有了一些了解，据说这些机器会成为通往未来世界的钥匙。她也知道麻省理工学院（MIT）有一些计算机，于是在毕业之后的某一天，她让父母开车送她去麻省理工学院校园，然后她走进了招聘办公室，问道:“你们有计算机程序员的岗位吗?”

当然有啊，而且麻省理工学院聘用了她。是的，对于这名在计算机编程上毫无经验可言的求职者，这名突然晃荡到招聘办公室的求职者，麻省理工学院满心欢喜地录用了她。

在 1959 年，大家的计算机编程经验都极为有限。这门学科在当时还不能算正式建立，大学课程基本没有涉及，更别说有相关的大学专业了。（斯坦福大学直到 1965 年才建立计算机科学系。）那时，编程工作才刚刚开始朝着今天我们所知道的编程范式发展。从本质上说，计算机就是一个二进制开关的巨大集合，每个开关都代表一位（又叫 1 比特），可能是 1，表示开，可能是 0，表示关。比特聚在一起就可以做一些好玩的事情。把几个比特排列在一起就可以以二进制格式代表一些数字，如 1101 就代表 13。还可以通过建立逻辑语句帮助程序员做出决策。例如，与门：开关 1 和开关 2 都是“开”，那就会开启第三个开关。或门：如果开关 1 或开关 2 为“开”，那么会开启第三个开关。把这些逻辑门连接在一起，电脑就会快速地进行加减法，还可以进行复杂的推理运算。为了更好地掌握这些二进制的机器，计算机科学家在20世纪50年代晚期开发了诸如Fortran、COBOL等编程语言，这样程序员就可以用更像英语的语言编写程序了。威尔克斯正是在这场革命的开端进入编程世界的。

无巧不成书，威尔克斯的哲学专业背景成为她的优势。在大学中，她学习了符号逻辑，也就是通过连接逻辑符号来表达不同的论述和推断，和“与门”“或门”的逻辑连接极其相似。这种思维方式可以追溯到亚里士多德，并在逻辑学家乔治·布尔和戈特弗里德·莱布尼茨的推动下得到发展。

很快，威尔克斯就对程序编写驾轻就熟了。她最先使用的是IBM 704，麻省理工学院最大的计算机之一。写代码的工作需要使用“汇编语言”，特别晦涩难懂，比如，“LXA A,K”——就是获取位于计算机内存位置A上的数字，然后加载到“索引寄存器”K上。在IBM 704上运行程序本身就非常麻烦。因为IBM 704可不像现在的计算机，它既没有键盘，也没有屏幕。威尔克斯要在纸上写下程序，交给打字员，打字员把每个命令打到打孔卡上，然后卡片被传给计算机操作员，他们把一堆卡片放入读卡器，之后计算机会执行程序，最终的输出结果会被打印机打出来。

更麻烦的是实验室计算机的“运行拥堵”。麻省理工学院的林肯实验室只有一台IBM 704，每台计算机一次只能运行一个程序。所以程序员就要排着队，轮流去运行自己写的程序，要是别人在用机器，那就只能等着。威尔克斯发现，编程工作真的非常需要耐心。她交了代码之后，还要几小时才能拿到结果，她正好可以休息一下，而庞大的IBM 704就在隐秘之处悄悄运转。程序员基本上见不到藏在深处的计算机，这个庞大的机器由专职技术人员日夜看护，他们时刻准备着在计算机零部件被烧毁时迅速进行更换。另外，计算机被放置在独立的房间里，也是为了隔离其产生的巨大热量。那个时候，计算机机房是麻省理工学院为数不多安装了空调的地方，要是没有制冷设备，计算机主板很快就会被烧毁。

威尔克斯静静等待自己的程序结果，当听到打印机咔嗒咔嗒仿若突然苏醒时，她终于能检查自己的成果了。当然，代码成果时常会和她预期的不一样。她可能犯了错，不小心弄出一个程序漏洞，整个计算过程被完全打乱。这个时候，她需要仔仔细细逐行审阅代码，力图推断出到底哪里出了问题，她恨不得把每一行代码都印进自己的脑子里，把自己的大脑当成 IBM 704，想象这台大机器是如何运转这一行行代码的。然后她要重写代码，制作出新的打孔卡，再次放到计算机里，继续等待，如此循环往复。日积月累，威尔克斯学会了在写代码的时候不仅要精确，而且要俭省。那个时候，大部分计算机的运算能力都十分有限，IBM 704 的内存一次只能处理 4 000 个单词。写代码就像写俳句或十四行诗，出色的程序员必定字斟句酌，写出的程序简洁而优雅，他们就像是用比特来作诗的文人。

威尔克斯回忆道："那时的工作就像解逻辑谜题，而且是特别庞大而复杂的逻辑谜题。"她非常喜欢这份工作对精确度的要求，编程契合了她一丝不苟的个性。"我真的非常挑剔，可能都有点儿过分了。墙上的画挂歪了我一定会注意到……我想有一些人的思维就是这样的吧。"

谁的思维会是这样的呢？在 20 世纪 60 年代，大多数女性的思维都是这样的。今天说来可能有很多人不相信，在 60 年代，麻省理工学院林肯实验室的大部分专职程序员都是女性。而且，在那个时候，女性通常被认为拥有编程天赋。在当时，女性编程已经有了一定的传承：二战期间，英国布莱切利园是破译密码文件的重地，第一批用于密码破译的实验计算机有一部分就是由女性操作的；在美国，用于计算弹道轨迹的ENIAC计算机也是由女性来编程的。

当然，威尔克斯还是发现了性别差异。在那个时候，很多男性之所以不是全职的程序员，是因为大家的焦点一般都集中于硬件的搭建。工程师认为，硬件才是真正的挑战，才是获得合同和资金的关键。如何设计出更快读取内存的计算机？如何缩小计算机的尺寸？如何减少计算机的能耗？解决这些问题的工程师会得到麻省理工学院“研究员”的头衔，薪水更高，假期也更多。而机器的编程——指示机器如何工作——则被视作一种附属活动。因此，在林肯实验室，男性总是更希望参与新型计算器的电路设计。他们当然也能编程，也需要编程，但这并不是他们的人生目标。专职程序员不属于研究员序列，他们是为后者服务的。

即便如此，威尔克斯也非常享受实验室男女同事之间友好礼让的氛围，她喜欢和知识分子共事。她说:“我们都是沉迷于计算机的人。我们都是书呆子，穿得也像书呆子。”（这句话在20世纪60年代依旧意味着女生必须穿高跟鞋和半身裙，但是她可以选择更简单的衬衫，而且不需要穿西装外套。）“我和团队里的男性相处得很好，而且我的工作也比当秘书有意思多了。”

……

1961年，林肯实验室的负责人指派威尔克斯参与一个重要项目——帮助设计和建造LINC，这是一次大胆的尝试，目的是开发全球第一台真正意义上的个人计算机。项目的创意来自威斯利·克拉克，这名年轻的计算机设计师独具慧眼但狂傲不羁，他曾经因为不服从指示被麻省理工学院开除了两次，但每次都被重新聘用。他对晶体管的出现非常感兴趣，晶体管与真空管可以实现同样的效果——形成逻辑电路，成为计算机的核心，但是晶体管体积更小，能耗更低，不容易出现过热问题，启动速度也更快。克拉克希望打造世界上第一台真正的“个人计算机”，一台可以被放进办公室或实验室的机器。这样，科学家就不需要再排长队等待了，每个人都能拥有自己的机器进行运算。

克拉克尤其关注生物学家，因为他知道，生物学家需要在实验过程中处理大量数据。在那个时候，如果生物学家使用 IBM（国际商业机器公司）大型计算机，就要到计算机实验室中去排队等待。如果他们的实验室里有自己的计算机，岂不美哉？他们可以及时进行运算，及时调整实验。而且，个人计算机还有键盘和屏幕，不需要打孔卡，也不需要打印机，编程的速度会大大加快。总之，这个计算机会使人类智慧与机器智慧交融共生，或者，如威尔克斯所说，这就是掌握了和 LINC“对话的渠道”：输入代码，马上就会看到反馈结果。

克拉克知道自己和团队可以设计出硬件，但是他需要威尔克斯帮忙，创造出计算机的运行系统，这样就可以让用户实时掌控硬件。而且运行系统不能太复杂，最好让生物学家通过一天左右的培训就能上手。

在之后的两年中，威尔克斯和团队成员废寝忘食地投入项目，每天盯着流程图，思考着电路系统如何运行，思考人类要如何与计算机对话。她回忆道：“那时我们没日没夜地工作，吃的食物也很糟糕。”当他们终于有了一个原始的样机时，克拉克马上将其投入真实的生物学研究进行测试。他和同事查尔斯·莫尔纳把 LINC 计算机运到神经学家阿诺德·斯塔尔的实验室中。当时在斯塔尔的实验中，他需要记录猫在听到声音后的大脑神经信号，然而实验屡屡失败。斯塔尔将电极植入猫的大脑皮质，却无法准确分辨自己需要记录的神经电信号。莫尔纳花了几个小时写出程序——LINC 会从扬声器中发出声音，可以准确记录电极每次受到的刺激，还可以将猫对声音的反应平均值显示在屏幕上。程序成功运行！数据在屏幕上滚动起来，几位科学家“在机器旁高兴得手舞足蹈”。

1964 年，威尔克斯在欧洲各地旅游了一年。刚回到美国，克拉克就邀请她继续为 LINC 编写操作系统。不过那个时候，实验室已经搬到了圣路易斯，威尔克斯不愿意搬去那里。于是双方达成一致，她可以远程工作，他们把一台 LINC 计算机运到巴尔的摩她父母家中，就安装在二楼楼梯旁的起居室里，在那里人们仿佛窥见了一个非常奇怪的未来：来自《2001 太空漫游》的人工智能电脑 HAL 降临美国城郊。计算机由几个大部件组成：一个高高的箱柜位于楼梯旁的桌子上，里面的磁带嗡嗡作响，一个比面包大不了多少的电脑屏幕闪动着数据，不远处还有一个冰箱大小的盒子装满了晶体管电路。在夹在硬件之间的桌子前，威尔克斯时常写代码写到凌晨，跟许多程序员一样，她也是个夜猫子。威尔克斯成为全世界最先在家庭中使用个人计算机的人之一。

她很快就完成了 LINC 的操作系统编写工作，还为新手编写了使用指南，解释了如何对它进行编程。（这又是一大开拓性的举动，在此之前，很少有人为毫无经验的新手撰写编程指南，因为没有计算机是面向新手设计的。）

威尔克斯现在已深深扎根于编程的世界。在这个大多数人都感到陌生的新领域中，她已经是经验丰富的专家了，全美各地不断有计算机公司成立，陆续向她发出了邀请。

然而，最初的梦想依然萦绕心间，威尔克斯依然想成为一名律师。她告诉我：“我终于也有了顿悟的那一刻，感觉自己的余生不想在编程中度过。”计算机方面的工作虽然能激发脑力，但缺乏社会关系的互动。威尔克斯说：“我可能需要具有更多人际交往的工作，不想在余生中的每一天都盯着流程图。”

于是，她向哈佛大学法学院提交了申请，而她的简历也激起了很多人的好奇心：这位 30 岁的女性会给奇怪又新潮的计算机编程，她到底是谁？她如愿被哈佛大学录取，几年后顺利毕业，在之后的 40 年中，如她最初所愿，她在法律界耕耘，包括参与庭审，在哈佛大学教授法律课程，也和米德尔塞克斯地区检察官办公室有合作。每次出庭前，她都会无微不至地做好准备工作，逐一思考庭审中可能出现的质询，一如她曾经仔仔细细地思考每一行代码。她说：“我真的很喜欢这个工作。”而且，她的业务专长之一就是科技法。

现在，大家对程序员的印象依旧停留在《硅谷》或《黑客军团》等电视剧塑造的形象上：穿着连帽卫衣或格子衫的年轻男性。在美国，程序员大多是白人，还有少量的印度裔或亚裔，他们基本上都不善交际。他们中的一些人隐隐带有反对传统权威的情绪，还有一些人就是为了快速赚到 100 万美元。

但在现实世界中，程序员的特点随着时间的推移也在不断变化。在计算机行业发展的不同阶段，能够成为程序员的人不尽相同，他们形成了几代截然不同的程序员群体。玛丽·艾伦·威尔克斯属于第一代程序员，当时他们并不认为编程是一种职业，他们是庞大团队的一部分。计算机设备都处于各类机构的管辖范围，所以真正能够操作计算机的人都是机构内的成员。

下一代程序员是 20 世纪 60 年代和 70 年代初出现的“黑客”。他们将自己视作叛逆者——将计算机编程带离古板而拘束的传统机构。

这种文化的诞生很大程度上源于麻省理工学院，因为当时 AI（人工智能）实验室获得了威尔克斯设计的一些早期实时机器。这些计算机（如 PDP-1）配备了输出屏幕和键盘，白天 AI 项目的研究生经常要使用它们，到了晚上，它们就空闲下来，有兴趣的人可以来找这些“对话”机器。

很快，实验室就聚集了一批痴迷于计算机的人。其中一位是清瘦的数学天才比尔·高斯珀，他时常花好几个小时在计算机上设计算法，解答数学或几何问题。（他早期的成就之一是写了一个破解独立钻石棋游戏的程序。）还有邋邋遢遢的瑞奇·格林布拉特，后来成为高产的编程专家，以及史蒂夫·拉塞尔，他沉迷于在计算机上设计交互式游戏。实验室中都是男性，他们的数量在不断增加，他们会彻夜待在那里。熄灯之后，伴着机器射出的诡异光线他们继续钻研。

与计算机直接展开高智商对话，这种感觉让他们着迷。在史蒂芬·利维的《黑客》一书中，高斯珀表示，与计算机交流就像“键盘在手中有了生命，计算机能以毫秒的速度回应你的每个举动”。他们会有一个想法，编成代码，然后马上见到结果。之后不断推敲打磨，亲眼见证每个构思在屏幕上被生动地呈现出来。当他们开始新一轮的编程时，时间静止了。高斯珀说：“能够昼夜不停地工作让我很骄傲，日升日落不是我关心的事情。”格林布拉特的编程采用 30 小时轮班制，这导致他无法正常上课，最终因为考试不及格被麻省理工学院退学。（之后，他就在附近的城镇找了一份编程工作，晚上经常去麻省理工学院的 AI 实验室。）

有一点值得关注，那就是他们的编程不受任何人指使，他们是第一批能够利用计算机随心所欲进行创作的程序员。他们通过编程让计算机的震动扬声器以不同频率打开和关闭，形成有节奏的音乐。他们通过编程计算国际象棋的走法，其中有一个程序最终击败了人类棋手。拉塞尔创造了世界上第一款图像电子游戏《太空大战》——两名玩家各自操作一艘太空船，在黑洞附近互相射击以消灭对方。对当时的计算机制造公司来说，用价值 12 万美元的机器来玩游戏荒谬至极。但是麻省理工学院的黑客们认为，他们将编程从单纯的计数和解决科学问题的乏味历史中解放出来。在他们看来，编程本身就是一种充满乐趣的艺术行为。

这一代程序员正在建立利维所描述的“黑客道德”。他们认为自身担负着重要的责任，让世界上的所有人都可以与计算机直接互动。他们对代码也抱有更激进的开放态度：如果你写的代码很有用，那么你一定要与人分享。（这种开放精神延伸到了现实，当时麻省理工学院的领导层把计算机及相关设备锁在箱子里，于是程序员研究了开锁技能，把设备取了出来。）因此，程序员对权威与官僚体系非常不信任，那些人穿西装、打领带、剪短发，还把计算机锁了起来，这真让他们恼火。

相反，他们欣赏的是出色的代码，哪怕它们出自无名之辈之手。实验室里可不缺少年，团队中甚至还有 12 岁的孩子。有一位少年是戴维·席尔瓦，他 14 岁退学加入这个团队，专门研究黑客工作，后来成为实验室机器人编程方面的专家。当然，这也惹恼了人工智能专业的研究生，他们更看重理论研究，认为最重要的事情就是有一套诠释智能如何运行的理论，他们不觉得编码有趣。但席尔瓦与他们截然不同，他和其他黑客一样，更关心代码的运行。他认为，一个好的程序关键是要呈现实际效果。有一次，他让一个机器人把一个钱包推到房间另一头的球门里。在利维对他的访谈中，席尔瓦说：“这让他们很抓狂。因为我只是随便玩了几个星期，然后就可以让计算机做出他们之前很久都不能弄出来的事情。……他们总是在将所有东西理论化，我就是直接撸起袖子干。这在黑客中很常见。”

同时，黑客的世界也强烈反对商业化的世界。他们认为，代码是一种艺术表达形式，但不是那种申请版权并从中赚钱的艺术形式。相反，对于每一个好奇如何编程的人，他们应该免费提供代码，展示代码。这不就是大家学习的方式吗？而且，这也能让他们的发明与创作传播到世界的每一个角落。这种道德意识后来转变为“自由开源软件”行为，即公开发布自己的代码，允许所有人做出回应，对其加以利用。理查德·斯托曼等著名的麻省理工学院黑客都非常不满企业对代码实行保密的行为。有一次，某家生产 LISP 计算机的公司卖了一批产品给麻省理工学院，结果程序员发现，公司不愿意公开分享代码。这让斯托曼大为恼火，于是他发起了自由软件运动，同时他开始建立完整的运行系统，以确保每个人都享有检查和修改代码的权利，并为此搭建合法机制。黑客们其实不太关心传统意义上的党派政治，大多数人也仅仅是对越南战争的激辩有一些模糊的兴趣。然而，软件行业出现的政治现象引发了他们强烈的反应，至少斯托曼并不孤单。

不过，他们也是第一代将女性赶出这个行业的程序员。麻省理工学院实验室中常见的景象与威尔克斯之前工作的场景已经大不相同：基本上都是男性，谈吐生硬，过着“单身汉模式”的生活。正如他们自己所言，除了同类，他们没有兴趣和其他人交往。他们一心一意投入编程，仿若一场终身修行，心中再无他事。利维发现，“黑客工作甚至已经取代了生活中的性行为”。格林布拉特不爱洗澡还特别邋遢，最终被当地基督教青年会（YMCA）赶出了住所。越来越多的男性黑客晚上就睡在实验室里，编程的环境越来越像男生宿舍。

黑客们喜欢捣鼓代码，而麻省理工学院的计算机科学家需要利用机器完成重要的实验工作，两种不同的文化也产生了冲突。玛格丽特·汉密尔顿是当时麻省理工学院的程序员，她后来参与了美国国家航空航天局（NASA）的重要项目，其中包括帮助阿波罗计划安全登陆月球。在麻省理工学院实验室的时候，有一次，汉密尔顿要运行一个气象模拟模型，但是程序总是崩溃。后来她才知道，那是因为黑客们重新调整了计算机的汇编程序来满足自己的需求，之后没有调回原来的模式。他们想要摆弄漂亮的细胞自动机，汉密尔顿想要完成气象实验。但前者并没有考虑自身行为对他人工作造成的影响。

黑客们对彼此非常友善，但基本上不会谈论自己或他人的个人生活。有一名黑客后来叹了口气说："我像机器人一样行走，像机器人一样说话，和一群机器人交流。"

到了20世纪80年代，计算机的性质再次发生改变。计算机设备的价格越来越低，新一代制造商决定向大众普及计算机。1976年在硅谷，斯蒂夫·沃兹尼亚克创造出第一代苹果计算机，这是首批拥有全新设计元素的计算机之一：可以直接接入普通电视机，开机后可以马上开始编程，就像坐在麻省理工学院实验室里的黑客一样。很快，其他制造商也追随苹果的脚步推出产品，价格一降再降，计算机开始走入中产阶级家庭。1981年，康懋达推出了VIC-20，一款价格仅为300美元的即插即用型计算机。当年始于威尔克斯的革命现在迅速地向美国家庭蔓延，尤其是青少年人群。

突然，青少年只要能攒到钱，就能很快进入编程的世界。其中就有詹姆斯·埃弗林厄姆。

埃弗林厄姆在宾夕法尼亚州的杜波依斯长大，非常靠近以电影《土拨鼠之日》闻名的旁苏托尼。1981年，15岁的埃弗林厄姆突然被朋友拽进了当地的蒙哥马利·沃德百货商店。原来，那时VIC-20刚上市不久，他的朋友想去看看。朋友在那些米色大块机器前喃喃自语，埃弗林厄姆却搞不明白那些机器到底有什么魔力，他抱怨说："我是真的不懂，为什么有人想要这些计算机？你能用它干什么？”

“你看着。”朋友边说边开始在电脑上输入：

```
10 PRINT “JIM”
20 GOTO 10
```

然后他开始运行程序，计算机屏幕上不断出现“JIM”（埃弗林厄姆的小名）。埃弗林厄姆兴奋不已，他在访谈中说：“我当时觉得那就是魔法啊。我一定要知道那是什么魔法！”

其实，那就是编程语言 BASIC。我认为 BASIC 应该是历史上最具影响力的计算机语言，因为它向初学者敞开了编程的大门。在威尔克斯编程的时候，她所使用的汇编语言确实非常难懂，在编程时也很费力，这种语言被称为低级语言，程序员需要花很多时间学习如何解读和掌握它们。到了麻省理工学院的黑客时期，接近标准英语的高级语言得到广泛应用，比如 Fortran，旨在帮助科学家和数学家利用计算机进行计算，还有 COBOL，专为企业设计。但 BASIC 可以说是难度最低的高级语言之一。1964 年，它诞生于达特茅斯学院，全称是初学者通用符号指令代码，初学者很快就能掌握其中的简单指令并加以应用。

上文埃弗林厄姆的朋友所展示的小程序，其实就是“Hello, World!”编程语言的 VIC-20 版本，也是大部分孩子在接触计算机时的第一个“咒语”。即便从未学过编程，你也能轻易读懂上面展示的编程语言：代码第一行标记了数字“10”，接下来是指示电脑输出“JIM”；第二行标记数字“20”，指示电脑回到“10”行；两行代码形成一个无限循环，一直输出 JIM，不关机不罢休。简简单单的两行代码却展示出计算机强大而奇特的力量，它就像一个机械精灵，精确无误且无休止地执行人类传达的命令。

青少年又有多少机会能体验到这种深刻而振奋的无穷无尽的感觉呢？但输入这两行代码就能让他们体会到那种神奇的力量。看到自己的名字在显示器上滚动，埃弗林厄姆仿若体会到了诗人济慈在《初读查普曼译荷马史诗》中描绘的那种震撼：像那果敢的科尔特斯，他爬上顶峰，突然看到新的汪洋大海，似乎可以永远航行其中。

而且，在这片海洋中，青少年可以轻松畅游，计算机公司在其中起了很大的推动作用。大多数 20 世纪 80 年代的计算机都附带说明书，一步一步指导用户如何使用 BASIC 编程。（我和埃弗林厄姆差不多年纪，这恰好也是我自学编程的第一步。）另外，计算机本身也可以展示图像，播放声音，非常适合设计简单的计算机游戏。这对 20 世纪 80 年代的青少年来说充满了极大的诱惑，他们可以将最热门的电子游戏（例如《太空侵略者》《吃豆人》《魔域帝国》等）动手改编成具有个人风格的版本。总而言之，直接接入电视的计算机在全球催生了新一批黑客。你想想，有廉价的机器听从人们的指令，再把这些机器交到没有成年人监管的青少年手中（主要是父母们根本不了解计算机），这不就是一场“无限猴子实验”（即让一只猴子在打字机上随机敲击键盘，当敲击达到无穷次时，它几乎能够打出任何给定的文字）吗？少年编程者很快就捣鼓出各种各样的东西：会骂脏话的聊天程序，“人工生命”的各种神奇形式，又称细胞自动机，赌博游戏，小数据库和记账程序，计算机音乐，还有各种各样的游戏。

埃弗林厄姆迫不及待地想要加入这场变革。但他的家庭属于中下阶层，父母买不起计算机。于是他开始疯狂做兼职——夏天修草坪，冬天铲雪，攒够了钱，加上母亲的一点儿资助，他买到了属于自己的 VIC-20。

现在有了机器，如何获得游戏呢？埃弗林厄姆回忆道：“我真的没钱了，买不起任何游戏。”那就需要找到免费的游戏。于是，埃弗林厄姆开始购买计算机杂志，例如康懋达的*RUN*，其中就有很多简单游戏的完整代码。在输入代码的过程中，埃弗林厄姆开始了解程序运行的简单原理。他尝试着更改一些变量，突然就能在《太空侵略者》的游戏中拥有上百次生命！通过不断试错，埃弗林厄姆逐步掌握了 BASIC 的原理，开始自己编写程序。

计算机杂志还让埃弗林厄姆知道了更酷的东西：网络论坛（BBS）。基于电话线通信系统，用户可以利用调制解调器拨号，接入全美各地其他人的计算机和他们聊天，更厉害的就是可以拨号到某个 BBS，下载免费的软件和游戏。对身无分文的青少年来说，“免费”听起来真是太有吸引力了。于是，埃弗林厄姆开始不断打零工，东拼西凑买了一台调制解调器。他每天都会花上几个小时给全美各地的 BBS 拨号，下载软件，利用下载的软件进一步学习 BASIC。疯狂拨号一个月后，电话费账单送上门来了。妈妈拿着账单哭了起来。他拨号带来的电话费竟然高达 500 美元。埃弗林厄姆羞愧不已，他回忆说：“这比他家那个月的房贷还多。”

新的挑战又出现了：如何才能免费拨打长途电话呢？他开始不断搜索，终于发现了电话公司的运行模式。用户先要拨打 1–800 主号，然后输入 6 位数的号码。所以，他只要拨打 1–800，然后不断尝试 6 位数的号码，总能碰上可以使用的。但是要人工一次次输入尝试，那确实很麻烦，不过对计算机来说，这完全不成问题。（美国演员马修·布罗德里克在《战争游戏》中饰演的角色就这么干过，于是黑客也喜欢把这一行为称作“战争拨号”。）埃弗林厄姆很快就写出了一个康懋达 64 程序，用一家名为 LDX 的长途电话公司身份不断尝试拨打 1–800 的号码。当他整晚都在睡觉时，程序一直在拨号，等他早上醒来后，程序已经输出有效的长途电话号码清单。当然他也知道这并不合法，但他觉得偷窃长途通话时间这种无形的东西似乎也不是什么严重的罪行。

埃弗林厄姆甚至得到了 LDX 公司内部人员的协助。有一天，他跟得克萨斯州某位黑客朋友聊完长途电话的事，一个自称“克林先生”的人给他打来电话。他说自己是 LDX 公司的职员，已经发现了埃弗林厄姆在线上的违法行为，于是通过追踪号码找到他。但是，克林先生并不生气，他还想给埃弗林厄姆更多帮助。克林先生向埃弗林厄姆及其朋友阐述了 LDX 公司电话系统的内部运行原理，只要能制造合适的声音音调，然后用扬声器播放，基本上就能操控系统的每个部分。得到相关信息的埃弗林厄姆编写了一个康懋达 64 程序，能够产生准确的音调，很快他的黑客行为就不再停留于窃取免费的长途号码了，他甚至可以找到万事达以及维萨信用卡号码，他和朋友们还恶作剧地给一个号码打了色情电话。

“我们那时都是小孩子，偷了一张信用卡，拨了一下色情热线，对方给我们回了电话。然后我们把电话接到环线（一种电话公司测试回路）……我们大概有 8 个人，就用偷窃的信用卡打进这个环线。然后我们开始调戏对方说些下流话，大家笑得不行，然后把电话挂了。这就是最离谱的事儿了。”埃弗林厄姆回忆起当时的场景又笑了起来。“这确实属于未成年人犯罪行为。”但他也认为，“应用于技术领域的这类行为可能会给你带来成功。”

请注意，直至此时，编程行业是否有利可图仍不明晰，甚至可能还算不上一个真正的行业。很多喜欢捣鼓 BASIC 语言的青少年根本不知道软件工程师这个职业的存在。优步一位 40 多岁的工程师是埃弗林厄姆的同辈，他说："当时我就觉得计算机特别有趣，我特别想了解它，尽管我也不明白为什么。在我看来，它就如同艺术史一样实用。"

造就程序员的氛围与原因发生了变化。在制作软件、获取软件以及共享软件的文化中，越来越多在家玩电脑的青少年成为程序员。然而，玩电子游戏的基本上都是男生，因此，编程文化——在全新的更草根的层面上——也向着更男性化的方向发展。在 BBS 的世界中也是如此，男孩子在其中接触到不知身在何方的陌生人，父母们可能会睁一只眼闭一只眼，但如果是女孩子，父母们的态度就截然不同了。如果你是被允许进入 BBS 的孩子，那么你会像埃弗林厄姆发现的那样，BBS 带有浓厚的反权威、开放共享的伦理色彩，这和麻省理工学院黑客一代的论调十分一致。在这种文化氛围中，很多青少年知道了"联结"的价值：在互联网还未诞生之前，他们发现，和远在天边的陌生人聊天也会获得意想不到的知识。埃弗林厄姆与很多少年一样，沉迷其中难以自拔，高中的很多课程都挂了科。

埃弗林厄姆回忆道："我已经着迷了。我知道计算机会成为表达的最终媒介，只要我能想到的东西，只要我愿意，我就能创造出来。它就像一支能够多维创作的画笔，根据我的指示去实现我想要的一切。"

到了 18 岁，埃弗林厄姆敏锐地意识到自己应该终止电话和信用卡黑客攻击行为，否则就要等着进成人监狱了。于是他在编程上加倍努力，开始编写和发布开源软件，帮助人们为自己的程序创建界面（包括文本框、按钮等）。他进入宾夕法尼亚州立大学，学习计算机科学专业，但他发现，和高中一样，他更喜欢在计算机上进行各种黑客行为，而不想待在课堂上。不久他就退学了。不过，该大学的技术人员很早就发现了埃弗林厄姆创作的开源软件，而且是其忠实的用户。

他们得知这个刚刚退学的孩子竟然是软件作者，于是就聘请他做全职计算机科学家。这个职位一般会要求本科学位，于是他的上级专门为他申请了学位豁免。“我非常幸运，在那个时候我的技能具有稀缺性。倒不是说技术有多精湛，主要是物以稀为贵。”校方向他支付了 2.3 万美元。“我感觉自己厉害极了。”

到了 20 世纪 90 年代初，埃弗林厄姆在软件行业已经有了稳固的地位，他以用户界面方面的工作而闻名。1995 年，30 岁出头的他被邀请加入一支团队，要在 Windows 系统中开发一个改变世界的新产品：网景，全球首款大众网络浏览器。该团队由马克·安德森领导，当年他仅是一名 24 岁的程序员。团队中既有刚毕业的学生（他们为自己的大学开发过实验性的浏览器），也有像埃弗林厄姆一样经验丰富的年轻人（他们的加入，主要是为了给新项目丰富结构）。开发浏览器的工作量大得惊人。安德森知道，几个竞争对手也在开发浏览器，所以他更加确信网景必须第一个进入市场。整个团队废寝忘食地投入工作，休息时就睡在办公室的地板上。他们还会把别人写的代码臭骂一顿。有一名程序员没日没夜地工作，整个人已经压力爆棚，那天他的计算机突然重启并删除了所有的工作成果，他气得抡起一把椅子扔到房间的另一边。

全新的软件开发模式也在这个时候诞生了。此前，大型软件项目遵循“瀑布式”设计：首先，你要弄清楚产品应该做什么，编写一份设计文件，详细罗列出每个功能特性；然后，程序员会花好几个月甚至好几年的时间进行编程，实现每一个功能。这是一种自上而下的方法：设计来自决策层，再由下面的程序员一一完成。在这个模式中，程序员必须谨慎小心地避开所有的程序错误，因为软件一旦通过软盘被发送给客户，就无法轻易更新或更改了。产品中的任何错误都可能存在很长时间，甚至永远存在。但网景基本上是在线发送，大多数用户都是通过下载获取的。这就改变了设计的整个过程，也改变了人们对程序错误的判定。由于发送产品几乎没有成本，网景团队只要保证产品的基本运行就可以发布，因为之后他们还可以不断添加新功能，重新发布。那程序错误呢？用户会发现很多错误，但他们可以通过电子邮件向编程人员反馈。也就是说，用户自发成为零成本的测试人员。成千上万的用户，基本上可以找出所有重大程序错误。

“快速前进，打破常规”，10 年后马克·扎克伯格挂在脸书墙上的格言也从这里发端。安德森也把这种精神描述为“坏比好更好”。什么意思呢？当软件迅速发布之后，人们就可以做一些全新的事情了，即便不完美，即便有程序错误，那也好过因过分追求完美而拖着好几年出不来，甚至到最后不了了之。埃弗林厄姆也承认：“我们的代码时常很乱。”但在网景，“乱糟糟”中还掺杂着一丝骄傲。他回忆说，如果某个程序员推出的更新“破坏了系统框架”，导致整个浏览器都瘫痪了，那么其他程序员会把巨大的黄柠檬挂到这位程序员的椅子上。这既是羞耻的标志（因为自己写的代码很糟糕把浏览器弄瘫痪了），又暗含程序员所崇尚的品质（把浏览器弄瘫痪是因为敢于尝试新东西）。埃弗林厄姆说：“如果你从未得到柠檬，那挺糟糕的。如果你总是得到柠檬，那也很糟糕。所以，对搞破坏的适度欣赏也是编程文化很有意思的一部分。”

在高强度推进的发展环境中，网景一年内就发布了 4 个版本的浏览器。编程人员将软件生产变成了大型现场表演——就像某乐队表演了几首新歌，然后看看听众反响如何。看到每天都有用户在线搜索新信息，建立自己的新网站，程序员们振奋不已。他们又在浏览器中添加了新功能——电子邮件，随后见证了这个功能在网上迅速传播。

埃弗林厄姆说：“那是我第一次身处具有重大影响的圈子之中。我开发了新功能，我自己就在产品内部，我能够亲眼看见它改变了世界，带来了前所未有的快感。”

然而，崩塌随之而来。4 年后，网景发展放缓，来自微软的竞争对其造成巨大压力，经历企业并购之后，网景重新开始给浏览器编程，过程却非常坎坷。不久，埃弗林厄姆离开了公司，他觉得自己已经不可能再经历往昔的荣耀。在长达 4 年的时间里，他一度陷入抑郁。网景为他带来了财富，但是正如年轻的时尚明星、突然中奖的彩票赢家，一夜暴富摧毁了他的人际关系。在面对扭转人生走向的财富时，程序员也不过是个凡人。

埃弗林厄姆回忆道：“家里人变得不一样了，朋友们对我的态度也不一样了。我有了新朋友，但老朋友却离我而去。我满脑子问号，搞什么呀？每个人都想从我这里得到些什么。”很多女性主动接近他，这很有趣却又令人不安。他确实长得不错，但眼前这种景象从未出现过。（感觉有钱之后，“突然就帅到了布拉德·皮特那样的级别”。）因为对财富所带来的社交问题感到焦躁，在后来的 5 年中，他把很大一部分钱给了家人以及慈善机构，但他依然选择留在软件行业，与他人联合创办了一家公司，开发网络电话软件。很多在家办公且常用电话的人群都成为该软件的用户。其中一位用户是他的妹妹。内耳感染使她患上前庭障碍，她只能待在家里。她已经多年没有工作了，但她开始使用这个软件，成为一名电话支持人员。埃弗林厄姆说，最终她的技能足够娴熟，一家公司聘请她担任远程经理，薪水高达五位数。

埃弗林厄姆发现了代码改变生活的新方式。你可以大张旗鼓地推出一款浏览器，你也可以悄无声息地开发新产品，两者都可能带来意义深远的影响。他意识到：“改变一个人，或者改变一个小群体，对他们产生影响，同样振奋人心。”

“我也在给自己重新编程。”

数年后，埃弗林厄姆加入了一个新团队，参与到另一个家喻户晓的软件开发中。最终他加入第四代程序员的浪潮——在当下仍占据主力的程序员群体。他们中的大部分人成长于互联网和移动电话的时代，两者都是他们进入编程的主要路径。

20 世纪 90 年代中期，万维网开始高速发展，给编程带来了最为民主化的渠道，因为一个充满好奇心的年轻人要看到网络的真面目一点儿都不难。只要用浏览器点开一个网站，网站就会向浏览器发送一整页代码——超文本标记语言（HTML），层叠样式表（CSS），编程语言 JavaScript。浏览器正是运行了这些代码，才能显示用户所看到的东西：清单、图片、视频，甚至是一个点击按钮。20 世纪 90 年代埃弗林厄姆还在网景的时候，他和同事们就意识到，当人们上网的时候，如果他们想看网页的代码就能看到，那该多有意思呀。于是，他们给浏览器增加了新功能，让用户看到每个网页的“来源”。当用户点击该功能的时候，网景浏览器就会出现一个新窗口，展示当前网页原始的 HTML。

一时间，世界各地的人都开始使用“查看源代码”的功能，想要一睹疯狂的网络世界到底是如何运行的。这就像康懋达 64 所引发的 BASIC 革命一样，只不过速度更快，范围更广。埃弗林厄姆和他的同龄人在 20 世纪 80 年代要花很多时间才能接触到 BASIC，也要花不少时间去学习。他们需要从 BBS 上下载，或者购买印刷了相关项目代码的杂志图书。每次都要等上一段时间才有机会学习新东西。

网络的出现弥合了时间差。每个网页都包含源代码，整个网络就像编程教学的图书馆。你可以根据自己的意愿，将代码剪切、粘贴到新的文件夹中，改动一些元素，然后运行一下看看会出现什么结果。如果觉得自己的成果不错，你就可以把它放到网上，利用这个粗糙的代码来托管你的网站，就像雅虎的 GeoCities 一样。BASIC 将编程从象牙塔带到了青少年的卧室里，而网络让编程成为真正的主流。全球青少年开始为自己喜欢的品牌或电子游戏创建网站，各种奇幻怪异的排版和图片俯拾皆是。

其中一名创建网站的青少年是居住在巴西圣保罗的中学生迈克·克里格。他热爱电子游戏，也学了一些 BASIC 的知识。在采访中他告诉我："我整个夏天就像是被钉在了电脑桌前。" 11 岁那年，他被网络强烈吸引，和一位朋友用尽所有时间鼓捣 HTML。在学校里，他们会将自己的读书报告作为自定义网站提交给老师。"我们当时是超级书呆子。大家都不理解我们，就觉得'这两个人怎么回事，就不能写一份正常的读书报告吗'？"

克里格从未觉得自己要成为程序员，他的梦想是成为记者或纪录片导演，走访圣保罗的每个角落，揭发腐败的政治现象。他曾遇到《上帝之城》联合导演卡迪亚·兰德，卡迪亚给克里格的职业建议就是："不要研究新闻学，研究一个你想拍成电影的主题。"

2004 年，在即将迎来大学生活的那个夏天，克里格对开源软件世界愈发着迷。在这个世界中，数百甚至数千名程序员会通力合作，开发人人都可以使用或修改的应用程序。其中一个流行的工具是电子邮件应用程序 Thunderbird。有一天晚上，克里格放着自己最喜欢的威瑟乐团的音乐，一边看 Thunderbird 讨论区上的内容，他发现一位美国企业高管的投诉。这位高管会用 Thunderbird 来查看不同邮箱账号的邮件——有的是私人邮箱，有的是工作邮箱，但是有时候他会把两个搞混，不小心用私人邮箱发送了工作邮件，或者用工作邮箱发了私人邮件。他希望 Thunderbird 可以开发一个颜色编码系统，以显示不同邮件属于哪个账号。

克里格兴致大发。他告诉我："虽然这不是什么救治肿瘤的重大问题，但这个人确实有问题需要解决。"他到底能不能开发出新的插件，在 Thunderbird 中分颜色标记邮件呢？克里格开始了自己的"洞穴探险"，在网络上不断搜索 Thunderbird 的各种插件。他琢磨应该可以用上自己学习 HTML 的方法：先看别人怎么做，然后从中学习。他一步一步开始拼凑他的插件，有时候可能要花几周时间才能让一段代码运行起来。例如，显示用户的邮箱账号数目，看似简单的事情却要花不少时间。但是，每段代码的成功运行都会让他兴奋不已，那一刻成功的喜悦如此强烈，足以让他愿意忍受接下来 30 个小时抓耳挠腮的煎熬。克里格发现，编程有点儿像玩电子游戏，在通往与"终极大魔王"对决的路上，你需要打败很多"小王"，这些都是小小的成就。他解释说："你看，假设你的最终目标是打开宫殿的大门，那么你需要分别把 4 个标志放在对应的地方，即便是先弄对了一个，你也会很高兴，你知道自己正朝着正确的方向前进。"

3 个星期后，整个插件完成了。他把它发布到网上，然后给那位提意见的高管发了封邮件。他没想到的是，那位高管竟然是皮克斯动画工作室的执行副总裁格雷格·布兰多。他对克里格开发的插件非常满意，他说，如果克里格能来美国，他想邀请克里格参加电影的首映礼。对于一个身在巴西的小孩，能为美国的大企业解决问题是多么令人激动的事情啊。（4 年后，克里格就在《机器人总动员》上见到了布兰多。）

2004 年，克里格到斯坦福大学学习一门奇异的学术课程——符号系统学，它横跨计算机科学、心理学、人工智能、认知科学、哲学和语言学等学科。（克里格发现这个课程的过程也很离奇：谷歌有一款社交网络产品叫 Orkut，虽然在美国市场一败涂地，在巴西却广受欢迎，也不知道是什么原因，符号系统学竟然在 Orkut 上有一个主页，克里格恰巧看到了。）克里格在斯坦福大学读书期间有一门课是 B.J. 福格的“诱导计算”：通过软件的设计助推人们选择新行为，最好是更有益的行为。克里格很喜欢这个理念，他不仅对机器编程感兴趣，还喜欢思考人们的情绪，以及如何改变情绪。于是，克里格和他的同学特里斯坦·哈里斯开发了一款叫“传送阳光”的应用，鼓励人们尝试为朋友们加油打气。如果应用程序检测到某用户正处于晴朗的区域，它会提醒用户发送一张阳光普照的照片给那些处于阴雨区域的朋友。这听起来有点儿老套，但克里格的努力得到了关注。福格在自己的文章中提及克里格时写道：“成千上万的人都能写代码，但是只有少数人能正确理解心理学。”

克里格毕业后到了米博社交软件公司，这家公司为数百个网站运行聊天程序。他见证了米博公司经验丰富的程序员一次次应对可怕的“规模化”挑战。也就是当某个应用突然爆红，上百万人开始使用时，猛增的流量很可能会让网站崩溃。但更令他着迷的不是网站，而是当时编程界的最前沿——苹果手机。这个领域刚出现不久，正等待着人们去解答一些问题：这个小发明到底哪里好？就像当年面对 Thunderbird 时一样，克里格又一头扎入了新世界，阅读他人写的代码，分析运行的过程，进行自己的小实验。其中有一个增强现实应用，当年你打开应用中的摄像头，周遭的一切信息都会显示出来。克里格说：“你周围发生过的犯罪事件都会显示在手机上。其实还挺可怕的，可能离你 10 英尺[①] 的地方就是曾经的纵火现场！”

---

① 1 英尺 =0.304 8 米。——编者注

有一天晚上，克里格在旧金山的一家咖啡店里遇到了斯坦福大学的老同学凯文·斯特罗姆，他正在创建一个网站，旨在让人们与自己的朋友分享夜生活，名字叫“Burbn”。（这是一种威士忌，但后来他们承认这个名字确实不太好记。）斯特罗姆已经筹集了50万美元的投资来做开发，但是他还需要更多帮助。他回忆说，米奇（斯特罗姆对克里格的昵称）当时特别兴奋，马上就从米博辞职了。他们每天泡在咖啡馆里，在稿纸上绘制Burbn的运行模式、界面设计等。数不清多少次通宵达旦的编程之后，他们终于做出一个全能Burbn：用户登录后可以显示自己的位置，和朋友设定约会计划，还有一个类似游戏积分的功能，与朋友会面就能打卡得分。功能越来越多，用户也越来越搞不清这个网站的风格，感觉什么都有，又没什么能抓人眼球。克里格发现，“功能蔓延”成为很多程序员面临的挑战。创造新东西很有意思。晚上10点，你突然想到可以给应用增加新功能——显示动态变化的地图！可以作为邮件发送的提醒！然后你兴奋地忙到凌晨4点，向全球推出了新功能！而完善和改进当前已有的功能就有点儿无趣了。因此，程序员总是更倾向于不断增加功能，恨不得产品像瑞士军刀般无所不能。结果，Burbn的发展停滞不前，用户群体非常小。

但是，用户确实有一件特别钟爱的事情：上传照片。这些用户肯定是真爱Burbn！因为在Burbn上传照片特别麻烦。（首先要把照片用电子邮箱发送到Burbn的指定地址，一个脚本程序会处理照片，然后将它发布到用户的Burbn页面。）尽管如此，大家还是乐此不疲地上传照片，精心挑选生活中精彩的点滴，展示给朋友们看。斯特罗姆和克里格注意到这个有趣的现象。人们为什么喜欢在Burbn上发照片？可能因为没有什么应用程序是专门用于分享照片的。脸书确实有这个功能，但是很多照片都被淹没在动态消息的洪流中。与此同时，苹果手机上的 Hipstamatic 等应用也很受欢迎。这些应用可以给照片加上滤镜，让照片看起来很复古，像老式宝丽来相机拍出来的感觉，但是这些应用都没有上传推送功能，所以就算你拍了照片，朋友们也看不到。斯特罗姆和克里格突然明白了用户所传递的信息。他们决定取消 Burbn 的绝大部分功能，仅保留照片分享功能，增加一些好看的滤镜让照片看起来更新潮，并允许用户对照片进行评论。

8 个星期后，新应用程序完成了，而且还有了新名字——照片墙（Instagram），这个词是英语中的电报（telegram）和 20 世纪 70 年代“即时”（instant）成像技术的组合，字体的设计也有一点儿复古风格。功能简单直接，正如他们描述的那样，“透过他人的眼睛看世界”。

我第一次见到克里格和斯特罗姆是在“西南偏南大会”（每年在美国得克萨斯州举行的一系列电影、互动式多媒体和音乐的活动）上。当时他们正蜷缩在走廊一处给手机充电。斯特罗姆高大而内敛，克里格总是带着朴实憨厚的笑容，但那一刻他们已经累得睁不开眼了。两人打趣道：“我们现在可是一团糟。”一年半之前，照片墙正式发布，人气瞬间爆棚。但克里格指出，看似一夜爆红的背后其实是多年的心血。他一直在打磨自己的苹果手机应用程序编程技能，斯特罗姆一直很喜欢老式胶片相机，早年在谷歌实习的时候就沉迷于各种照相应用软件（在脸书创建早期，马克·扎克伯格多次邀他加入都被拒绝）。照片墙大获成功，部分原因在于，照片是一种通用语言：这是全球第一个不需要用户懂得彼此的语言就可以相互关注或被关注的社交平台。我与克里格和斯特罗姆会面时，照片墙只有 12 名员工，而用户已经超过 3 000 万，平均每秒有 60 张照片被上传。

现在，他们开始面对编程成功后的独特问题：规模化。制作一个几百人用的软件很简单，但让一个软件为数千人服务，难度就增加了。如果大量用户同一时间在软件的数据库中发送或接收照片，那么后台的信号可能会错乱。如果人数增加到百万级别，在克里格看来，那就会像在曼哈顿市中心疏导交通。

“西南偏南”会面数年后，我和克里格在加利福尼亚州门洛帕克的照片墙办公室再次相见，他给我倒了一杯精致的定制咖啡。谈及规模明显扩大的照片墙，克里格说：“这就像一整座城市都由两个人操控，我就是其中一个。哪里起火了，你得马上去救火。火灾一旦发生，很可能就会堵塞交通！这不是一个可预测的系统，更像一种生物体系，任何事都没有定论，因为你无法控制使用网站的人。”随着产品走向国际舞台，他们在一天中的任何时刻都可能遇到紧急事件：早上，美国东海岸地区的用户开始发布照片；凌晨 2 点，韩国和日本的用户开始发布照片。两人时常凌晨 2 点才睡觉，定早上 8 点起床的闹钟，但随时都做好了夜里被叫醒的准备。“因为随时可能出现故障。”两年后，脸书意识到，即时照片共享的趋势不会消失，于是以 10 亿美元收购了照片墙。

在照片墙的办公区闲逛时，克里格和我遇到了公司的新员工——詹姆斯·埃弗林厄姆。原来，公司专门聘请他来防范混乱局面的出现。现在，照片墙的程序员已经增加到 150 多人，整个团队被分成不同小组（一组负责苹果系统的应用，一组负责安卓系统的应用，一组负责网站管理），其整体规模已经变得难以控制，克里格也不确定自己能否保证每个人都按部就班、各司其职。他意识到，公司确实需要一个久经沙场的高人，一个经历过多次规模化战役的人，一个知道组织结构应该如何优化，使其不至于失控的人。克里格说：“詹姆斯来了 3 周，主要是参加会议，听汇报，了解情况，然后他找到我说，好吧，你们的结构是挺糟的。”说完他大笑起来。

埃弗林厄姆说：“我 51 岁了，是这里最年长的人。他们弄了一些带有照片墙标识的 T 恤，估计我会有一件写着 #instagrandpa 或其他什么的吧。”

自 20 世纪 80 年代早期埃弗林厄姆见到 VIC–20 的第一眼到现在，编程世界在很多方面已经发生了天翻地覆的变化。第一代到第三代程序员——从玛丽·艾伦·威尔克斯到麻省理工学院的黑客再到青年时期的埃弗林厄姆，他们编程是因为兴趣。指示机器执行自己的所有命令是一种智力上的挑战。他们在编程中感受到了快乐与振奋。但是，克里格这一代程序员成长的时代是网景、雅虎、谷歌创造百万富翁的时代，这些人带来了巨大的社会影响。是的，政界、法律界、商界都掌握了极大的权力。但是，如果你真的想重塑社会，那就写代码吧。20 世纪 90 年代的孩子都看过《黑客》《网络惊魂》《黑客帝国》等电影中身穿皮衣的网络高人。在他们成长的世界里，黑客不再是孤僻的书呆子，而是掌握了极大权力的超级英雄。

新一代程序员的创新成果给社会带来了越来越多意料之外的影响，也给他们带来了新的挑战。就拿照片墙来说，很多人都相信，它在激发摄影创意方面功不可没，但很多批评人士认为，这个应用催生了“完美自拍”文化，让用户不断在镜头前展示最完美的自己。心理健康专家也担心，它已经对年轻人（尤其是年轻女性）的自尊心产生了严重的负面影响。有研究发现，女性在照片墙接触大量的美照后会产生“更多的负面情绪以及对身体的厌恶感”。厌食症女性也开始进军照片墙，一如她们在各个社交媒体上的作为，她们发布各种以“励志瘦身”为标签的照片，美化病态的饮食方法，这让很多健康专家不寒而栗。2012 年，照片墙开始应对这一问题，例如禁止使用“励志瘦身”相关标签，或者针对搜索该类关键词的用户弹出应对病态饮食的链接。但是，这也不过是再次引发了社交媒体经典的“猫抓老鼠”游戏：研究人员发现，厌食症用户会编造一些新的标签，和原来的标签意思相近，仅改变某些字母，就可以继续发布照片。（克里格和斯特罗姆于2018年9月从照片墙辞职，希望能探寻到新创意。埃弗林厄姆则在那年春季转入脸书的区块链技术部门。）

作为照片墙的创始人，克里格和斯特罗姆的初衷显然不是侵蚀用户的自尊。他们热爱摄影，深挖编程，这是一个人们每时每刻都携带摄影工具（手机）的世界，他们想要释放用户潜在的能量。但是，社交软件创始人往往更关注新产品短期内能否成功运行，很多时候无法预测产品所带来的长远影响。

同时，资本也扭曲了决策的走向，开始影响编程的内容和开发动机。在照片墙迅猛发展的时期，大型初创企业的财务状况已经不是什么秘密。这些公司免费提供工具，让数百万用户不断使用这些工具，从而带来源源不断的广告收入。照片墙当然也不例外。但是在某些警惕的程序员眼中，某些企业的操作已经套路满满，甚至变得有些阴险。

前文提到克里格在大学时期和同学一起开发了“传送阳光”的应用，那位叫特里斯坦·哈里斯的同学如今也成为硅谷中的佼佼者。不同的是，他对各类软件产品带来的社会影响有更深的忧虑。大学毕业后，哈里斯将自己成立的一家公司卖给了谷歌，随后他到谷歌工作。他发现，社交软件的设计人员在优化产品的过程中仅仅考虑用户的“持续参与度”，即如何让用户时时刻刻都想使用产品。在《1843》杂志的采访中，哈里斯表示：“这些企业就是为了让用户上瘾，它们利用人们心理上的脆弱面去实现自己的目的。”在另一个访谈中，哈里斯说:“就在距离此处50英里[①]不到的地方，大概有50人，大部分是20到35岁之间的白人男性，工程设计师，掌控了10亿人每天早上醒来打开手机时的所想所为，这在人类历史上从未出现过。……在这个围绕着人类注意力发展起来的世界里,谁是规划师?”无人规划，这正是哈里斯的忧虑。他的同行很厉害也很聪明，但很少思考自身工作给整个社会带来的影响。面对这一现象,克里格表示,在2018年8月，照片墙和脸书已经发布相关工具，用户可以追踪自己在应用上花费的时间，也可以设定自己每天使用应用的时间，超时使用时间就会收到提醒。他认为，管理时间“是我们非常关注的问题”。

然而，源源不断涌入硅谷的资金也带来一批不太关心上述问题的程序员。在21世纪第一个10年末，照片墙等初创企业通过被脸书或谷歌等巨头并购塑造了一批新的百万富翁，此类成功经验吸引了常春藤盟校男孩们的注意。这些名校毕业生以往的去向是华尔街，他们个个怀着快速赚取数百万美元的梦想。然而，在2008年金融危机之后，他们需要开拓新的领域了，硅谷成为他们的目标。这类程序员有的大学一毕业就来到硅谷，他们当然也很注重代码的影响力，但对编程本身带来的智力刺激并无太大兴趣。在他们看来，编程就是获取权力的途径。从整体上看，他们对编程的贡献远不如他们对硅谷文化的影响。

如果想真正了解编程者的思维，你就要好好理一理他们每天的工作。沉迷于编程的人必定享受逻辑的搭建、重组、变换，但在编程中顽强生存、超越自我的人必须经得住最单调最难熬的考验：程序错误。

---

① 1英里≈1.61千米。——编者注

第三章
长期焦虑，偶尔欣喜

Constant Frustration and
Bursts of Joy

戴夫·瓜里诺需要好好休息一下，他搭上了前往斐济的飞机。就在那一刻，代码漏洞带来的闹剧已经悄悄上演。

身为程序员的瓜里诺风趣健谈，是非营利组织“为美国编程”的总监和开发人员。“为美国编程”汇集了很多关心公共福利的程序员，他们希望通过合作改进政府部门陈旧的技术系统。这里要讲的故事跟食品券系统有关。2013 年初，旧金山市政府聘请瓜里诺的三人团队来负责优化在线系统，方便低收入居民申请包括粮食援助在内的公共福利。

政府部门也确实非常需要外部支援。当时的食品券系统简直一团糟。如果居民想申请援助，必须填 30 多个独立页面的信息，而且这些网页全部没有开发针对手机端的页面。这让低收入人群更头疼了，他们大多都只用得起便宜的手机，数据流量基本不够上网。老旧的系统越来越成问题，因为系统太难用，符合食品券申请条件的人，只有不到 50% 提交了申请。瓜里诺的团队就是来解决这个问题的。

问题是，他们不能直接进入政府网站后台从头开始编程。这不是他们的任务要求，就算可以这么干，他们也需要彻底改造一些陈旧的HTML文件和数据库，那样成本很高。

他们想出一个绝妙的方法，根据当前的网站设计一个外壳，把原网站隐藏起来。

他们编程设计了一个新的简洁的网站。它是一个可以在手机端快速加载的清晰页面，网站页面会提示申请者输入个人基本信息，之后就由幕后的程序员进行操作。申请人的信息会被输入一个自动脚本程序，这个程序会替申请人在老旧的政府网站上一一录入信息。也就是说，“为美国编程”团队创造了一个隐形的后台程序，承担了申请过程中最麻烦的工作。申请人不必再处理细节问题，他们只需要在新的手机端网站上输入自己的信息，之后它们就会被录入系统。

这并不完美，但是确实有效！瓜里诺的队友艾伦·威廉姆斯开玩笑说：“这简直就是最具黑客风格的手段了！”当你面对复杂又陈旧的系统，“要进行深入又雅观的整合，最快最简单的办法就是在上面加一层外壳”。在编程的世界中，这一招又叫“包装策略”——通过将一个复杂系统封闭起来以修复它。有时，这也是唯一的选择。在本次任务中，这一策略还是很成功的。几个星期过去了，大量申请人的信息都被输进来。两年不到，团队开发出来的程序成为加利福尼亚州政府声誉最高的软件项目之一。瓜里诺团队为自己的工作成果感到无比骄傲。如果他们迎合千禧一代的喜好设计各种手机应用，可能会赚得盆满钵满，但通过编程帮助更有需要的人能带来更大的满足感。

团队很快又有了新想法，希望能够进一步完善系统。

不过这一次，他们搞出了让人胆战心惊的漏洞。

新功能的设计是为了帮助申请食品券的用户快速查询卡上的余

额。在老旧的系统中，用户要拨打电话，然后根据一环接一环的语音提示做出选择。瓜里诺可太讨厌那个语音选择了。他认为，自动语音选择就是对人性的侮辱。于是，瓜里诺编写了后端代码，弄出一个电话机器人。用户可以用短信发送自己的卡号，也可以在平台上输入卡号，电话机器人就会替用户查询卡上的余额，然后把信息返回给用户。这为用户省下不少麻烦！为了推广这个应用，团队还在谷歌上做了广告。

这个时候，瓜里诺也需要歇一歇了。他本来就是一个神经质的人，经常紧张得拔胡子，说话跟机枪似的，加上又连轴转了好几个月，他确实需要休息了。临行前他跟团队成员交代："好了，伙计们，我要去斐济了。不带电脑，不带手机，啥都不带。我要好好放松一下自己。这里就交给你们了。""行啊，"大家轻松地说，"休假愉快！"

瓜里诺刚离开没几天，威廉姆斯和团队成员就迎来了一场大混乱——电话查询系统开始疯狂运转。

一般情况下，每天拨打的电话有100多次，但现在不过几个小时，系统就收到了5 000多条信息。到底发生了什么事？大家都傻了。按照这个速度，拨打电话的费用会噌噌上涨，还可能会被电话服务商切断服务。到底是什么人突然发来这么多信息？

团队的第一个猜测就是有人在进行诈骗。政府中有传闻说，俄罗斯某团伙一直在用食品券的卡号从美国政府窃取资金。团队成员认为："肯定是俄罗斯团伙发现了我们的服务，然后就想批量查询他们所有的卡面余额。"但最糟糕的事情是，他们联系不上瓜里诺，他才是编码专家。瓜里诺事后回顾时笑了起来："他们都吓傻了，而我却与世隔绝。他们不知道系统是怎么运行的，因为当时后端开发只有我一个人。我一个人写了所有代码。所以他们只能说，'这可怎么办？到底发生了什么事情'！"

几天后，瓜里诺从斐济回来了，他马上开始寻找系统漏洞，仔细翻阅服务器日志，几个小时后，他终于找到了问题。

原来是一个用户犯了迷糊，本想查询自己的余额，但是没发送自己的卡号，而是输入了电话机器人的服务号码，结果软件就陷入了自我循环。瓜里诺说："系统开始不断给自己发信息，反反复复。"

他也承认，归根到底这是自己的问题，错误归咎于自己的代码。他应该写一行代码，确保用户发送的不是电话机器人的服务号码，这挺简单的。但他没想到现实世界中还真有人这么干了。

瓜里诺说："用户总能找到问题所在。"你以为自己消灭了所有程序错误，但他们还是能给你"惊喜"。

适合编程的人一般需要具备什么性格和心理？有些特征非常明显。程序员一般擅长逻辑性、系统性思考。每天都要推敲各种条件结构或复杂的本体论。（看来哲学专业的学生非常适合当程序员，我在众筹网站 Kickstarter、初创公司以及其他企业中都遇到了不少哲学专业的毕业生。）程序员的好奇心极其旺盛，痴迷于各种事物运行的原理。编程界老前辈格雷斯·霍珀在幼年时搞坏了好几个闹钟，就是想看看里面有什么，父母不得已专门给了她一个闹钟，她拆了又装，装了又拆。

但是，如果非要选出程序员身上最具共性的心理特征，那么这个能够让他们坚持下来的特征到底是什么？

那必定是能够忍受挫折和沮丧的超强耐力。

程序员又叫"编程人员"，但他们坐在电脑前的时候，一般不是在编写新代码。编程人员大部分时间其实是在寻找程序错误。

什么是程序错误？显而易见，就是代码中出现的问题，拼写错误或其他编写错误会导致程序出现隐患。程序错误通常出现在细节之处。布鲁克林阳光明媚的一天，我和程序员罗布·斯班克特约在一家咖啡店见面，头发有些灰白的他掏出自己的笔记本电脑，给我展示了利用编程语言 Python 编写的一段代码。他提示说，里面出现了一个非常严重的程序错误。代码如下：

```
stringo = [rsa,rsa1,lorem,text]
_ output _ = “backdoor.py”
_ byte _ = (_ output _) + “c”
if (sys.platform.startswith(“linux”))
   if (commands.getoutput(“whoami”)) != “root”:
   print(“run it as root”)
   sys.exit() #exit
```

程序错误出现在哪里？第四行出现了 if 语句，如果程序认定 if 之后的 (sys.platform.startswith(“linux”)) 为真，那么它会继续执行第五行的命令。

在 Python 中，所有的 if 语句都必须以冒号结尾。因此，第四行的正确写法应该是：

```
if (sys.platform.startswith(“linux”)):
```

即使是小小的标点缺失也会导致程序崩溃。

斯班克特合上笔记本电脑，做了个鬼脸说：“看，这就是我说的，在编程中天才与傻瓜的距离，可能就是一个标点。”

就算是计算机指令中极其细微的错误也可能带来大麻烦。2017年的某个清晨，亚马逊云计算服务出现大规模崩溃，数千个使用该服务的网站、应用程序受到影响，其中包括 Quora（在线问答网站）、Trello（项目管理软件），这一事件持续了 3 个多小时。亚马逊最终恢复了运行，同时专门派遣团队调查原因，结果发现，规模如此庞大的服务崩溃竟然源自某系统工程师一个有拼写错误的指令。

“程序错误”（bug），原意是“小虫子”，这可能会掩盖 bug 本身的属性，似乎 bug 是一种大自然的意外。早在 1876 年，托马斯・爱迪生在抱怨自己开发的电报设备发生故障时就使用了 bug 一词。（后来在改良白炽灯期间，他在笔记中也使用了 bug，表示存在很多问题。）bug 第一次进入编程界是在 1947 年。有一天，哈佛大学的工程师发现，当时使用的 Mark II 计算机出现了故障，原来是一只飞蛾被机器内部零件散发的热量吸引，飞了进去，结果影响了继电器开合。他们把飞蛾从机器中拿出后贴到了日志上，并在旁边标注上“第一个真正的 bug 被发现的案例”。

其实，bug 很少因意外产生，基本上都是程序员人为所致。计算机的奇妙之处在于，它能够准确执行人的指示，但是正如所有的魔法一样，计算机也可能突然变成可怕的力量，因为程序员的指示一旦发生错误，计算机就会遵从错误的指示。在编程时，各种错误都有可能发生。也许是拼写错误，也许是你没有想清楚整个算法，也许是你把变量 numberOfCars 写成了 NumberOfCars——首字母的大小写弄混了。也许是你在编程中使用了“库文件”，导致其他人编写的一段代码与自己的代码融合在一起了，但库文件的代码有隐藏的错误。也许是程序中出现了不恰当的执行时序，即“竞争条件”，本来进程 A 应该在进程 B 之前运行，但是进程 B 抢先运行，导致整个程序崩溃。总而言之，程序错误发生的方式数不胜数，当代码越来越长，参与同一项目代码编写的人越来越多时，发生程序错误的概率就会随之增加。当程序中的远程部分以不可预知的方式相互作用时，程序错误也会迅速增加，就像蝗虫席卷大地般蔓延开来。最复杂的程序错误可能会在编程持续若干年后才显现出来，也就是说，项目开始时出现了某个程序错误，过了几年，原来的程序错误与新编写的代码相互作用，最终问题爆发。

团队协作软件 Slack 的工程副总裁迈克尔·罗普说过："明显的错误很快让人受到惩罚，不太明显的错误在无形之中让人遭受惩罚。"

与其说编程是创造的过程，不如说编程是解决问题的过程。著名计算机科学家西蒙·派珀特总结说，没有哪个程序第一次运行就能成功。斯班克特在职业生涯早期认认真真地上了这一课。斯班克特出生于堪萨斯州一个小镇的工薪家庭。20 世纪 90 年代早期，他在高中校园附件的垃圾站搜寻各种零部件组装了一台计算机，通过图书馆借阅的书籍自学编程。大学毕业后，拥有历史、英语、哲学学位的他开始为一家汽车经销商的网站设计 Flash 网页，几经努力，他终于入职旧金山一家游戏公司。从小他就告诉祖母，他的梦想是到硅谷工作，因此，对他来说，这份工作就像进入了大联盟。

现实往往比理想黯淡。这家公司开发的服务器软件用于运行在线游戏，在理想的状况下可供数百万玩家同时畅玩。但是，就在第一个游戏发布的时候，服务器出现了一堆程序错误。斯班克特回忆说："这个服务器就像你见过的糟糕透顶的代码库，连让 100 个人同时在线玩游戏都实现不了。"根据斯班克特的分析，早期的设计人员在项目伊始就做了几个错误的抉择，他们创建了 160 个不同的软件应用程序，分布在23个不同的服务器上，每个软件都可以覆盖其他服务器的内存——就像是一个团队陷入争吵，你要去做协调工作，但是你面临的情况是：（1）团队成员彼此憎恨；（2）团队成员可以控制彼此的大脑。斯班克特说："那次程序调试简直就是一场噩梦。"

斯班克特和自己的团队开始修改错误程序，很多问题都得到了修复，但是还有一些程序错误非常隐蔽，错误与错误交织，深嵌在一个他们根本无法修改的结构中。整个修补过程就像一边开飞机一边修飞机。

其中一个程序错误让团队尤其感到绝望：神奇5号错误。它是一种游戏服务——游戏的战斗系统出现的一段代码，但是这段代码会突然崩溃，引发多米诺骨牌效应，多个错误接连出现，最终使整个游戏崩溃。团队成员从不同角度调试代码，想知道为什么会出现这种情况。在调试过程中，程序员有时会使用一些辅助工具——汇报程序崩溃的那一刻每部分代码是什么状况。有时候他们也会在不同的子程序中键入"输出"语句，让软件导出信息，然后他们就像福尔摩斯探案那样，逐一阅读信息，逐条检验线索。

最终，他们找到了引发程序错误的原因，是一个内存错误：这个十六进制的数字5写入的内存早就被占用了。但是无论如何尝试，他们都找不出到底是哪部分程序输出了这个错误的5。斯班克特慨叹道："没有人知道，也没有人找到。"

上面的故事足以说明在编程领域中坚守的人是什么心理状态了。斯班克特笑着说："就是默认手头的所有东西都是有问题的，所有东西都是破烂儿。最终成为程序员的人都是认为自己能够忍受那种痛苦的人。这也挺疯狂的，但就是要有点儿疯狂才能做这个工作。"

几乎每个参与过大型软件项目的程序员都有一个相似的故事，那就是，计算机超精密的工作指令、容不得一点儿错误的脾气最终会传染给程序员。

杰夫·阿特伍德就见证了这一切。2008年，阿特伍德与人联合创立了计算机编程问答网站Stack Overflow，程序员遇到问题可以在平台上提问，通常几秒内就能得到回复。这个网站也汇集了程序员最好与最糟的一面，有些回答非常精彩，程序员知无不答，竭尽全力帮助他人解决问题。但如果有些问题看似简单或问得不到位，得到的回复可能非常傲慢不屑。（“你都把我弄糊涂了，请把问题阐述清楚。”这就是一个大师给菜鸟的典型回复。）

为什么有的程序员十分傲慢狂躁？阿特伍德觉得，整天和计算机一起工作，无异于办公室里有一个性格糟糕、说话带刺的同事。“如果你工作的地方人人都是混蛋，那么你也会变得很糟糕。计算机可以说是终极大混蛋。你就算犯下很小很小的错误，它也会马上给你搞个大罢工，能搞多大搞多大。‘我忘了输入分号’，你猜怎么着？你竟然忘了输入分号，整个宇宙飞船就能被你烧成火球。”（此处并非夸张，在记入史册的一次程序错误事件中，美国国家航空航天局在水手1号探测器发射数分钟后被迫摧毁该设备，一个很明显的程序错误导致水手1号探测器偏离轨道，很可能会坠入人群密集的区域，程序错误的起因就是一个错误的字符。）

阿特伍德说：“计算机真的是个混球。它根本不会帮你解决问题。”出现问题的时候编译器会报告错误信息，但是这些信息极其艰深晦涩。当你和程序错误搏斗时，你就是在孤军奋战。计算机就是一副不痛不痒的模样，等着你一步一步详细说明自己到底要干什么。“程序员非常吹毛求疵的原因就在于，他们的‘工作伙伴’就是这样的脾气。编程领域的什么‘自由意志主义’‘英才至上’，都是因为计算机。我个人认为，这种心态是不健康的，也可以说，这是一种职业病！正因如此，人们才对程序员有刻板印象，觉得他们像计算机一样迂腐。虽然不是所有程序员都这样，但整体上是没错的。”

阿特伍德在Stack Overflow工作了4年，竭尽所能维系平台的秩序和效率，大部分时间都非常顺利，对程序开发人员来说，平台提供了宝贵的资源。然而，不间断地应对程序员的情绪让他疲惫不堪，2012年他离开了公司。“我要后退一步。我已经看到了深渊，我感到精疲力竭。当时我整个人都很烦躁，经常和别人发生冲突。而且很重要的一点就是，我厌倦了程序员群体。我可是非常理解这个行业的人啊。”曾经的阿特伍德就是典型的程序员，他性格十分内向。童年时期，当父母在家里一楼开派对时，他会躲在卧室里琢磨用C语言编程。但是现在，他很少做编程工作了，更多是做管理工作，与人交往的时间更多了。他感叹道：“现在不做编程，我还是挺开心的。”

当然，处理令人头疼的代码和无尽的程序崩溃也有积极的一面，当程序错误终于被消灭时，那种成就感是难以言喻的。那一刻，程序员仿若福尔摩斯，凭借闪耀智慧光芒的大脑，耐心地追溯证据，发现真凶，还原犯罪现场，凭借高智商赢得胜利。

我的朋友马克斯·惠特尼从事编程行业20多年，她仍旧记得第一次修复的程序错误。当时她在纽约大学工作，很多学生报告说在登录学校门户网站时出现了问题，登录的时候进入了别人的账号。到底发生了什么？

一开始，惠特尼和同事注意到，大部分学生是在使用Kinko复印中心的计算机登录时出现问题的。那可能是Kinko中心那边有什么故障？但是惠特尼很快发现，校内的计算机出现了同样的登录错误。

这显然是学校的登录系统有问题。但是，登录代码是多年前一名程序员写的，现在那个人已经不在纽约大学工作了。惠特尼也不可能找那位程序员回来解决问题，于是她就和另一位程序员开始逐行审阅代码。

阅读他人写的代码并不简单，因为写代码并不存在单一而简明的方法，稀奇古怪的现象俯拾皆是，不同程序员有不同的风格。如果你让 4 名程序员写同样一个算法，比如从 2 开始输出 10 万个质数，可能会出现 4 种风格的代码，它们的结构、形式都会有所不同。在编程的时候，哪怕是选择变量名称都会让程序员吵起来。有人喜欢极为简短的单个字母变量名称（x= “Hello, World!”），理由是这样的代码紧凑简洁，更方便浏览。但也有人喜欢更具体的变量名称（greetingToUser = “Hello, World!”），理由是如果一年之后程序崩溃了，在回看程序的时候，“greetingToUser”（向用户问好）比“x”更容易让人明白变量的意思。当代码特别长或者特别密集的时候，程序员一般会在程序中加上标注，解释代码是什么意思。若干年后如果程序崩溃，回头审校的那位可怜人至少还能在错综复杂的代码中找到一点儿头绪。然而，当程序员进入快节奏的工作状态又或者压力比较大时，他们对自己代码的“标注”就会非常有限，而且就算有标注，搞清楚他人代码中的逻辑仍是颇费心力的一件事。（在运行良好的企业中，所有的代码在发布之前必定经过“代码审核”——同事之间相互审阅，这样做不仅是为了确保代码能够运行，也是为了确保代码有基本的可读性。）有数据显示，程序员分析代码的时间是编写代码时间的 10 倍。程序员对他人的代码指手画脚、吹毛求疵也有这个原因，想想自己可能会读到乱七八糟的代码谁不烦躁呢！

惠特尼就陷入这样的局面。她和同事在登录程序的代码上看了又看，一点一点分析每行程序的作用，就像电工一步一步弄清屋子里铺设得乱七八糟的电线。

“这部分代码会激活那一部分代码，然后会启动那个功能……”突然，他们找到问题了！当最终对代码的结构有了足够的了解后，他们终于看到了那个程序错误。

当用户连接到纽约大学的网络时，问题就产生了。当学生登录时，系统会随机给他们一个 ID（身份标识号），而这个随机号码的“种子”是学生登录网站的时间标记。如果两个学生恰恰是同一秒登录的，他们的随机 ID 就会是一样的！为了防止这一现象再次出现，程序员在“种子”里增加了当前用户的 IP 地址。纽约大学有很多 IP 地址，编程人员想着，不可能有两个学生在同一时间用同样的 IP 地址登录吧，这回应该没问题了。

可是事与愿违。几年后，纽约大学和 Kinko 换了一种新技术，所有电脑都使用同样的一或两个 IP 地址。他们转换技术是因为校园中的互联网使用量增长很快，没有人意识到这会干扰原来的门户网站登录系统。结果，同一时间用同一个 IP 地址登录的事情出现了，用户能登录到别人的账户中，还能看见别人的邮件和备忘录。

惠特尼赶紧写了一段代码验证自己的诊断，果然是她预期中的问题。虽然他们还要花费几周才修复了漏洞，但是谜团已经解开了。

惠特尼内心充满了无与伦比的喜悦之情，满满的掌控感和成就感让她整个人都散发出光芒。她回忆道：“太美妙了。我当时走在沃伦韦弗大楼（纽约大学计算机学院大楼）的大厅里，绕着小小 H 形的大厅来回走，就觉得自己像发光的大神！”

她想要细细品味那一刻，因为她知道那种感觉转瞬即逝。

“但我知道，当再回到电脑前坐下的时候我马上就会发现下一个问题。”惠特尼叹了口气。当然，纽约大学的大部分代码运行都很顺利，其中也有惠特尼的贡献。但是，程序员不会花太多时间去思考那些运行顺利的代码。实际上，如果代码运行顺利，程序员就会忽略它。“程序员的时间都用于思考那些崩溃的代码了。编程的过程就像持续不断应对失败的过程。适合当程序员的人必定有能力从看似微不足道的成功中获得巨大的喜悦。”

编程中的“胜利”之所以激动人心，部分原因在于它可以突然出现。Slack 的首席技术官（CTO）兼联合创始人卡尔·亨德森曾经告诉我：“代码可以很快改变状态，从无效到奏效可能只是一瞬间。”

这会猛然带来一阵快感，虽然短暂，却如此强烈，程序员心甘情愿继续忍受挫败，只为了再次尝到成功的喜悦。在我看来，那种兴奋情绪有一部分来自代码的不可预测性，你不知道它什么时候就突然顺畅运行起来了。程序员在寻找程序漏洞的时候，有可能要找一天，也有可能 15 秒就找到了。成功背后的随机性竟然与赌博有些相似。就像你身在拉斯韦加斯的赌场中，你根本不知道自己什么时候会赢，奖金的出现毫无规律可循。正如娜塔莎·道·舒尔在其关于赌场的著作《设计成瘾》中所说，正是毫无规律的特性让人对老虎机欲罢不能。当人们知道好事随时可能发生时，他们就会陷入不断追寻的循环中。赌客可能会连着几个小时“毫无生气”，赌徒称这为“进入状态”，当奖金出现的时候，大脑中会出现相应的化学物质变化，激发极大的喜悦之情。很多程序员告诉我，他们对编程“上瘾”，我怀疑其中有着相似的原理。

斯班克特说：“我觉得以此作为自己的职业，或者长期从事这项工作，在解决问题方面会形成反常且不健康的状态。你在失败的时候总是如同遭受一记重创，在成功的时候你就一定会有足够强烈的快感去补偿之前的疼痛，一定会足够刺激。我自己就是这样，它总是让我感到兴奋，但这可能是不健康的。”

折磨人的挫败感与突发的愉悦感相互交织，频繁变化，程序员的自尊也常常大幅波动。如果你恰好碰到某个程序员都3个星期了还没解决自己的程序问题，那么他肯定已经陷入极端郁闷和自我否定的状态，但可能一个小时后，问题就被解决了，他瞬间就会成为一个自高自大到无以复加的人。两年前，程序员雅各布·桑顿决定用一种JavaScript语言重新编写自己的应用Bumpers——一个用于制作广播节目的应用。整整6个星期，他的心情简直如过山车般跌宕起伏。

他在自己的博文中写道：“最近我的编程风格有点儿反社会，在极端的自我怀疑与极端的自恋之间来来回回。要么我在公寓里一个人来回踱步鬼哭狼嚎，要么我给妈妈打电话，告诉她30岁的儿子正在一通折腾（积极的折腾）。”

代码中的缺陷肯定是程序员造成的，但是让缺陷暴露出来的往往是用户。他们东点一下，西点一下，程序中的各种不足通通现形。这也让某些程序员从内心深处产生了厌世情绪。要不是有些用户犯傻，你的程序就可以运行得好好的，又怎么会崩溃呢？

火狐浏览器的联合创始人布雷克·罗斯说，应对用户难以预测的行为让程序员变成了“悲观又偏执的疯子”。每次程序员开发出一个软件，用户总会做出一些意料之外的举动，久而久之这会对程序员的内心产生难以磨灭的影响。罗斯本人的描述非常有趣，特引原文共赏：

> 故事始于你8岁编写的第一个程序。“你最喜欢的颜色是什么？”它甜蜜地问，一边在手指上旋转着一把Visual Basic语言的锁。

只要输入你的答案，屏幕就会变成相应的颜色。太棒了！是时候给家人们展示一下了。

然后，乔迪阿姨找到了你。

“亲爱的，这个程序没法使用啊。它显示了一行代码，我不知道这是什么意思。”

你看了一眼乔迪阿姨输入的信息：2。

“我以为它是问我有几种最喜欢的颜色，难道不是吗？”

等等，最喜欢的意思不就是……为什么能有两个最喜欢……好吧，没关系。你在程序中增加了一行代码，阻止用户在询问框中输入数字。

然后你就把程序发布到网上。30秒后，你收到了新的程序崩溃报告。这名用户输入了：放屁。

这个问题当然也可以解决，但你特别想知道为什么会发生这种现象。是不是就是一次无心之举？于是你给用户发了封邮件：“为什么你输入了‘放屁’？为什么？”

对方回复：“蓝色。”此时此刻，你终于意识到，有些人就是唯恐天下不乱。从此之后，一切都变了模样……

你很幸运，从高中毕业后，你参加的项目越来越大，越来越好。你越厉害，接到的工作越重要。随着你的成果越来越有价值，你的对手也越来越狡猾，甚至更有决心了，每一次攻击都比上一次更有创意。

终于有一天，你成为苹果公司的一名工程师，同时也成为一个焦躁不安的偏执狂。

当然，用户也会抱怨。有人就说了，软件开发人员就应该搞清楚用户要干什么。完全正确。用户所面临的问题就是，很多软件开发人员极其缺乏想象力，他们懒得去尝试。但即便开发人员竭尽所能去了解用户的所思所想，预测也不可能万无一失。计算机是线性的，但人类是不可预测的。

成熟的软件公司也找到了很多应对策略。它们会做大量的用户测试，邀请上千名用户参加软件的内测，然后看看哪些部分会出问题。又或者它们会选择网景浏览器的开发模式，不管有什么漏洞，先把免费的软件发布出去，等待用户上报各种问题，并在运行中进行修复。如果是银行之类的大型企业花上百万美元聘请开发团队给数据库编程，那么部分程序员就会深入银行工作人员的工作，更好地了解他们如何使用程序，根据用户需求完善产品，这就是“敏捷开发”。（敏捷一词准确点明了这一软件的开发方法，即团队能够敏捷地转换方向，同时也能够不断调整自身以适应用户的需求，就像闯关的忍者，灵活躲避错综复杂的激光射线。）

其实，在很多大型企业的软件开发部门中，引导决策的并不是程序员。决定软件应该做什么，包括具备什么功能、解决什么问题，都是项目经理的职责，他们会与设计人员以及用户界面专家展开合作。如果让程序员来做软件设计，他们很可能会做出极其古怪的产品，只有熟练掌握计算机语言的程序员才用得了。

这就是大多数程序员偏爱的方式。当程序员与计算机互动，或者就是写个小程序来完成任务时，他们使用的是“命令行界面”——满屏的字符上有个光标在闪烁，绝对不是我们日常见到的普通对话框。他们是直接与计算机对话的人。选择这种对话方式，部分原因在于其更加高效和灵活，可以直接指示计算机完成任务。但是，这种模式也会让程序员对不懂技术的用户产生不屑之情。

一旦习惯了命令行的精准运行风格，普通人眼中的“友好功能”——鼠标、箭头、图标——就会显得迟缓而幼稚。其实，现在使用“用户友好”这个词本身就说明了问题所在，显然，当初大部分软件都是“用户不友好”的，后来，终于有人从程序员手中夺走了设计的工作，把它交给理解普通人需求的另一群人。优秀的设计师、项目经理、用户界面专家会思考软件的功能，对用户进行调查，了解他们理想中的使用状态，然后设计出程序员应该构建的产品。为了确保软件服务于用户而不是和用户作对，出色的项目经理能够弄清楚出现在屏幕上（以及在后台运行时）的软件应该是什么样子的。

大多数程序员根本不了解人与计算机互动的现实状况，如果让程序员单枪匹马上阵，他们可能很难设计出有人情味的产品。在他们看来，软件就是制造者与使用者之间的心理博弈。

的确，很多程序员被编程深深吸引，那是因为编程让他们暂且逃离了人性中的变幻莫测，逃离了晦涩不明的情感与需求。

不久前，我认识了迈克尔，当时他刚刚换了一份程序员的工作，他非常高兴，部分原因就是以上所述。32 岁的迈克尔沉默少言，机械工程专业出身，本来打算进入核能领域。他虽然学习了那么长时间，但是最后选择有限，只好找了一份咨询类工作。这份工作专门分析建筑性能，工作职责还包括撰写分析报告。

但是迈克尔觉得这个工作没什么意思，与现实有些脱节。他使用的模型非常复杂，而且本身包含很多先决条件，迈克尔觉得这些东西晦涩难懂，他的工作似乎也不会带来什么贡献。看着自己写出的又厚又浮夸的报告，他觉得自己就生活在《呆伯特》的漫画里。

某个凉爽的春日清晨，我和迈克尔见了第一面。我们在曼哈顿的高线公园闲逛，那是一个由高架铁路改成的公园。迈克尔直言不讳地说：“在企业里工作，真的是理想幻灭，所有一切都是忽悠。我有时候辛辛苦苦花两个星期写报告，但心里一直有个声音在说，‘没人会看这个，我就知道根本没有人会看它’！”

迈克尔在大学时学了一些编程基础知识，在工作中也稍有涉猎，不过他决定走得更远一些，于是在闲暇时，他开始做更多和编程有关的事情。迈克尔发现自己确实喜欢开发软件的感觉，于是2016年辞去工作，全身心投入编程工作，他和朋友创建了一个应用软件初创公司。但是他们的产品失败了，迈克尔决定给自己来个挑战，以节日或当日发生的重要事件为主题，每天写一个应用程序：情人节的小程序——可以根据伴侣照片自动生成一封情书；圣诞节的小程序——在程序里上传你所爱的人的照片，程序利用人工智能分析照片上的内容，为你在亚马逊上推荐适合这个人的礼物。（例如，有个朋友在这个程序上发了一张音乐家弹吉他的照片，程序推荐了一个复古风格的唱片机。）迈克尔也会关注一些政治事件，例如当阿片类药物危机不断出现在新闻中的时候，他就制作了一个应用程序，帮助人们找到最近的戒瘾服务机构。在马丁·路德·金纪念日当天，迈克尔醒来发现推特上很多人发布了恶意信息。他回忆道：“当时我确实想写一个小程序来回应他们，但是转念一想，搞不好我的程序是在和某个俄罗斯人的程序对骂。”

迈克尔带我去他在纽约西村的公寓，他边走边和我说：“编程就是让人上瘾。”刚到公寓，他把深色大衣随手甩到沙发上，马上坐到自己的苹果笔记本电脑前。墙上张贴着两张巨幅海报，上面印着一些《白鲸》《战争与和平》中的文字，完全是程序员的风格。迈克尔接着说：“我喜欢帮助别人解决问题。我就是想有所贡献，有了想法，实现自己的想法，真正帮助他人，这样多好。”

在接下来的几个小时里，迈克尔一边喝咖啡，一边忙活起当天的程序。当天的小程序是为推特写的，当用户上传高线公园中的雕塑照片时，程序会向用户推送雕塑艺术家的相关信息。他先利用一个人工智能程序对雕塑照片进行分类，然后加上一段代码，搜寻推特上所有标记了“高线公园”的照片。当整个程序完成时，他已经蜷缩在电脑前 12 个小时了，他的背部隐隐作痛。他工作的时间比之前长多了。

但是，曾经的工作无法带来编程给予他的快乐：清晰明确地感受到自己的工作成果确实有价值。他之前做的咨询工作基本上就是去说服他人，不断修改幻灯片，努力维系自己的论证。结合事实，但也要学会沟通——懂得迎合上层的意愿，以期得到赏识。但是，编程是让计算机听你的话，“说服”的技巧可能就没什么用了。迈克尔说：“代码要么有效，要么无效。”如果代码错误百出，那么你跟计算机说什么都不管用，它不在乎你说话有没有说服力，你就是得一直捣鼓到代码正确为止。代码越写越多，迈克尔发现自己无形中也更有自信心了。他不再害怕自己的技能没有价值，或者自己不能为世界做出贡献。写出程序解决他人的问题，这就是他给出的证明。

迈克尔告诉我：“学习编程很难，但亲手创作、亲眼看见能赋予你一种自豪感。没有人能告诉我这是好是坏。它真的有用就行。代码写好了，能用，写不好就不能用。就是这么简单直接。”

很多工程设计行业的背后都有这种对实实在在的成果的热爱。马修·克劳福德在其著作《摩托车修理店的未来工作哲学》中描述了相似的顿悟。克劳福德原来在一家保守党的智库工作，后来觉得自己的工作内容很空洞，于是辞职了。在以权威为重的世界里，你的价值取决于你的地位，取决于有多少人愿意相信你论证自身价值的长篇大论。克劳福德逃离了那个世界，逃入了摩托车修理行业。他发现，实打实地和机械进行较量能带来更多精神上的满足。修理摩托车就跟编程一样，有没有功夫，一目了然。克劳福德说，成功的匠人不需要吹嘘自己的作品，“他可以简单地用手一指：林立的楼房，飞驰的汽车，明亮的灯光，这些就是答案”。

成功写好程序的编程人员也有同样的自豪感。不过，这也可能让他们变得自负轻狂。程序员可能会认为自己才是真正在做事情，其他人——推广、销售、管理——都只是在做些意义不大的文书工作。（哦，营销人员说他们提升了公司在消费者心理上的占有率，程序员会一脸不屑地质问：“如何证明？”）在某些“一根筋”的程序员看来，从事“软技能”工作的人永远躲藏在幻灯片的后面，因为他们证明不了自己做了什么有意义的事情，不过就是不断甩出一些流行语。对刚进入社会的程序员来说，这种态度尤其危险，因为他们还不能理解非技术类岗位的价值，他们还不知道公司顺利运行的背后是销售、行政、运营等各个部门的奋力拼搏。（查德·福勒从事编程工作多年，他在《我编程，我快乐》一书中满怀内疚地回忆道：“年轻的时候，我作为程序员参加员工大会，从头至尾目光呆滞地看着那些和我工作并无直接关系的大领导一张张展示图表，说着一堆在我看来毫无意义的数据。我的同行们也是一样，感觉我们就像长途汽车上的一群小孩，早就坐不住了。没人知道幻灯片里说了什么，根本没人在乎。在我们眼中，那些无能的管理层所谓的开会就是在浪费时间。回看过去，我才发现当时的自己有多愚蠢。”）

我认识一名前端程序员，她之前从事视觉艺术工作，现在主业是编程，视觉设计接触得越来越少了。为什么？程序运行与否直截了当，她享受这种明明白白的快乐："我不再单纯从事艺术工作，因为艺术类工作给我的满足感不太一样，画画的时候没有那种'突然就成了'的感觉。"

我对此也深有体会。我 40 多岁了，已经很多年没怎么接触编程了。在写这本书的时候，我做了很多调研，也开始自学一些编程的东西，结果有点儿危险，我很快就发现，编程的满足感比写作强烈太多。

有一周，我决定用 Python 语言写个程序给推特上发布的链接存档。因为我经常在推特上转发科学类或高科技类信息，但没有保存汇总到一起，几个月之后想要再翻看总是很麻烦。于是，我就想写一个程序，每天早上 8:30 自动登录我的推特账号，把之前 24 小时的推文都整理一遍，挑选出包含链接的推文，筛选掉其他推文，再把链接清单整理出来，并附上我的推文，发送到我的邮箱。

我很幸运，其中一部分比较难写的代码已经有现成的了：Tweepy 是 Python 语言的一个开源代码，可以用于筛查近期推文，挑选出包含链接的内容。但是，对我这种编程菜鸟来说，用好 Tweepy 也不容易。当我编写代码来筛选自己的推文内容时，我得到的是一大堆代码，就像下面这样：


```
_json={u'follow_request_sent': False,u'has_
extended_profile': True, u'profile_use_
background_image': True,
u'default_profile_image': False, u'id': 661403,
u'profile_background_image_url_https':
```

```
u'https://pbs.twimg.com/profile_background_
images/3908828/pong.jpg' . . .
```

有三四页！现在，我需要做的就是写出一个算法，检查这一大堆代码里面的所有信息，看看有没有我需要的URL（统一资源定位系统）。在这个过程中我犯了很多愚蠢的错误，大部分都是编程菜鸟常见的毛病，例如，搞错了Python语言的基本语法。

到了那天晚上，胜利的曙光已经出现。我已经能够筛选出正确的信息，于是我用这个小程序绑定自己的邮箱账号，然后设置成每日运行。第二天，我的邮箱中出现了第一封汇总链接的邮件，标题加链接，整整齐齐：

```
"Isn't Baldwin a well-known pervert?" Inside
J. Edgar Hoover's FBI files on James Baldwin—
http://lithub.com/a-look-inside-james-baldwins-
1884-page-fbi-file/

___________________________________

Tarot cards were an invention of occult-obsessed
Paris in 1781:
https://aeon.co/essays/tarot-cards-a-tool-of-cold-
tricksters-or-wise-therapists

___________________________________

Three hours of music played with one single note
on a piano—D, at seven different octaves:
https://www.nytimes.com/2017/06/16/arts/music/
```

listen-to-three-hours-of-music-from-a-single-note.html?_r=0

那一刻的我，满心欢喜。

在接下来的几天里，我又用 Python 编写了好几个可以在推特上供自己使用的小程序。我写了一个小程序专门整理我和几位朋友之间的推特互动。我又写了一个小程序可以下载有趣的连发推文。一连弄了好几天，我突然发现自己写书的进度完全停了下来……因为写代码真的很有趣。

当然，我热爱写作，也已经当了 25 年的记者。写文章的快乐和编程的快乐其实有一些相似之处，两个过程都会产生那种从无到有的喜悦。但是在编程的时候，我与迈克尔有着相同的感受：编程中的成就无论多么微不足道，从客观层面上看都比写作更真实可感。

评判写作质量其实非常主观，对职业作家来说这简直就是一种折磨。比如，上个月我在《连线》上发表了一篇文章，写得好不好呢？这取决于你问的是谁。作为文章作者，我可以表达个人对文章的满意程度：也许我觉得从实用性上分析还不错；也许我觉得简直是超常发挥。你也可以去问问读者，或者调查一下读者的反响。它在推特或脸书上的转发量如何？它在《连线》网站上的点击量有没有大幅增加？这些都可以粗略反映文章的受欢迎程度，但从更理想的层面看，它们其实都不能反映文章的好坏。在写作中，文章的好坏或功效并没有客观的衡量标准。作家的声誉取决于他人的认可程度，这就和稀里糊涂的企业界很相似了。在写作的时候，你可能会不断怀疑自己，总想着别人会怎样看待自己的文章。

编程可不一样，没有质疑，程序能否运行就是唯一的评判标准。

当我写完那个 Python 语言的小程序后，它每天尽职尽责给我发送推文链接的汇总，日复一日，月复一月。这就是最流畅、最简洁的代码吗？肯定算不上，但是它能用啊。它解决了我的问题吗？当然解决了！相反，在写作生涯中，我对自己文章的效用从未有过如此坚定的认可。我给《连线》写的文章有用吗？我不知道。写作不具有二进制那种直截了当的判断标准。

更重要的是，大多数编码是把一个庞大的、困难的任务拆解成多个子程序。你不会一下子写出一个大程序，你会编写小块代码、小的子程序——函数、模块，然后把它们连接起来。用做早餐来比喻，每个步骤就是一个功能：打鸡蛋是一个功能，给吐司涂黄油是一个功能……把所有的子程序代码写好，按照逻辑流程连接在一起，整个程序就大功告成了。

通常，你在编程的时候，每次只需要专注于一个功能，写完之后你应该测试一下，看看这个功能能否正常运行。如果埋头写上好几天也不测试，最后运行程序的时候肯定会失败，而且你也不知道哪个部分（或哪几个部分）出现了问题。因此，编程总是一步一步，边测试边写，边写边测试。每个功能测试的成功都是一次小小的胜利。

这个过程的优点在于，它产生了一种循序渐进的安全感。哈佛大学教授特蕾莎·M. 阿马比尔和研究员史蒂文·克雷默发现，如果员工在工作中能够规律性地体验到“小小的胜利”，每天能看到工作中的进展，那么这类员工的幸福感最强烈。模糊不清的成就感并不讨喜，相反，每天实实在在地感受到进步会令人振奋。编程就给了我那种踏实、规律的成就感，但写作没有。写书的过程就像在雾蒙蒙的湖面上划船，我知道最终会到达终点，但是在整个旅程中，我会一直担心前进的方向是否正确。

我有个程序员朋友叫萨龙·雅巴里克，她创建了 CodeNewbie（一个面向新手程序员的广播栏目和网络社群），组织了 Codeland 会议。她以前做过市场、新闻、科研，最后还是走入了编程行业。她同样喜欢那种真实可感的进展。和我一样，她沉浸在每天解决问题的快乐中，看着一段段代码从无到有，从意义全无到顺利运行，“我觉得，正是那些小小的胜利使得编程成为特别有成就感的事。可能是我在想办法解决一个问题或者找到一个漏洞，并解决和修复它们时，这件事就完成了。我能看到这个完善的过程、成功的过程。这项工作有点儿像创作雕塑”。

在编程的快乐与写作的痛苦面前，我当然选择前者。每当写作遇到难处，实在进行不下去了，我就果断放弃，转头去写代码。什么类型的编程不重要，可能意义不大，可能也没有具体的目标，但是一步一步指示计算机精确执行命令充满了乐趣。我经常在 Project Euler 网站一待就是好几个小时，这个网站会给网友们出一些编程题，程序员通过编写算法来解答。（例如，2，3，5，7，11 和 13，我们可以看到第 6 个质数是 13，请问第 10 001 个质数是什么？）有时候我会大量浏览编程博客，直到发现有趣的“库”——预先编写的代码模块，供程序员编写新程序。（嘿，一种在 JavaScript 中用从谷歌表格中获取的信息进行数据可视化的新方法！也许我该再玩几个小时。）当程序完全按照我的要求运行时，那一刻明确而清晰的成就感让我着迷。

我的朋友加布里埃拉·科尔曼是人类学家，多年来她一直在研究黑客文化。作为一名作家，她也注意到编程与写作的不同。

她对我说：“作家会‘文思枯竭’，但是程序员不会。有些作家是真的热爱写作，但是我们也听到很多人说，写作很煎熬，写作中有各种拖延。但我在程序员身上没有发现这种痛苦。有些人还特别快乐，就像‘是的，我想回去写代码’！”

当然，计算机这个引人入胜的世界也存在明显的危险。当一切都以纯粹的逻辑和严谨的结构为准绳，不为任何言辞所动时，长期处在这样的环境中，你很有可能养成和机器一样的思维习惯。

第四章

稀有人格

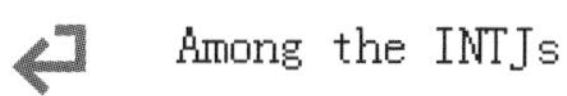

“你这招儿不行。”布拉姆·科恩对我说。

那是2004年的某一天，我在科恩西雅图的家玩桌游。当时科恩29岁，一年前，他因发明了比特流（BT）而名声大噪。BT技术可以让用户以闪电般的速度在网上共享大文件，它的诞生让好莱坞和电视行业倍加警觉。几年前，MP3在线分享的大浪潮让音乐行业措手不及，而数字电视和电影的文件太大，网络共享的速度很慢，好莱坞和电视行业未受波及。现在，BT出现了。科恩创造的新工具将推动电视内容的“免费共享”，于是《连线》杂志请我给他做一个人物报道。

在我所见过的程序员中，科恩是程序员特质最明显的一个。他一头披肩长发，留着胡楂儿，灰色衬衫上带有龙的图案，总是在房间里踱来踱去。他的工作区域是一楼的一个房间，桌子后方有个巨大的塑料桶，里面是各种高阶异形魔方。科恩在工作时总是一边思考如何继续提升BT下载的速度，一边快速转动手中的魔方。我发现他对这类玩具特别着迷，而且他还自己设计异形魔方，有一款很快就要投产了。（科恩说，设计魔方的目标就是让人觉得自己快要解开了，但其实并没有。）他还收藏了很多桌游，其中就有几天前刚入手的一套亚马逊棋，在游戏中，对阵双方轮流在棋盘上移动棋子并投放障碍，最先堵死对方者获胜。科恩连赢了我好几局，他伏在棋盘前，慢条斯理地讲起自己眼中的完美游戏。

"最好的战略游戏就是，你走的每一步都会对结果产生影响，直到游戏结束。可能你觉得自己对某部分有了掌控，但其实你很难确定哪部分对你有利，你只能继续观察。你的判断可能正确，也可能错误。"科恩喜欢纯逻辑类的游戏——没有半点儿运气掺杂其中。

我第一次见到科恩是在 2002 年，当时他组织了一个小规模的软件黑客和技术爱好者会议（CodeCon），并邀请我出席。参会规则只有一条：参展方只能展出有效运行的代码。我们坐在会场后台破旧的躺椅上，穿着黑色皮夹克的科恩很兴奋，精力充沛地比画着跟我聊天。"我很讨厌'挥手'（不切实际的论证）和'雾件'（在开发阶段就公之于众最后却不了了之的软件或硬件），讨厌有些人在没有采取实际行动前就在那里夸夸其谈。我只想看到他们的行动。"硅谷刚刚经历了互联网泡沫破裂，上百家企业相继破产，在科恩眼中，那些企业就是在儿戏。在线购买宠物食品？ Flash 驱动的品牌服装在线购物商城？那有什么技术含量？科恩 6 岁开始编程。（"我 12 岁就参加了编程比赛，还得了奖——哦，好像没得奖，但是我的表现挺好的。"）他发誓绝对不会在这种互联网产品上浪费时间，不会在那些没有实效的产品上浪费时间。他以前工作过的几家公司纷纷倒闭，这些公司要么没做出产品，要么做出的产品没人使用。科恩说："我希望我开发的产品是人们能够使用的。"他想要解决那些真正让人们头疼的问题。

科恩在编程上出类拔萃。在接下来的 15 年里，我时不时会见到他，在我写这本书的当下，只要提起他的名字，编程界的同行无不交口称赞：他太令人吃惊了。科恩当然受之无愧。他对自己的能力和工作态度实事求是，既然是事实更不必谦虚。我问起他年轻时去谷歌面试表现如何，他轻描淡写地说："我可牛了。"当时谷歌并没有录用他，但是科恩觉得无所谓。他再也不想在别人手下工作了，他不喜欢接受命令。在前雇主那里工作时，他多次指出产品设计的核心问题，这让老板非常不爽。科恩耸耸肩说："我从不会顺从。"他会严肃认真地告诉其他程序员，废寝忘食地工作、持续不断地改进产品才是最重要的。

科恩说："我一直在说，一定要为自己的代码感到自豪。应该不断进行代码重构，当人们看到产品时，他们是能看出你确实在上面花了心思的。"只要有一个功能编得不好，整个产品传递出的信息就是你没有全力以赴。"我坚信破窗理论。你发现了漏洞，一定要盯住它，搞定它。"当科恩工作的时候，他很讨厌有别的事情打乱他的节奏，甚至是吃饭。之前我在写《连线》专访的时候，他边做三明治边抱怨这太浪费时间了："有时候我真的希望可以在人的身体中植入能量，就像'终结者'那样可以直接把电池装入胸腔。"

科恩和程序员朋友安德鲁·勒文斯坦在聊天的时候萌生了 BT 的创意。当时，Phish 等乐队对盗版内容比较宽容，勒文斯坦会在网上录制并分享这类乐队的表演视频。但是，在 2002 年，普通人要想和别人共享一个长达一小时的视频文件是非常困难的。很多家庭的数字用户线路（DSL）为"非对称性"网络，下载速度还行，但是上传数据的速度很慢。上传大文件很难，所以也就没有多少人去做了，因此上传通道大部分时间都是闲置的。在思考这个问题时，科恩灵光一现，所有那些闲置的上传能力就是"剩余生产力"啊。如果有办法加以利用，它们必将形成强大的上传能力。

关键就在于，要让很多人以合作形式使用上传通道，这就是科恩设计 BT 的核心理念。先把大文件——譬如某集《周六夜现场》切分成文件块，然后在线共享给多人，即“种子”（peers）。当有人要下载这集节目时，他可以从各个“种子”中搜集文件块。虽然每个种子的上传速度很慢，但如果 30 个种子同时上传自己的文件块，下载的人很快就能在自己的电脑上收到完整的文件。

这听起来很简单，但是编写这类协议非常困难，而且这也是一个全新的挑战。要建立并运行一个网站并不难，只需要懂得使用超文本传输协议（HTTP，20 世纪 90 年代初发布，应用广泛，功能稳定）。但是，BT 下载不能使用这类现有的协议，科恩需要重新创造一种互联网协议。

这才是真正的挑战。科恩辞去工作，两年之中靠信用卡度日，独自一人开发了 BT。产品刚刚发布时仅有粗糙的纯文字用户界面，只有程序员才会使用。科恩又设计了一个稍微适用于普通用户的界面，视觉效果更好，不到一年，用户达到 4 000 万。此时，科恩和女友詹娜结了婚，她之前是一名系统管理员，有一个 5 岁的女儿。婚后一家人搬到华盛顿州贝尔维尤市，心怀感激的用户纷纷自发给科恩捐款，让他可以全身心投入完善 BT 的工作。

很多程序员写代码的风格是“按部就班”，逐行编写，逐个功能推进，逐个部分测试，慢慢建成整个程序。但科恩在 2004 年可不是这个风格。他可能一整天都沉浸在自己的思绪中，琢磨着 BT 下载中的一些时间问题，在脑子里不断模拟。可能经过几个小时天马行空的思考，他会突然起身，行云流水般把代码写出来，仿佛这些是听写出来的字句，完美流畅。（他曾说自己像电影《莫扎特传》中的主人公，这个比喻恰如其分。）詹娜也见证了这一切。有一次，她正在给 3 个月大的孩子喂奶：“他在厨房里走来走去，走进走出，突然就扑到电脑前，然后代码就写出来了，每一行代码都非常干净整洁。非常完美！”

说着，詹娜充满爱意地拍着科恩的头：“可爱的自闭男孩。”

科恩确实患有阿斯佩格综合征。我刚知道的时候很惊讶。他确实很容易就滔滔不绝，很多话题说起来没完没了，但我很喜欢他，因为他是一个风趣又有魅力的人。而且，他似乎也能很快察觉到身边人的情绪信号。科恩却表示，这是多年来练习的结果，他训练自己成为“正常人”。某天晚上我们开车去当地的酒吧，科恩告诉我：“我学会了怎么做。”科恩出生于纽约一个知识分子家庭，母亲在小学教阅读，父亲经营着一家社会党报社。（这家报社也是美国最先进行数字化的报社之一，科恩小时候在家中看到不少计算机也有这个原因。）在成长的过程中，尤其是刚成年时，科恩发现自己有些奇怪，他觉得自己在和同龄人交往时很不自然，他充满了困惑。20 世纪 90 年代初，阿斯佩格综合征还未被人熟知，科恩的父母也从未怀疑他有什么问题，也就没带他去就诊。他们仅仅觉得科恩有些书呆子气。科恩 20 多岁时读到了一篇关于阿斯佩格综合征的文章，他猛然醒悟。于是，他开始像摆弄计算机系统一样研究起自己的行为问题。他读了很多有关阿斯佩格综合征的数据，绕着城市闲逛，仔细观察“正常人”的互动，从本质上说，这就是搜集大量的测试数据。

科恩说：“我特意研究过互动行为和眼神接触，特别喜欢眼神接触的时长问题。”他还发现了阿斯佩格综合征治疗建议中的问题，所有书籍都强调了眼神交流的重要性，但是基本上没有提及时长。科恩指出：“所以，有时候人们接受相关训练却还是很困惑，因为眼神接触的时长不一样，意义也是不一样的。”

科恩本身技术精湛，辛辣风趣，特别喜欢戳穿老套的行为，他的那种强烈的自信与阿斯佩格综合征的行为是很难分开的。2004 年我去他家的时候，詹娜笑着说：“他会走过来跟我说，‘我在爱心熊游戏里赢了赖利八九回了’。我就会说，‘好棒，那要给你一枚奖牌吗’？不过，他确实教会孩子什么是良好的运动员精神，输赢都应有风度。”

詹娜说话的时候科恩一直面带微笑。有一天，赖利在学校参加了跑步比赛，回家后她说老师告诉他们，比赛没有输家。然后科恩就告诉孩子：“当然有赢家和输家啊，你只是不能说出来。”

……

20 世纪 60 年代早期，企业购入了很多大型计算机，用于统计数据、计算工资、预测商业前景等，因此企业开始雇用大批程序员。越来越多的程序员到企业上班，他们的老板也发现，这群人似乎有点儿奇怪。

这一时期的办公室职员顺从地接受一切规则——拍拍灰色法兰绒西装，扮演好自己在等级制度中的角色。美国社会学家威廉·怀特在《组织人》中描述，他们“是我们中产阶级的一员，他们从精神到肉体都离开了家，过上了有组织的生活”。他们认为自己从属于更大的组织，恪尽职守，从本质上说，他们是集体主义者。但是，从事编程行业的人不一样，他们特立独行，这令人不快。

1966 年，心理学家达利斯·佩里和威廉·坎农在其论文中写道：“大部分人都知道什么是会计师，什么是物理学家，什么是工程师，但说到程序员，大家要么没听说过，要么对这个新职业了解甚少。”为了进一步了解这个新群体，坎农和佩里对 1 378 名男性程序员进行了职业评估，了解他们的情绪和热情所在。

他们在分析结果时，引出了三大发现。第一大发现是，程序员非常热衷于解决问题，“面对问题，他们迫切想要找到答案，喜欢解答数学、机械等各种形式的谜题”。对当时的管理层来说，这点可能也在意料之中。事实上，当时很多大学都没有正式教授编程，所以管理层在招聘的时候会用逻辑和模式识别测试来筛选应聘者。内森·恩斯明格在《程序员男生当道》（*The Computer Boys Take Over*）中写道，他们已经开始挑选那些谜题爱好者，而且更加偏向于选择男性。IBM 当时的一个广告标题就是：“你是能够指挥电子巨人的那个人吗？”广告继续问：“你是否拥有缜密的思维，喜欢象棋、桥牌或字谜游戏……”

第二大发现是，程序员喜欢学习新东西，对重复性的工作感到焦虑和厌倦。文章写道：“他们对研究活动表现出明显的喜好，更倾向于选择多样化甚至有些风险的活动，同时会规避模式单一、规范严明的活动。”

第三大发现和当时管理层的不安有更直接的联系。管理层认为，这些程序员冷漠孤僻，是“非组织人”。佩里和坎农在文章中直言不讳地总结道：“他们不喜欢人群。他们不喜欢涉及亲密的个人互动的活动。他们通常对事情比对人更感兴趣。”女性程序员也是如此。佩里和坎农对 293 名女性程序员进行了同样的职业评估，他们发现，从事编程的女性与非编程职业的女性有两大不同：女性程序员对“各种形式的数学运算都有浓厚的兴趣，而对人尤其是涉及对人负责的活动缺乏兴趣”。

到了 20 世纪 60 年代末期，美国管理层的脑海里对程序员就只有一个印象：难搞。行业分析师理查德·布兰登认为，美国企业积极招聘这些桀骜不驯的人会产生很大风险。大部分程序员很年轻，他们从反权威的反主流文化运动中走出来。如果让他们掌管管理层搞不明白的机器，那就会助长他们的傲慢。或者，像布兰登描述的那样，他们会成为“过于独立的”企业员工。布兰登指出，一般程序员“以自我为中心”，有点儿神经质，濒临轻度精神分裂。留胡子、穿拖鞋，其他个人主义、有违常规的行为明显高于其他人群。

接连不断的报告都在论证程序员逃避社交且自高自大。1971 年有一份报告表示出强烈的焦虑，“这些人，虽然展示出了精湛的技能，但是在工作的其他方面却未能展现出职业风范”。到了 20 世纪 70 年代中期，心理学家 P.H. 巴恩斯等人的一系列研究发现，程序员“安静、内敛、独立、自信、内向、逻辑严谨、善于分析”，而且，他们仍旧不愿意与其他人交往，“更喜欢与计算机为伴”。

1976 年，计算机科学家约瑟夫·魏岑鲍姆指出，程序员在共情方面存在缺陷，因为他们长时间和机器相处，远离正常的社交人群。魏岑鲍姆自 20 世纪 60 年代起就在麻省理工学院工作，他也去过麻省理工学院的人工智能实验室，在那里亲眼看到了邋邋遢遢的第一代黑客。在其著作《计算机能力与人类理性》中，魏岑鲍姆眼中的实验室是一个与人类隔绝、毫无生气的“瘾君子”的世界：

> ……那些本应朝气蓬勃的年轻人邋邋遢遢，两眼放光但眼窝深陷。他们坐在计算机前，手臂紧绷，十指随时准备迅猛敲击键盘、按钮——全神贯注的模样就像赌徒注视着滚动的骰子。其他时候他们可能会坐在堆满了计算机打印稿的桌子前沉思，就像对神秘哲学的文本着了魔的学生。他们连续工作 20 小时、30 小时，直到身体撑不住。他们会提前准备好食物，并让人送过来：咖啡、可乐、三明治。如果条件允许，他们就睡在打印稿旁边的便携床上。衣服皱皱巴巴，脸不洗胡子不刮，头发从来不梳，这一切足以证明，他们早已忘却了自己的身体，忘却了自己所处的世

界。他们是计算机迷，是偏执的程序员……

冷漠、内向、尖刻、拒绝服从命令：20 世纪 70 年代的程序员形象至今也没有发生明显的改变。我认识的很多程序员对此不屑一顾。有的程序员则以此为荣，与其被视作懒得客套，不如就坦然地把这种形象当成自己厉害的标签。但很多程序员其实对这种刻板印象非常不满。

我的朋友希拉丽·梅森在纽约创建了机器学习研究公司 Fast Forward Labs，我去采访的时候，她抱怨道："程序员不会交流，很难与人相处，这些说法对我们很不公平。"她觉得，程序员之所以给人这样的印象，部分原因在于，程序员与计算机的交流非常顺畅从容，这令其他人感到害怕和困惑。"如果让我来总结程序员的特点，我觉得应该是沉浸在技术中会带来一种自信。正是这种自信让我们对手中设备的运行了然于心。"梅森是一名思想前卫的数据科学家，也是典型的程序员。几年前我们第一次见面时，她兴致勃勃地讲述了自己如何"通过编写一些 shell 脚本取代自己"——就是写了数十个小程序来回复一些无聊的重复性的电子邮件（譬如学生总是询问"这个考不考"？），因为她想把时间花在更重要的事情上。但是她也参与建立了各种类型的组织，旨在帮助技术新手，其中就包括布鲁克林的"黑客空间"，还有 hackNY，那是针对学生的"编程马拉松"活动。一种单一原型能覆盖全球日益庞大的程序员群体吗？作为数据科学家，梅森必然持反对意见。程序员的数量与日俱增，他们的个性更不可一概而论。

确实，程序员的数量在迅速增长。当佩里和坎农开始研究这个群体时，美国的职业程序员大概是 10 万人。到了 20 世纪七八十年代，这个行业更加同质化，早期的女性程序员已经离开，整个行业男性比例越来越大。曾经在个人计算机上捣鼓 BASIC 语言的青少年已经开始不断尝试各种新技能，整个行业都显现出对计算机更深的痴迷。几乎没有人是为了钱走进编程行业的，因为那时候该行业盈利的前景还不清晰。46 岁的老程序员戴维·比尔和我在洛杉矶吃晚饭的时候说："我那个时候根本不知道编程行业会发展成什么样子。那时要进入计算机行业，应该是逻辑思维非常厉害的人，厉害到可能与周围的人或同学都有点儿格格不入。而且，如果你自己十分理性，与不理性的人来往你就会觉得很烦，对吧。你会觉得他们讲话没有依据，前言不搭后语。"

到了 20 世纪 90 年代，初创企业迅猛发展的背后是工作效率的急速上升，这也是程序员不喜欢人际交往的原因之一。1994 年，网景公司推出浏览器的时候，程序员就已经形成了高速工作、无暇寒暄的文化。

杰米·扎温斯基在网景工作的时候 25 岁，他回忆道："那时候同事之间的关系都有些紧张，我们的待人风格本身就很差劲儿，大家会趴在办公室的隔板上指着别人的代码说：'哇，烂透了，你这编的是什么玩意儿？'然后你就会暗自斗气，直到把代码弄好。"整个团队都是大学刚毕业的男生，大家总是一脸少说废话的样子，跟军队很像，顾及情感只会降低工作效率。高强度的工作让扎温斯基的双手和手腕都患上了重复使力伤害症，为了缓解疼痛，他尝试了各种办法，包括针灸、戴护腕，折腾了好多年。对于这种文化氛围，扎温斯基也是爱恨交加，"在某种程度上，同事间直来直去挺好的。但回过头看，更友善地对待彼此也许会更好"。

20 世纪 90 年代到 21 世纪初期，当罗布·斯班克特开启程序员职业生涯的时候，“别拿感情当回事，只谈代码好不好”仍旧是编程行业默认的文化氛围。他说：“有一次我在 IRC（程序员常用的文字聊天程序）里面询问关于超文本预处理器的问题。第一个回复就是：‘你能别那么白痴吗？别当个智障好吗？’那时我还处于学习阶段，真是感受到了满满的敌意。每个人脾气都很差。没人愿意教你。”

自那以后，美国程序员的数量呈爆炸式增长，目前已超过 400 万人，程序员的类型也有了更多变化。

在前端设计领域，这一趋势尤为明显。前端开发就是 HTML、JavaScript、CSS 的世界。这类代码决定了浏览器所呈现的视觉内容。前端开发涉及编程的布局，就像精美杂志的排版，因此，它吸引的程序员也自成一派。后端代码用户是看不到的，例如存储了用户博客内容的数据库，向用户发送网页的服务器软件，等等，它就像网络的管道系统。从事后端开发的程序员最喜欢谈论什么数据结构最好，什么语言编写速度最快。他们更孤僻，享受思考数组排序算法的过程，热衷于在网络上讨论用什么方法能让二元查找树提速几毫秒，或者为什么冒泡排序如此糟糕。

前端程序员当然也沉迷于计算机，前端代码涉及浏览器或手机呈现出来的内容，相当复杂，当前很多程序员本来就是计算机科学专业出身。但是在访谈的时候我发现，这个领域也有不少自学成才的程序员，他们是从其他领域走入编程的。通常情况下，这类程序员年轻时就喜欢在网上做些新奇有趣的事情，可能是为朋友的乐队设计网站，可能是设计网页向动漫致敬，也可能是写一些情感独白日记。总之，他们对网页特别认真，希望自己的网页要么精美，要么前卫，要么新鲜。他们学会了怎样利用 HTML 做出简洁的网页，然后发现可以利用 CSS 来改变网页的风格，还可以通过 JavaScript 给网页增添脚本程序。这类程序员走入编程行业，不仅仅是因为指挥一台机器的快感，还因为编程能让他们制作出一些引人入胜的东西，让别人观看和使用。

…… ……

萨拉·德拉斯纳正是这样走入编程行业的。21世纪初，德拉斯纳从艺术类院校毕业，在芝加哥的菲尔德自然史博物馆找到了工作。“我当时从事科学绘图，专门给百科全书画蛇和蜥蜴之类的插图。”当时的博物馆仍然需要手工插画师，因为照相机拍摄标本的效果不好，特写照片只能聚焦于昆虫标本的顶层或底层，总有一部分是模糊的，所以插图是唯一的解决方法。但是几年后，博物馆购入了新款照相机，可以一次性把标本的各个层次都拍清楚，也就不再需要德拉斯纳的插画技艺了，于是博物馆就问她：“你会不会给网站做编程？”

她说会啊，撒完谎立马逃回家钻研HTML。结果她发现起步并不难，学习设计网页的过程正好激起了她在艺术创作中的美学功底。几年后，她离开博物馆去了希腊一个岛上的学校教艺术，但在闲暇时仍旧坚持做一些“傻乎乎的网站”。后来她厌倦了这份低薪的工作，于是回到美国，她利用自身的编程技能在某家在线设计公司找到了工作。公司管理很严格，德拉斯纳说：“如果你第一周编某个东西花了12分钟，第二周花了14分钟，他们就会追问你原因。这份工作很疯狂，我连去卫生间都要计时。但慢慢地，我的效率变得非常高。”在前端开发中，高速工作至关重要，这意味着你要不断学习新技能，因为前端可能会突然发生变化。后端代码发展较为缓慢，例如，你为公司的工资系统建立了数据库，要改变它要么难度很大，要么风险很高，所以你通常不会去碰它。但是，前端程序员可能会突然接到客户的要求，要求改变网站呈现的效果，例如增加新的浏览模式，或者优化代码库让网页提升加载速度，等等。又或者，谷歌以某种方式更新了 Chrome 浏览器，前端代码也要做出调整，以防网站显示出现异常。总而言之，前端程序员经常是刚改完一次设计又被要求开始做新的设计。德拉斯纳开玩笑说："就像金门大桥一样，刚刷完漆没多久就得重刷。"

前端程序员最与众不同的地方在于，他们必须对用户体验进行深入思考。比如，用户打开页面的时候会看到什么？他们能不能理解页面的内容？前端程序员会思考注意力心理学：如何设计页面才能将用户的目光聚焦在特定的地方？后端程序员主要关注稳定性，确保网站顺利运行。这些前端程序员也要估计，但同时更要思考如何引导用户的注意力和行为。

利用代码去取悦并引导用户，这样的工作既富有艺术性又充满挑战，德拉斯纳乐在其中。她还发现，视觉艺术家与程序员在心理特点上有不少共同之处。他们同样追求精确度，追求细节，工作节奏也很相似。每天下班回家后，德拉斯纳还会从晚上 9 点加班到凌晨 1 点。她一个人坐在沙发上，沉浸在夜色里，代码也随之泉涌而出。她在工作的时候非常善于把自己和外界隔绝开来，有时候甚至都会令人不安，"我很难放下手上的东西，之前有个上司开玩笑说，如果有什么工作要 30 小时完成，那就交给我。我大概有注意障碍吧，一件事情需要花很长很长时间，我才能做到足够专注"。

德拉斯纳在可缩放矢量图形（SVG）方面成为全球知名专家。这个计算机语言可以具体描述不同形状从而实现在浏览器中绘图——在角落中绘制特定大小的圆圈，在圆圈下方绘制同样大小的长方形，还可以通过编写代码实现动画效果。简言之，"就是用数学来绘画"。后来，德拉斯纳写了一本关于该技术的畅销书，她辞去了工作，开始在全球各地举办演讲和研讨会。我第一次见到她的时候是在某次会议上，十来位程序员正在专心致志地看她做演示，投影仪中展示出大量的代码。那天她头发染的是鲜亮的红色。

在很多方面，德拉斯纳与臭脾气书呆子般的程序员截然不同。她将很多时间用于教学，还经常发推文鼓励其他程序员。（“我的天！你好棒！”“厉害啊！”“看到大家的工作我自惭形秽。这是个好时代啊。我还没醉哈。”）我去房地产网站 Trulia 采访她的前同事，大家对她赞不绝口。（“我们超爱萨拉！”我采访的时候一个人告诉我。）

但是，在活力四射的外表之下，她依旧认为自己性格内向。她需要独处来恢复能量，在工作的时候，她也偏好独立安静的环境。之前优步邀请她加入，她去优步的办公地点看了一下，开放式的办公环境吓了她一跳，工程师们都坐在类似公园的长椅上工作。她告诉优步：“我无法在这里工作。在这个环境下，我一行代码都写不出来，真的写不出来。人实在是太多了。”

当德拉斯纳沉浸到编程的挑战中时，整个世界仿佛都静止了。她的丈夫（同为软件工程师）时常要强迫她把笔记本电脑收好，她才会停下手中的工作去睡觉。2015 年夏天，他们还是恋人关系，吃早餐时男友提议晚一点儿到金门公园散步，德拉斯纳同意了，随后她开始修复 SVG 代码中的一个程序错误。出门时间到了，男友过来接她，德拉斯纳说，5 分钟就好。5 分钟后，男友回来了，德拉斯纳说，不行不行，我要把这个弄好。就这么来来回回，好几个 5 分钟过去了。

男友最终把她带了出去，并在公园里掏出了戒指。由于德拉斯纳一直忙于编程，他差点儿没找到机会求婚。

1985 年，琼·霍兰茨出版了《硅元素综合征》一书，旨在调和计算机工程师和非计算机工程师的伴侣关系的矛盾。霍兰茨原本是心理学家，后来做了企业教练。她为了写书采访了数十对儿夫妇（在那个时代背景下，基本上都是丈夫是工程师）。书中写道："当妻子说，'但是他老是待在计算机前'，或者'他关心印刷电路板比关心我还多'，'硅元素综合征'就出现了。"霍兰茨对工程师与非工程师伴侣关系的观点，其实也就是科技界的"男人来自火星，女人来自金星"吧。"不同风格的思考习惯和情绪感受导致双方缺乏交流"。"一个人说汉语，一个人说法语，彼此不知道如何翻译，彼此不知道如何表达自己，如何传递自己的想法。"书中还有一个章节的标题是"铁皮人原来也有心"。

这一切都让我觉得太捕风捉影、太老套了，毕竟我就认识很多程序员，他们都有幸福的婚姻或伴侣关系。然而，采访了很多程序员的伴侣之后，虽然说没有"铁皮人"的状况那么极端，但是和程序员约会确实意味着要跟着他们转换传统的思维模式。

美籍华人李竞，42 岁，是洛杉矶表情符号组织的投资人和副主席，她算了一下自己曾经的约会对象，差不多一半是程序员。她觉得程序员很有魅力，可能是自己家庭的原因吧。我和她吃饭的时候，她说："我爸爸就是不善社交、很内向的工程师。所以，受到父亲的影响，我也喜欢不善社交、逻辑思维强的工程师。"

李竞也学了一些编程，但是她不想以此为生。她喜欢在工作中与人合作，她无法想象自己连续几个小时坐在电脑屏幕前。后来她成为《纽约时报》的科技记者，我一直非常钦佩她对硅谷犀利的观察报道。

她解释说："我喜欢他们，因为他们很可靠。他们肯定是好丈夫，好爸爸，那些温暖贴心的小细节我可以不要。"他们的职业是建立以规则为基础的系统，这也成为他们的优势。在生活中，只要涉及组织化、系统化的东西，他们绝对在行。她曾经和一位程序员出游，他SUV（运动型多用途汽车）后备厢里的东西放置得整整齐齐，就像俄罗斯方块，极致优化每一英寸[①]空间。（而且，最常用的东西肯定会被小心地安排在最顶层，方便取用，正如计算机中的常用数据会被放在“缓存区”，这样方便快捷获取。“他们乐在其中。”）

而且，他们也不是冷血动物。李竞和谷歌第三大工程师克雷格·西尔弗斯坦约会过，对方比她更善于倾听女性朋友在感情中受伤的故事。后来是西尔弗斯坦提出了分手，因为他想要一个幸福的家庭，但是不确定李竞是否合适。她问了原因，对方给出一个原因清单，李竞笑道：“而且还排了序。”第四条：她“在我的设备上花了太多时间”。（李竞也承认了这一点。）

我采访李竞的时候，她刚和上一任程序员男友分手。他非常有魅力，长头发，深色眼眸。“但是他有阿斯佩格综合征的特征。这个搭配太糟糕了！他就是《星际迷航》里的瓦肯人（以逻辑和理性为生存准则，不愿受情感干扰），而且他还特别自豪。有些人你说他像瓦肯人，他不一定高兴，但是他却引以为傲，觉得自己像斯波克（同系列电影中的人物）挺好的。”他们相处不到一年就分手了，因为李竞35岁了，想要组建家庭，但是不知道男方——比她小8岁——是否做好了准备。他并不确定，她也完全理解。一个20多岁的年轻人，很难搞清楚自己是否遇到了最合适的人，因为自身没有经历多少长期的伴侣关系，也没有什么可以参考的。

其实这个问题很常见，她的男朋友知道自己的处境就是博弈论中

① 1英寸=2.54厘米。——编者注

典型的“秘书问题”。在这个问题中，你需要招聘一位秘书，于是开始面试应聘者，一旦你决定了自己喜欢哪位就马上雇用此人，招聘结束，但你永远都不知道下一位应聘者是否更合适。其实，秘书问题有个著名的解决方案，但是它聘用到“最优人选”的概率只有37%，对雇用秘书的人来说，这个风险可以接受，但是对数学思维极为敏锐的程序员来说，这是关于人生伴侣的选择，他们当然希望有更高的确定性。不过，没有即刻选择秘书或伴侣也可能带来另一个错误，那就是你错过了最佳的选择，只能得到次优选择，或者再也遇不上合适的伴侣。正因如此，大部分人在面临感情抉择的时候都是跟着直觉走，相较于以逻辑做决定，这种方法不那么痛苦。从工程学的角度考量，感情选择的优化也很困难。李竞的男友算了又算，决定和她分手。

他说："我没有充足的数据。"

程序员自己也承认，自身的思维方式会给伴侣关系带来问题。不少程序员很不好意思承认，很多时候因为自己采取有条理的逻辑方式处理模糊的情感问题，最终会和伴侣争吵起来。斯科特·汉泽尔曼是微软的程序员，他开发的博客和广播节目广受欢迎。他结婚20年了，妻子莫是一名护士，对技术问题并不感兴趣。斯科特觉得两人是“异族通婚”——极客和普通人的婚姻。

他说："我是‘全球知名程序员’，但是我妻子一点儿都不在乎。"他们刚开始约会的时候，他每次也会把对方的坏情绪当作技术问题来处理。“她回到家后会跟我倾诉她一天的经历，我不在乎她的一天怎么样，我只在乎她。所以我要把她的一天搞定！我就会说，‘和护士们交往很不容易，原因有X、Y和Z’。然后她就会说，‘闭嘴。我不是想让你解决问题。我只是想让你静静地听我倾诉’。然后我就说，‘好吧，我闭嘴，每天听20分钟好了’。”（20分钟似乎成为他们这类夫妻的额定倾听时间。）

斯科特的情商很高，他做了好几年的单口喜剧，说起自嘲的笑话妙语连珠。在技术圈，他一直大力倡导将更多未被重视的技术人员带入编程行业。但是，每次当他觉得妻子无视基本逻辑和理性的时候，他仍然会发怒。有一回，两个人争论起自己家到莫的姐姐家哪条路线最快，一吵吵了几个月。莫觉得一条较少红绿灯的路线更快，斯科特简直要抓狂了，因为他用 GPS（全球定位系统）计算过了，而且掌握了“优势证据”——那条路线要多走 17 英里，不过莫还是坚持自己的观点。几个月后，斯科特还是搞不明白，为什么对莫来说“逻辑的东西好像不管用”？

但是在社交场合，斯科特的工程学思维时常给他带来麻烦，因为他总是有话直说，完全无视这些话可能带来的负面影响。有一次，夫妻俩到南非参观莫的弟弟的房子，当时厨房刚粉刷成了黄色。（莫回忆起当时的场景）斯科特直接来了一句：“怎么是黄色的？我不喜欢。”在莫看来，这个评价太没礼貌了。两人在一期广播节目中也谈到了这件事。

莫叹气道：“你整个人就是……我要给你一些真诚的反馈。但是实际上给人的感觉就是‘哇，好吧，这个刚从美国飞来的家伙好粗鲁啊’。”但是，莫也意识到，这可能是斯科特的职业带来的副作用，在他的工作环境中，有话直说很重要。莫对他说：“每天八九个小时，有时候 10 到 12 个小时和工程师待在一起，你们的思维模式是相似的。但是，当你从那个环境中走出来，在你适应社会的时候，你真的需要放松一点儿。”

斯科特也承认这一点。他平时在家办公，每天都被宽屏显示器和重重叠叠的硬件设施包围（我在与他视频通话时看到了）。工作完成后，他会立马把火力转向莫，如果她在做饭，他会问：“我们就吃这个吗？”“那个东西是那样煮的吗？油够多吗？”就好像他还在跟自己的同事们较真儿。斯科特说：“这就像我立马把代码审核模式搬入了厨房。”

莫注意到，编程会带来一种思维变化，因为编程工作需要全神贯注，对精确度也有极高的要求，程序员一旦进入这个思维模式就很难摆脱。代码会一直萦绕在脑海中。

斯科特也表示同意。他在一次深度潜水中体会到了这一点：你必须一点一点转换过来。这就像工程技术人员要应对的“减压病”。

将编程比作深度潜水十分形象，很多程序员跟我说过类似的话。“很多时候，我们真的不是暴躁或怪异，也不是想过分追求逻辑。”编程工作让他们变成了奇怪的机器。

那是因为编程需要极为严谨的逻辑，想要解决程序错误可不是盯着几行代码就能找出哪里有问题的。程序员需要思考整个系统：出问题的几行代码与数十或数百个其他代码模块之间到底有什么关联——每个环节都需要反复斟酌。譬如，程序员要从一个功能开始，看看这个功能的代码和其他哪些代码有关联，其他代码又和哪些功能有关联，一步一步在脑海中搭建起错综复杂的关系网。经过漫长的思考，程序员终于构思出整个体系，弄清楚整个机制如何运转，搞明白一小段代码是如何引发连锁效应的。套用一个比喻，就像你在夜空中不断上升，达到一定高度后你就能看到整个城市展现在你面前。你可以看到黑客帝国。到了这一步，程序员最重要的工作就完成了，因为他已经明白了系统中每一部分的变动可能带来的影响。很多程序员都告诉我，进入这个状态需要一定的时间，如果问题特别复杂，那就可能需要好几个小时。

一旦进入状态，你就会感到再美妙不过了。当整个程序的框架了然于心时，编程会变得非常愉悦。心理学家米哈里·契克森米哈赖称这为“心流”状态，即一个人“完全投入某项活动。自我消失了，时间飞逝，每一个行为、每一个动作、每一次思考都有着自然的承接顺序，就像演奏爵士乐一样。整个人都沉浸其中，将个人技能发挥至极致”。

但是，这个状态非常脆弱，即使是最轻微的干扰也会让那小心翼翼形成的思维空间顷刻消失。程序员处在自己的状态中时，突然被人打断他们可能会暴跳如雷。他们好不容易在脑海里精心搭建起细密的框架结构，这时有人来了一句“嘿，你收到我发的邮件了吗”，他们脑海中的架构瞬间不复存在。

某社交网络的开发人员说：“我的妻子和孩子都知道，当我在房间里编程的时候不要打扰我，不然肯定会被眼前的丈夫或爸爸吓到。”如果工作状态被打断，他整个人会变得更冷漠、犀利，而且会万分苦恼。很多居家办公的程序员也有同样的问题。另一位计算机视觉领域的程序员说：“我时常会进入非此即彼的思维模式。”如果在工作的时候被打断，他会想办法将对话转变成“二进制”模式：你能不能只问用“是”或“否”来回答的问题？其余时候他还是非常好相处的，但编程会让他来个大变身，打扰他工作可不太好。

因此，程序员在工作的时候，会竭尽所能避开其他人，因为从本质上说，其他人就是干扰。有的程序员会戴上耳机，屏蔽一切噪声。有的程序员会把最复杂的工作留到夜深人静的时候，留到所有电话、短信和时政新闻都消停的时候再做。

当然，不仅是编程行业的人渴望停留在“心流”状态中，在所有需要全身心投入的工作中，从业人员都需要这样的状态，他们都会在遇到轻微的打扰时暴躁不堪：撰写辩护词的律师，计划手术方案的外科医生，形形色色的艺术家，都是如此。小说家时常需要构想另一个世界，并让其停留在脑海中，因此，他们也曾像疯狂的沙漠先知那样追求孤立的环境。为了避免上网，乔纳森·弗兰岑从自己的计算机中取下了无线网卡，还用胶水封住了以太网端口。斯蒂芬·金则会拉上所有窗帘，生怕外面的世界会分散他的注意力。

换言之，程序员很有艺术气息，但在20世纪六七十年代，这曾让他们的管理层深感不安。管理层希望工程师要有工程师的样子，追求理性思维，程序员当然做到了。但是，程序员在编程中又像诗兴大发的柯勒律治，在奋笔疾书《忽必烈汗》的过程中，一个敲门声就会打破创作的境界。没错，程序员的工作状态就如文学创作般富有浪漫主义色彩。如果一群程序员穿越回19世纪，遇到了小说家玛丽·雪莱或诗人拜伦，大家肯定会一致认为，一个人最好的作品一定是在海岬的偏僻阁楼里写就的。（《忽必烈汗》描写诗人在梦境之中着迷的状态与程序员的编程状态十分相似：人们高声呼叫，当心！当心！ 他飘动的头发，他闪光的眼睛！）我的朋友伊丽莎白·丘吉尔是一名社会科学家和工程师，目前担任谷歌用户体验总监。在公司里，她早就习惯了程序员在会议上放空的眼神，人在现场，神游天外。“你跟这些深陷代码中的人说话，他们就是那种看向远方的表情，他们需要深吸一口气才能回过神来。有时候一两天后，他们才从自己的工作状态中回过神来，然后跟你谈手中项目的架构。”

很多程序员甚至会偏爱那些有助于他们在肢体动作层面保持“心流”的工具。例如，程序员鄙视鼠标，因为使用鼠标就要把手从键盘上挪开。增加任何动作都令他们心烦，这就像让演奏中的钢琴家时不时抬起手去拧一下钢琴罩上的旋钮。因此，有部分程序员喜欢使用

Vim 文本编辑器，所有功能，剪切、粘贴、翻页等——都可以通过敲击几个主要的字母键实现，也不需要用上下左右的箭头去移动文件，在 Vim 的设计理念中，这个动作就是浪费时间，而且用户在看键盘的时候可能会突然从自己的工作状态中跳出来。我的朋友萨龙·雅巴里克在第一个编程学徒岗位首先要学习的就是 Vim，她被告知，“真正的程序员都是用 Vim”。于是她强迫自己改变习惯。一开始确实不顺手，当浏览页面时她还是一直想用鼠标或方向键，但她咬牙坚持了 3 个星期，终于摆脱了旧习惯，而且，她突然有了一种人机合一的感觉，就像《黑客帝国》里的主人公突然意识到自己竟然会功夫一样。她感叹道：“整个人就像和键盘融为一体，我的思路再也不会被多余的动作打断了。”

程序员属于白领阶层，然而，他们的工作需要深度的沉浸与专注，这与大部分白领的工作节奏产生了冲突。保罗·格雷厄姆称这是“制造者日程”与“管理者日程”的冲突。管理者日程基本上由各个会议组成，他们需要确保各项工作有序开展，于是，一天的时间以小时分块，每小时与不同的员工会面。管理者让程序员下午 1 点到办公室讨论一下进展，他们觉得这再正常不过了。但对程序员来说，这个会面也许会打破他们的心流状态。

格雷厄姆写道：“有时候，一个会议会毁了一整天。通常开个会至少要打断半天的工作，或早上或下午，有时还会带来连锁反应。如果我知道下午要开会，那么我早上可能不会给自己安排很重的任务。这听起来可能过于敏感了，但如果你是个‘制造者’，想想自己的经历你就明白了。当你想到自己拥有完整的一天可以自己安排工作，没有任何会议或计划时，你是不是会比较振奋？而当你没有这样的自由时，你可能会比较郁闷。任何雄心勃勃的项目本质上都接近你的能力极限了，稍稍泄气都会让你败下阵来。”如果是管理者突然安排会议，那就更糟糕了：本来一位程序员想着自己能有一段完整的时间专注于工作，突然被打断，他必然不会有什么好脸色和好脾气了。

你想要看到一个典型的程序员？在他工作的时候打断他试试。

……

程序员的抑郁程度比一般人更深吗？

我在写书的过程中很多人问这个问题，而且很多程序员也问了我这个问题。他们认识的很多同行患有抑郁症或者有严重的焦虑、狂躁情绪，也听说一些程序员因为饱受精神疾病的困扰最终自杀。（电视剧《黑客军团》中的黑客领袖埃利奥特引发了某些人的共鸣，他患有抑郁症和社交恐惧症，还服用吗啡来治疗自己。）很多人不禁好奇，编程是否和心理健康有着某种联系？也许编程更吸引那些忧郁的人。正如写作、诗歌还有其他形式的艺术也对此类人群有着强烈的吸引力一样。又或者是编程的行为，长时间的独处以及高压环境让本身可能有问题的人情况恶化。

格雷格·鲍格斯经常思考这些问题。

鲍格斯也是一名程序员，因公开谈论自己在心理健康方面的困扰在行业中受到关注。他出生于美国中西部地区的基督教家庭，父亲是牧师。他从青少年时期开始自学编程，后来继续攻读计算机科学学士学位。但在大学期间，他发现自己的心理问题相当严重。在技术层面上，编程并不难，他本身就是自学成才，但是他的拖延症很严重，很多任务一拖好几个星期，最终他会在自己的失败感中崩溃。有一次朋友来找他，发现他躲在床上皱巴巴的毯子里。他每天的大部分时间都待在床上，有时一睡就是16个小时。

我和鲍格斯约在一家咖啡店吃午饭，原来我们住在同一个社区，他身材高大，说话轻声细语，留着浅橙色的胡子。他告诉我："那时我一天中最好的时光就是我没有意识、不需要面对现实的时候。我尽可能保持在那样的状态中。"他的一位朋友说，格雷格是我认识的人中最聪明也是最懒的一个。

但有时候，他又是完全相反的样子：充满了狂热的创造力。有时候软件创意喷薄而出，一发而不可收，他会没日没夜忘我地写代码，期待着手上新奇的应用程序在发布之后给他带来巨大的财富。但是他一直没能发布自己的应用，因为一两天之后他就能量枯竭了，他又蜷缩回床上。鲍格斯在大学待了 5 年，最终他退学了，之后又做了好几份编程的工作。有时候连着几个月他的状态都很好，但没多久又开始拖延。因为从来不按时交房租和电费，他时常弄到房子断电，这让室友非常生气。

25 岁那年，他发现自己的心理问题超出个人所能接受的程度，在谷歌上搜索"慢性拖延"时，他看到了注意缺陷多动障碍（ADHD）的症状，有种似曾相识的感觉。于是他去做了测试，医生告诉他："绝对是注意缺陷多动障碍，而且已经达到很严重的程度了。"医生同时诊断出他患有 2 型双相情感障碍。

鲍格斯开始服用治疗注意缺陷多动障碍的药物。第一次服药 15 分钟后，他简直不敢相信自己的感觉。天哪！这也太爽了吧。正常人的感觉是这样的吗？一开始他是不愿意接受双相情感障碍治疗的，因为他不想承认自己有这个问题。但在接受治疗之后，他的生活步入了正轨。现在的鲍格斯依然要面对抑郁症，但日常生活中那些乱七八糟的事情不再像以前那样轻易就把他击垮了。他入职了云通信公司 Twilio，这家公司的主要技术是支持程序员在其应用程序中添加手机和短信服务功能。鲍格斯的工作内容就像技术行业的"布道者"，去各种会议、编程马拉松等活动中宣传如何使用Twilio的产品，同时他也会谈及自己同精神疾病抗争的过程。

他发现自己并不孤单，讲话结束后，很多程序员会来找他聊起自己的抑郁症、双相情感障碍等问题。在频繁遇到此类情况后，鲍格斯不由得猜想，程序员罹患精神疾病的概率是不是高于一般人群？

在鲍格斯看来，编程行业纵容了很多可能会导致精神问题的不良行为。“社交孤立，睡眠不规律，自觉无敌——认为自己可以改变世界，认为自己可以不受规则控制。如果你处于青春期，或者比较年轻，然后刚好具有上述特点，那么当你遇到编程时，你会觉得回归了自己的世界。在软件开发行业，我们对社交孤立或不善社交的接受程度比一般人更高。我们也可以接受不规律的睡眠习惯，很多程序员都是想什么时候上班就什么时候上班的，他们可以一直工作到凌晨2点，直到把工作干完。”而且，这种行为在当前的流行文化和企业文化中已经得到全面美化。电视剧和电影中的程序员都是夜行动物，他们是被显示屏的光线照出的孤独身影。初创企业都在宣扬程序员三天三夜连轴转的故事。编程行业不仅偏好此类行为，还积极地美化它，那么谁还会承认自己有问题呢？

鲍格斯指出：“程序员当然希望自己是公司里最聪明、最厉害的人。如果‘我有精神疾病’就是在说‘我的大脑不能正常工作’。那怎么办？你去找你的老板，告诉他，‘你付钱给我买的东西坏了’？”另外，有些治疗精神疾病的药物会弱化某些亢奋状态，而这恰恰是某些程序员不想面对的。所以很多人不愿意服药，害怕药物会扼杀他们的创造力，切断思维高度集中超级敏锐的瞬间。鲍格斯觉得自己可能就是这样，被药物弱化了亢奋状态，但他觉得挺好的，“即使药物减缓了新想法产生的速度，它也能大大增强我执行想法的能力。现在我可以做出产品了”。

鲍格斯知道自己非常幸运，得到了老板的支持。然而，整个行业目前仍然乐此不疲地推着风华正茂的年轻人走入不健康的工作状态。每星期工作60小时，连轴转好几个星期？足不出户？像邪教那样远离你所爱的人？如果你过去有精神疾病，那么医生一定会告诉你远离这些环境，它们都是典型的触发条件。其实，就算身心健康，也可能会被这种工作模式折磨得体无完肤。

我们离开咖啡馆之后闲逛到了鲍格斯家，那天春光明媚。鲍格斯打趣说:“阳光！我应该多吸收点儿阳光才对。”回到家里，鲍格斯的狗跑过来顺着他的腿往上爬，他开始给我展示最近介绍Twilio时会用到的一个小玩意儿——一个红色的按钮，狗按了一下，触动相机拍了照，照片被发送到鲍格斯的手机上。“是狗狗自拍!”鲍格斯大笑。在最近一次会议中，他上台展示该产品，现场反响热烈。讲话结束后，他在后台还和不同的程序员聊了天，他们都是悄悄来找鲍格斯倾诉自己的精神问题的。

鲍格斯的父亲是卫理公会牧师，他自己现在仍旧是非常虔诚的教徒。他家里四处摆放的很多东西都是他各种爱好的证明，其中有个架子上放着C.S.刘易斯的“纳尼亚传奇”系列，旁边是一台树莓派迷你计算机。他说:“如果虔诚的布道者恪尽职守，工作重点应该是服务于社会。”而他已经找到了自己的双重使命。

第五章
效率是魔鬼

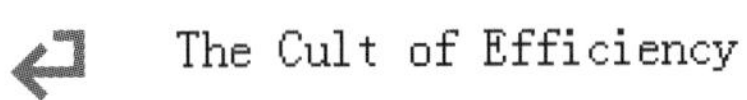

去了日本之后，谢利才知道刚认识不久的男友到底有多疯狂。

谢利通过朋友介绍认识了杰森·何，她和这个身材修长、面带顽皮笑意的男孩一见如故。杰森是一名程序员，在旧金山经营自己的公司，他那时打算到日本去休4个星期的假。他问谢利想不想一起去。娇小的谢利戴着大黑框眼镜，平常笑起来不拘小节，在那一刻她有些担忧。两人出游共处时间长，可能会大大推进两人关系的发展，不过对彼此更加熟悉也容易心生嫌弃。谢利回忆道："我那时就在想，两个人睡在一间房子里会是什么样。"最终她决定和他一起去日本，于是两人订了机票。

杰森早就为旅行安排了极为细致的行程。他告诉谢利，自己特别喜欢吃拉面，这次旅行的目标就是吃遍东京的拉面馆。为了尽可能去更多拉面馆，杰森还写了个代码。那是什么？谢利觉得奇怪。杰森解释说，他先是写了一个东京拉面馆的清单，在谷歌地图上标记出来。然后他写出代码，画出连接所有面馆的最优路线，这样两人就可以根据拉面馆路线以最高效的方式出游。他说，这就是"相当传统"的算法题，就像你在大学里学到的那样，他经常利用这些办法来优化生活中的很多事情。杰森拿出手机给谢利展示“拉面地图”，还说自己会给每顿饭的质量都做好记录。

谢利惊叹不已——哇哦，这人有点儿神经质啊。

不过，杰森风趣幽默，学识渊博，他们的旅行非常顺利，两人边喝啤酒边看相扑比赛，游览当地建筑，参观爱宠动物园，很快两人就确定了情侣关系。

谢利发现，杰森热衷于把很多事情自动化。杰森在佐治亚州的梅肯市长大，小时候就已经开始在德州仪器 TI–89（一种绘图计算器）上编程。有一天，在翻看仪器使用说明书时，他突然发现其中包含了 BASIC 编程语言，而且可以在上面进行像素绘图，制作电子游戏，分享到其他同学的 TI 计算器上。那就是杰森的“Hello，World!”时刻！他激动不已。接下来的几个月，杰森细心地改造了任天堂游戏机上的经典游戏《塞尔达传说》，其中还有非常巧妙的设计。TI 计算器上只能显示黑白像素，但是游戏的图案是灰色的，杰森发现，如果他快速开关像素，每秒几次，黑白像素就会模糊成灰色。不久，他开始自学 Java 制作电脑游戏，还在学校建立了 Java 游戏制作俱乐部。上大学时，杰森攻读佐治亚理工学院的计算机科学专业，他觉得课程太枯燥了，虽然他喜欢研究抽象的算法概念，但真正吸引他的是利用计算机摆脱一些重复性的劳动。

杰森告诉我：“如果有什么事情需要我一遍又一遍去做，我就会感到很无聊。”在大学最后一年，他觉得所有大学系统的构架实在低效得诡异：学生在不同的学校里上基本上相同的课程，进度差不多，作业上遇到的问题也相似，但是由于距离原因，同专业的学生没什么便捷的方式来交流。于是，杰森建立了 Qaboom.com 问答网站，希望将全美同专业的学生汇集到一起。硅谷的一些投资人表示赞赏，可是网站最终没有发展起来，因为杰森没有办法解决一个文化层面上的挑战：如何确保学生发布高质量的问题和答案。杰森是程序员，他主要关心的是网站设计是否流畅，运行是否稳定，是否能扩大规模。但是他意识到，如果没有用户发布东西，百万规模根本不会出现。网站内容确实很重要，但他不知道如何启动这方面的业务。于是杰森关闭了网站，随着毕业临近，他开始到谷歌等公司面试，但是整个人开始消沉。他其实不想为他人工作。从价值创造的角度考虑，雇员的处境非常糟糕，虽然能拿工资，但是劳动的大部分价值都到了创始人手中。他认为自己有能力做出完整的产品，前提是他需要找到可以发挥自己天赋的机会。

几个星期后，机会真的出现了。那时他刚好回梅肯探亲，他父亲在当地开了家儿科诊所，有一次他陪父亲去史泰博办公用品商店买打卡机——就是员工上下班时在机器上打卡，机器会打印出员工开始工作和结束工作的时间，每个打卡机竟然售价 300 美元。杰森很吃惊，这项技术是从《摩登原始人》里的那个时代遗留到现在的吧？大家要把纸卡片放到机器里，还要手动操作打卡？他简直不敢相信现代社会的人们还在使用这种机器，随即他意识到，他可以马上弄出一个网站来完成同样的任务，而且效果更好。员工们可以通过手机打卡，网站自动计算工作时长。杰森马上告诉父亲："别买了，我给你编一个程序。"

3 天后，网站建好了。父亲的诊所开始使用它，大家都觉得很好用。同时，摆脱了老式打卡机意味着父亲不用每个月花好几个小时来来回回核算大家的工时，也减少了误算薪酬的概率。杰森发现，这就是一个产品啊！和 Qaboom 不一样，这个产品解决了人们已然面临的问题。他优化了网站设计，给它起了个名字——Clockspot。4 个月后，他迎来第一位付费用户——当地一家律所。当第一笔付款到账时，杰森正和朋友在学校的图书馆写代码，他高兴得从椅子上跳起来：我的天！竟然有人支付给我 18.95 美元使用软件了！几个月后，软件的每月入账金额已经达到 1 万美元，保洁公司、家庭保健服务公司、伯明翰市政府等都成为该软件的用户。经过两年不间断的努力，杰森清除了代码中的各种程序错误，使其运行更加流畅，整个网站基本上在自动运转，收入可观。而实际上，全职员工只有一个，就是他自己，另外还有一名佛罗里达州在家办公的兼职客服人员。

我约谢利和杰森在旧金山吃饭，当然约在了拉面馆。杰森每周只工作几小时，很多时候他都在旅行。有一次他在珠穆朗玛峰大本营的时候还想办法处理了 Clockspot 的停电事故。谢利说："他说他每个月工作 20 个小时，但我没见他工作那么长时间。"

在交往的两年中，谢利发现，杰森对优化设计的热忱也渗透到生活中。当杰森决定买房的时候，他可不是没事去看看房，考虑要买哪一栋。他直接写了一个程序，把旧金山所有房子的信息都录进去一一评分——比如地段、价格、周围环境等，最终计算出这些房子的长期价值。（程序推荐了一个首选，杰森立即买下了，就是现在住的房子。）杰森讨厌购物，他买了数十件同款 T 恤和卡其裤，用他的话说，这直接节省了早晨思考要穿什么的时间。几年前，杰森觉得自己胖得有些看不下去了，于是他开始健身，他的健身也像是疯狂的优化过程。在餐厅吃饭，他会拿出专门的食品秤测量自己的餐食。他还想了不同的办法在一天中穿插健身。如果经过结实的人行道栏杆，他就做引体向上。如果经过一个垃圾桶，他就从单侧把它举起来。

谢利告诉我："他在一张特大的电子表格上记录自己吃的东西。"

杰森害羞地给我看了他手机上的表格，真的大到惊人，健身餐的每种材料都写得一清二楚，而且合计的热量恰恰是每天所需的 3 500 卡路里。健身计划非常成功。两年后，杰森在加利福尼亚州的业余健身比赛中得了第二名，还上台展示了上臂肌肉。他在手机上翻到那个时候的照片，说：“当时我的体脂降到大约 7%。”照片一目了然——在一扇阳光明媚的窗子前，他穿着健美裤，身上擦着薄薄一层美黑油，就像一座希腊雕塑。杰森耸了耸肩，他说，拥有健美的肌肉线条感觉很好，但是他之所以做到极致，主要是想看看这种疯狂的改造是否可行。在新加入的举重社团中，他没有遇到程序员，不过很多健身者对待自己的身体就像黑客对待编程。

杰森又给我展示了自己做的另一个表格，有点儿像人生规划。他认为，个人付出的努力在哪些方面收益最大，就应该把时间花在那里。于是，他先列出 16 项活动，包括创业、编程、弹吉他、玩《星际争霸》、购物、与家人朋友共处等。然后，他在列中写出评判标准：能否自学，能否精通，能否给人生带来多方面的影响，等等。在“编程”和“创业”中，所有问题都是肯定回答。在“与家人朋友共处”“能否给人生带来多方面的影响”中，答案为“是”，“能否精通”，答案为“可能吧”。

程序员痴迷于效率，这是我遇到的所有程序员的唯一共同点。程序员可能在政治、社会、文化层面上大为不同，但是几乎每个程序员都会在提升效率的事情上寻找直击灵魂的快意。对程序员来说，消除系统中运行不畅的问题是一种美的享受，每每谈及加快运行效率，或者减少人工投入，他们总是两眼放光。

对效率的渴求并非程序员独有，各个领域的工程师和发明家也有同样执着的追求。杰森的表格看似很疯狂，却让我想起了美国伟大的工程师本杰明·富兰克林。富兰克林也是极具天赋的工程师，痴迷于优化生活中的每一件事情。他本人既有近视问题也有远视问题，所以经常随身携带两副眼镜——一副看远处，一副读书。但是老是换来换去他也烦了，于是他把远视镜片弄了两个半圆，近视镜片弄了两个半圆，将近视和远视镜片的半圆粘到一起，双焦眼镜就诞生了。18 世纪的房屋不易取暖，他发明了一种炉子，可以将热量更好地存储在金属外壳里，用他的话说，就是“大大减少了居民的烧柴量”。

富兰克林不仅仅对优化物质世界感兴趣，他还认为道德和伦理品质应该被追踪记录，不断调整，以使其得到最大限度的提高。因此，他写下了 13 种美德，其中包括“勤勉，珍惜时间，勤做有益之事，戒除所有不必要的事情”，还有“节俭，只为对人或对己有益的事情付出，例如，不浪费任何东西”。然后他把所有美德印在一张表格上，列是日期，做了哪一项就画个“√”，详细记录自己实践美德的行为。后来出现了以他的名字命名的富兰克林计划系统，美国的 *The Baffler* 杂志说，这是“典型美式风格——既健康又疯狂”。这就是工程师面对世界的典型态度。这种对效率和秩序的执着追求既令人钦佩又尽显疯狂，这就是工程师思维的标志。

在 19 世纪与 20 世纪之交，第一次工业革命蓬勃发展，工程师认为将日常的工作自动化就是善行。1904 年，工程师查尔斯·海尔马尼说，正是发明家将人类“从枯燥繁重的劳动中拯救出来”。各行各业的工程师总是看不惯每个系统中的浪费或运行不畅的现象。我以前有位邻居是修理摩托车的机械工程师，如果听到发动机中有一丝异常的噪声，他必定立马动手拆开部件，以弄清楚噪声的来源。（他郑重其事地解释：“出现噪声就是有能量被浪费了。”）弗雷德里克·温斯洛·泰勒——科学管理法（又称“泰勒制”）创始人——猛烈抨击“笨拙、低效、缺乏指导的动作”，工人的动作应该被审慎地规划，以确保产出最大化。他的同事弗兰克·吉尔布雷斯尤其热衷于减少各种活动中的多余动作，从砌砖头到系纽扣，任何事情都不放过。而他的工程师妻子在厨房设计上精益求精，据《美好家园手册》一书记载，她把制作草莓酥饼的步骤由 281 步减少到 45 步。

而计算机在很多方面激发了人们对效率更强烈的追求，它比以前的任何工具都要伟大。

这是因为计算机尤其擅长重复性任务的自动化，写好脚本，启动程序，计算机可以无休止地执行命令，直到机器毁坏或者电量耗尽。而且，计算机的长处恰恰是人类的短板。在重复性的任务中，人类大脑很容易走神，在工作的时候会渐渐出现偏差。如果要求人们在某个时间点做某件事情，那么很多人可能会因为走神而忘了去做。在认知心理学领域，记住在某个时间去做某事的能力叫“前瞻性记忆”，人类对此十分不擅长。正因如此，数百年来人们一直依赖于清单和日历来提醒自己。相反，计算机的时间观念精准，极其擅长在同一时间点执行同样的任务，日复一日，年复一年。早在 20 世纪 70 年代，传奇程序员肯·汤普森与人联合开发 UNIX 操作系统的时候，就创造出了“cron”，一个定时任务指令：指定计算机在某一时间运行某个程序或者完成某个任务，重复进行。据说，汤普森将其命名为“cron”，以纪念希腊语中的“时间”一词。

设置重复的任务就叫“定时任务”，程序员在计算机上时常会运行数十个“定时任务”，它们在后台日复一日运行同样的工作，程序员不需要惦记它们，计算机在“定时任务”的操控下会勤勤恳恳地运行。

因此，大部分程序员都得出相同的逻辑推理，我们可以总结如下：每天重复做某件事情或在同一时间做某事非常无聊，而且我们也做不好；而对桌上这台仿佛能永生的机器来说，一丝不苟、不厌其烦地重复任务再简单不过了；因此，我们要尽可能将所有的东西都实现自动化。

很多程序员在青少年时期都有过相似的“顿悟”时刻——发现生活中重复性任务无处不在，甚至休闲活动中也存在！兰斯·艾维是开发第一代众筹网站 Kickstarter 的程序员之一，他的顿悟时刻出现在少年时期玩在线游戏的时候。为了让自己在游戏中的角色更强大，那个人物要不断重复无聊的任务：可能要重复演奏某个乐器，可能要读很多书。艾维觉得这太折磨人了，为什么要一遍又一遍输入这些指令呢？于是他写了一个脚本程序，让游戏角色不停地演练“隐藏”技能——找到草药之后藏到洞穴里，循环往复。（但是这个程序运行得过了头，有一天晚上，艾维没有退出游戏，第二天早上他发现自己的角色被送到了“隔离室”。原来，其他人发现问题想要和他说话，而他的角色依然在无休止地重复完成任务，所以大家都以为那个角色疯了。）

学校里也充满各种各样的重复性活动。老师会让学生在做长除法或长乘法的时候“演示步骤”，很多学生就会很不耐烦。先锋博客网站 LiveJournal 的创始人布拉德·菲茨帕特里克读中学的时候就写了一个程序将这个过程自动化——输入题目，程序会自动运算出结果，同时显示每个演算步骤。他说：“每个页面可以输入 10 个题目，程序演算好之后我再抄下来。在化学课中寻找电子轨道的时候我也做了相似的东西。”这也许算作弊。但是，要去写一个除法程序意味着首先要把长除法分解成小步骤，菲茨帕特里克需要思考并理解整个过程。

他并不排斥做长除法，只是厌倦一遍又一遍去演算。不过，如果让其他学生的脑力活动转为自动化，那就有点儿难言好坏了。我有位程序员朋友弗雷德·本南森在大学时期用自己的德州仪器计算机写了个程序做微积分计算，朋友们知道后立刻让他分享那个程序，他答应了。弗雷德说："但他们利用程序只是为了逃避学习新知识。"早在那个时候，弗雷德就遇到了软件行业中复杂的道德问题：当程序员简化了某件事情的时候，他们可能正在改变他人的思维习惯。人性是懒惰的，正如尼古拉斯·卡尔在《玻璃笼子》一书中指出的，每当有人给我们提供一种走捷径的途径时，我们都会接受，然后才发现自己失去了一种原本熟练的技能，又或者像弗雷德的同学那样，一开始就没能学到新的技能。可是，程序员一直在发明各种工具，以减少人们日常生活中很多不方便之处，我们要想拒绝谈何容易！

创造了编程语言 Perl 的著名程序员和语言学家拉里·沃尔深刻地感受到程序员对重复工作的厌恶。在与人合著的 Perl 语言相关著作中他说，程序员的重要优点之一就是"懒惰"。倒不至于懒得去编程，而是懒得去做千篇一律的事情，因此，他们决心将这些事自动化。两位作者指出：

> 正是有了这样的品质，程序员才会奋力去编写节省劳力的程序，减少整体的能量支出，其他人会觉得有用，编程内容也会被记录下来，省得别人有问题还得一遍又一遍地回答。

当然，这种取向最终会融入程序员的日常生活，想要摆脱是很难的，就像你突然有了透视眼，你会选择不用吗？旧金山的一名程序员克里斯蒂娜告诉我："我认识的大部分工程师无时无刻不在洞察生活中低效的地方，比如机场登机效率低下。而且他们特别讨厌什么东西坏了，运行不流畅了。经常想着，‘这个看着不行啊，我来弄好’。”她甚至希望人们在人行道和十字路口行走的时候可以有更高效的模式。计算机科学教授周以真——现为哥伦比亚大学数据科学研究院负责人——大力倡导“计算思维”。这是一门艺术，我们可以通过它看到周围世界中各种隐形的机制、规则和影响我们生活方式的设计决策。

她说：“每次我去吃自助午餐时，如果看到各个餐台没有排列好我就会很烦。客人们先拿叉子和餐刀然后用纸或餐布包好，我也会觉得很烦，这样取菜的时候还要一直拿着，餐具应该最后拿！我觉得自助餐的餐台应该按直线排列，这样更合理，能减少大家排队等待的时间。”这就是一种很典型的优化思维，你不需要搞编程也可以领会，但对程序员来说，它却是如影随形的。（的确，烹饪、运输和清洁等工作的要求尤其容易惹毛程序员，不爱做家务的人可能深有同感。程序员史蒂夫·菲利普斯告诉我，他特别渴望将擦干盘子的工作自动化。他小时候每天吃完饭就要帮妈妈收拾，“我从碗架上拿一个盘子，擦干，放好；又拿一个盘子，擦干，放好。天哪，那不应该就是一个 for 循环语句吗？这真的让我很恼火”。）

优化思维也会蔓延到社交与情感关系中。毕竟，和你周围的人交往——打招呼，寒暄，倾听伴侣的抱怨——需要一对一的专注力，本质上都是低效的，因为照顾他人的情绪背后的全部意义就是放慢自己的节奏，把注意力放到他人身上。对那些不擅长，或是不屑于人情世故，又或者不懂人情世故的程序员而言，他们的本能反应就是：来，让我们把每天的情感付出都自动化。由此带来的提效策略可能会令人不安，但它们的独创性令人着迷。

程序员在 Quora 的帖子中已经展示了关于日常生活自动化的详细讨论。有人说：“朋友家人老是说‘你从来不给我发短信’，我都听腻了。”他写一个脚本程序，会随机给家人朋友发信息，就像疯狂填词游戏那样混搭。（信息将以这个策略开头——“嘿{姓名}，早上/下午/晚上好。我一直想给你打电话”。信息末尾从一个清单中选择结束语：希望一切都好，我下个月就回家啦。爱你。下周你有空的时候我们再聊如何？）还有一个人翻译了俄罗斯某程序员的故事，他写了个脚本程序，每次晚上 9 点如果还在工作就会自动发送“加班中”的信息给伴侣（还附上一个随机生成的原因），他还有一个程序专门控制公司休息室里的咖啡机，在 41 秒内可以煮好“一半低咖一半普通咖啡的中杯拿铁”。（同事惊叹不已，“那正好是他从办公桌走到休息室的时间”。）在旧金山举办的某次编程马拉松活动中，一位中年程序员激动地向我展示了他编写的浪漫短信小程序，它会从在线名言数据库中挑选信息然后发送给伴侣。他兴奋地说，“当你忙得没空想她的时候”（没错，他默认情感需求强烈的伴侣一定是女性），“这个小程序就会帮上忙”。这位程序员根本没觉得这有什么不正常。

长久以来，语言学家和心理学家不断记录下寒暄语的价值。最近怎么样？天气好差啊，对吧？你今晚打算干什么？日常生活中表达情绪的简单语言让身边的人感到轻松或者有种被倾听的感觉。但是我和程序员交流的时候，他们总是觉得寒暄特别麻烦，如果生活是顺畅运转的齿轮，寒暄就像混进去的沙砾。某次我和程序员克里斯·索普吃饭，他曾在多家技术公司任职，他有个前同事就是那样的人。“他是个特别有天赋的工程师，总是知道什么事该怎么干。我们在开会的时候讲个笑话他会特别不高兴，觉得我们在浪费时间。‘办公室里 20 个人花 5 分钟开玩笑有什么意义？这是工作时间。我们为什么要说笑话？大家都在笑，但是你们知道，这是在浪费宝贵的时间。’然后他开始飞快计数，‘5 分钟乘以 20 个人，什么意思，就是你们浪费了一个半小时的工作时间来讲笑话。’”

首台数字计算机的发明者康拉德·楚泽认为，操作电脑的人群将会深受影响。他说：“计算机越来越像人类的风险，远不及人类越来越像计算机的风险。”

……………

我开始注意到优化思维对自己的强大吸引力。我在编程上涉猎越多，越能明显地察觉到日常生活中各种低效的情况，越会感到不快。例如，在写这本书的某个章节时，我发现自己总要查询某个在线词典（没错，就是这么直白，我不介意大家的评判）。这个词典确实有助于我的写作，但是每次搜索我要等上两三秒页面才能出结果。我终于等得不耐烦了，不如自己编写一个命令行词典，这样之后就不用每次都百无聊赖地等待搜索结果了。

我开始寻找可以直接搜索同义词的在线词典，很快就在 Big Huge Labs 网络公司找到了。这家公司提供同义词应用程序编程接口（API），而且还有一个福利——你每天可以免费搜索 1 000 次同义词。我花了一个早上捣鼓 Python 代码，弄出了最基本的命令行应用：输入一个单词，马上就会得到一长串的同义词和反义词。整个界面黑底绿字，没有任何装饰，简单粗糙，但速度超快！没有各类追踪用户信息的玩意儿，只要我输入单词，点击回车，搜索结果瞬间就会出现在屏幕上。

当然，这个小程序并没有节省我多少时间……这并不重要。假设我在日常写作中平均每小时搜索两次同义词，每次搜索这个应用帮我节约了两秒，那么一年下来，总共节约还不到一个小时，还没有帮我省出一次度假的时间。

不过，软件性能在时间方面的测算是以毫秒为单位的，那么我每次搜索可是节省了 2 000 毫秒啊，听起来可比“两秒”厉害多了。而且，提速的感觉特别爽，每次我搜索同义词，计算机飞快地显示结果的时候，我又感受到了第一次写出程序时的那种快乐。高效令人上瘾，直击灵魂，让人神清气爽。（很多软件公司发现，毫秒之差不但影响机器，也会影响用户。作为人类，我们特别没有耐心，我们期待计算机能灵敏地对我们做出回应。谷歌发现，返回搜索结果如果延迟 100 到 400 毫秒不等，用户搜索的次数会呈现平缓但有规律的下降。）

在接下来的几个月里，我开始努力让那种感觉出现在生活的每个角落。平时在计算机上下载的东西我都会堆在桌面，懒得去整理，于是我编写了定时任务程序，专门清理电脑桌面。有时我会下载 YouTube 视频中自动翻译的文本，但是清理起来很麻烦，于是我又写了个小程序自动清理。上小学的儿子很讨厌每天坐在计算机前等老师布置作业（老师的发布时间很不规律，儿子只能手动一次又一次刷新页面），于是我给他写了一个程序，每隔几分钟就自动检查是否有更新，然后给我们发短信通知。还有一天，我猛然觉得，为什么打扫房间的时候不能同时阅读《纽约时报》呢？（我知道很多人在打扫的时候会听美国国家公共广播电台的广播，但是我就是想听那些有深度又密集的信息呀！）于是，我花了一个晚上写出一个将文本转化为音频的应用：在《纽约时报》上选好几十个报道，做好列表，然后让一个粗犷的机器人声音——我更喜欢合成的“爱尔兰英语男声”——在扫地或洗碗的时候为我大声朗读新闻。

不过，尝试提升效率的实验可不是每次都能成功，有时候会适得其反。我时常发现，自动化某个工作其实比我想象中要更难，而且编程可能也挺有讽刺意味的，因为有时编写程序的时间太长，还不如直接动手做了。（某天晚上，我发现一个信息转换器输入的文本没有区分问者与答者的身份，那没问题啊，我就用 Python 简单写个脚本过一遍文本，然后在每段前面加上“提问”和“回答”的标注。但我犯了几个低级错误，然后，我发现整理的文本格式并没有想象中那么整齐。原来预计 15 分钟就能完成，最后却花了整整 1 小时。）

总之，脚本程序最后是能用了，但是确实浪费了不少时间。我花了一个多小时将标注任务自动化，但是如果手动标注，可能只需要几分钟！后者才是高效的做法啊。

但话又说回来，尝试实现自动化的过程确实很有趣，肯定比手动重复操作要好玩得多。想将某个工作自动化，肯定需要动脑筋思考，有时即使犯了低级错误，恍然大悟的那一刻也是十分欣喜的。我确实可以只花几分钟手动完成工作，可是那多无聊啊，那绝对是无聊透顶的几分钟！如果我花 1 小时仔细研究算法，它就成了既锻炼脑力又充满激情的 1 小时。

事实证明，我的这种经历其实在程序员中很常见。随着我采访的人越来越多，我听到越来越多相似的故事，他们宁愿多花时间写程序将任务自动化，也不愿意自己手动完成任务。在某次技术大会上，我和一位项目经理聊天，边喝边聊之中，他说起某位曾经的雇员深陷自动化难以自拔。

“当时他要做数据库迁移，需要先做一些麻烦的准备工作，手动清理数据确实无聊。”那项工作大概会耗费他半天的时间，但完成这次任务之后就不需要再做了。但是他一想到整个早上都做无聊的重复性工作就特别难受，于是决定将任务自动化，他一头扎入优化思维。项目经理每次走过这个程序员的工位时都看到他戴着耳机在埋头苦干。但是两周后（经理表示，“确实是我失职，管理不当，应该隔几天就问一下他的进度”），数据库迁移工作仍没有完成，程序员还没有完成自己的编程，他还在一丝不苟地编写数据清理的自动化工具——也就是整个迁移工作的第一步。他已经花了半个月来折腾所谓的自动化工具，仅仅为了避开3个小时单调乏味的工作。“我们已经完全跟不上进度了，他还挺兴奋，觉得自己可是弄出了了不起的东西！”经理说到这里不由得叹了口气。

“完全没有用啊！但他特别自豪。”

程序员执着于效率优化并不是任性妄为，这很大程度上源于计算机自身的原始要求——效率至上。

软件编程也会出现粗糙低效的问题。例如，草率编写的程序可能会占用过多内存，数据分类的算法可能选择了最慢的分类模式。用更形象的方法举例，假如有10名工人，需要把100个箱子从货车上卸下来搬到屋子里，最简单但最低效的“算法”就是吩咐每个人都去搬箱子然后自己抬到屋子里，再回头搬第二次，直到把货车搬空。高效的“算法”则是让10个人在货车和物资之间站成一列，通过接力的方法把箱子运送到屋子里。

编程也是同理。新手程序员（譬如我自己）通常可以找到最简单的办法来写程序——让10个人进进出出直到把箱子搬完。但是经验丰富或才华横溢的程序员会找到更快的方法安排路线，可能每个新功能都比低效的版本快20毫秒。如果只有少数人在使用你的应用程序，低效的代码确实不会出现什么大问题。但是如果突然成千上万人开始涌入服务器，低效的代码就很可能带来极大的麻烦。

当Kickstarter有了越来越多的用户时，程序员兰斯·艾维随之发现了低效代码的问题。2012年，距离网站成立已有3年，平台上开始出现百万美元级别的筹款活动，其中有一个项目是著名电子游戏设计师蒂姆·谢弗筹款制作冒险游戏《破碎的时代》。谢弗原本预计筹集 40 万美元，对当时的 Kickstarter 来说，这已经是很大的数目了。他的粉丝群体很快有了响应，活动发起后 24 小时之内筹款达到近 100 万美元。为了抓住激动人心的时刻，谢弗的公司开始直播办公室现场状况，员工们正密切关注着不断上升的筹款数额。粉丝们也更加兴奋，大家不断更新谢弗筹款的页面，都想亲眼看到筹款金额达到 100 万美元的时刻。

但是，当时的 Kickstarter 还不能应对这样的局面。艾维说："大家涌入网站，都想要'庆祝重要时刻，见证 Kickstarter 的历史'。"然而，他对 Kickstarter 的优化还不足以处理规模如此庞大的活动。当时的开发团队人数不多，大家要应付各种各样的问题。艾维和其他工程师都没有预料到这次活动中出现的用户行为——大家太兴奋了，坐在计算机前一遍又一遍刷新页面。回顾当时的状况，艾维的笑声中有一丝懊悔。

好在大家并没有介意。恰恰相反，在那个时候，"弄崩 Kickstarter"被视为好事，这证明筹款活动获得了巨大成功。但是艾维知道，粉丝并不是任何时候都会宽容谅解的，Kickstarter 必须得到进一步优化，避免在下一次活动升温时消耗过多的资源。其中一个关键步骤就是他们编写了新的代码，实时自动更新筹款中的承诺金额，用户不需要一遍又一遍手动刷新页面了。程序员不断重写代码库，这在术语上被称为"重构"，网站代码从大量维系运行、快速迭代、足够好的代码最终变成了简洁流畅的代码。

"重构"和润色有一些相似之处。无论你是写信、写讲稿抑或写文章，第一稿总有些冗长或含糊，传达出了基本信息，却不够简洁明了，可能啰里啰唆，可能拐弯抹角，还可能逻辑不清。但是没关系，因为你的目标不是完美的，先写出来，稍后慢慢修改。润色的过程会让文意更清晰，让语言更真切，让絮絮叨叨的话语不复存在，让行文更紧凑有力。字斟句酌，精雕细琢，润色后的文本往往比初稿更简洁。法国著名数学家布莱士·帕斯卡曾经道歉说："这封信很长，因为我没空儿把它改短。"（作为数学家，他显然知道表达过程中言简意赅的价值，毕竟他们总是喜欢简洁优雅的证明。）莎士比亚更是给出了一针见血的总结："简洁是智慧的灵魂。"

编程亦如此。总体而言，越紧凑的代码质量越高，主要是因为代码的行数越少，出现程序错误的概率越小。程序错误很容易藏身于一大堆"面条式代码"中，而短小紧凑的代码更容易让人看出各处正常与否，就像桦树林，棵棵树木挺拔笔直，放眼望去一清二楚。

C++ 语言的设计者本贾尼·斯特劳斯特卢普教过很多学生，他告诉我，就像很多政治学专业的大一新生写文章会用一堆术语那样，新手程序员往往会写出特别冗长的代码。

他说："学生编出来的代码方案往往比我的方案长大概两到三倍。我不会像他们那样写那么多，而且我的代码通常更稳定，更敏捷，更容易检查出问题。"为什么会有这样的差异？斯特劳斯特卢普认为是经验所致。缺乏经验的程序员会一头扎入编程，马上就在计算机上开始设计代码，他们将代码的长度或者编写的动作误认为是效率的体现。经验丰富的程序员会仔细思索手头需要解决的问题，代码所要完成的任务，当动手编写的时候，他们往往以多年的认知模式为导向，他们对问题了然于心，也知道最简洁的解决方式。

他们同样能洞察反向问题。如果某个功能（某个程序中的子程序）越写越长，越写越绕，那就说明很有可能存在其他更高效的写法。修改、重构的过程往往就是从不同角度进行提效：找到冗余的地方，删除重复之处。编程历史上最长久的格言之一就是——不要重复！

庞大的软件库不时会得到科技媒体的报道，例如2015年就有报道称，谷歌各类服务的软件库的代码多达20亿行。这则报道传递出的信息仿佛是，代码数量越庞大，产品性能越出色，规模即价值。因此，优秀的程序员应当坐在计算机前源源不断地输出代码，越多越好。其实，出类拔萃的程序员清除软件中的冗余代码也是得心应手，他们能让代码库变得越来越小。程序员阎景昊在脸书工作3年后核算了一下自己为公司编写的“代码净值”，发现结果竟然是负数，“在代码库中我增加了391 973行代码，移除了509 793行代码。如果按照自己每年编程1 000小时计算，那就是每小时减少39行代码”。

代码，有时竟与诗歌有着奇妙的相似之处。诗歌的力量往往源自凝练。程序员兼企业家马特·沃德写道：“精雕细琢的诗歌，每个词都有明确的意义与目的。整个作品都是字斟句酌的。诗人可能会为了一个词连续几小时反复推敲，也可能隔上好几天再寻找全新的视角细细思量。”英语早期现代主义诗歌尤其追求精练，最著名的现代诗之一《在地铁站内》是埃兹拉·庞德受到古老的俳句启发所作的：

> 这几张脸在人群中幻影般闪现：
> 湿漉漉的黑树枝上花瓣数点。

沃德指出：“庞德只用了两行诗，就描绘出一幅动人的画面，含义丰富，吸引着学者、批评家竞相品鉴，这就是效率。”庞德不仅善于创作简洁的诗句，也善于修改他人的作品。T.S.艾略特曾向庞德展示《荒原》的初稿，他拿出笔大刀阔斧地把1 000行诗句砍成434行，让冗赘的文字变成了凝练的意象。（为表感谢，艾略特在诗篇开头致敬庞德，称其为“最卓越的大师”。）

程序员讨论代码效率的时候，所用的语言常与美学相关，也时常与感官联系在一起。高效且整齐的代码被描述为“干净”“漂亮”“巧妙”，就像一种视觉艺术，让人赏心悦目。如果代码运行迟缓，设计糟糕，操作困难，程序员往往就会用嗅觉上的形容词去描述，比如联想到腐烂所产生的臭气。

可能早在几十年前，西方程序员就在使用与嗅觉有关的词语（这个代码很臭）谈论代码，但这些词成为编程行业的固定用语应该是在20世纪90年代末，两位著名程序员——马丁·福勒和肯特·贝克——共同撰写了一本关于代码重构的书，试图描述低质量代码的本质特征。当时贝克的女儿刚刚出生，兴许是“受到新生儿气味的影响”，他提出用“气味”进行描述，于是整个章节最后被命名为“代码中的臭气”。从那以后，同类用法越来越常见，在Stack Overflow等编程问答网站上输入“smells”（臭气），你会看到众多程序员在抱怨自己的代码烂透了，希望得到帮助。（就连计算机科学界也开始使用这类语言，例如，某论文标题为“代码发臭的时间与原因”，研究了编程中出现“恶臭代码”的原因。研究发现，过度加班和紧迫的工作计划是主要原因。作者指出：“工作量过大，压力得不到释放，程序员写出恶臭代码的概率更大。”）

在我看来，从视觉到嗅觉的转向有趣而生动。代码质量高，是一种视觉冲击，人们的眼前仿佛呈现出美轮美奂的大师之作——精美的钟表，宏伟的吊桥，阿梅代奥·莫迪利亚尼的画作。而低质量的代码是一种嗅觉冲击，它让人们仿佛瞬间置身于食物腐败的环境，人们闻着哪里都不对劲儿，但是又不知道臭味从何处传来。甚至还会产生道德上的冲击，越来越多的研究发现，臭气也会让人们联想到冒犯性的想法或政治观点。

布赖恩·坎特里尔指出，程序员在修复程序错误的时候尤其偏爱干净整洁的代码，这样可以应对软件出现的各种情况。如果他们编不出那样的代码，或者没有时间去编，那就只能先用上处理当前特殊情况的复杂代码，祈祷不会再出现更多的特殊情况。从技术层面说，他们已经解决了问题，却仍旧对自己特别不满，于是他们会在解决方案旁边加些标注，以示自我批评，例如，将这几行代码标记为“恶心”“讨厌”“垃圾”。总而言之，在程序员看来，写低效代码是对灵魂的亵渎。

不久前，我给自己准备晚餐，东西只有一样：一瓶代餐饮料 Soylent。

我打开瓶盖，把饮料倒进了 12 盎司[①]的杯子里，液体看起来有点儿黏稠，乳白色，我有位程序员朋友之前开玩笑说，它看起来就像“一杯做煎饼用的面糊”，“连味道都有点儿像”。我喝了一大口，果真如此。不过整顿晚餐只花了 5 分钟，这才是 Soylent 的精髓所在：终极优化代餐食品。

2013 年，25 岁的程序员罗布·莱因哈特发明了 Soylent。当时莱因哈特和另外两位合作伙伴正在经营一家初创公司，他们从创业孵化器 Y Combinator 获得了 17 万美元的投资，目标是建立低价的新型手机信号塔，但是他们的技术失败了，莱因哈特在闲暇时开始琢磨解决日常生活中的其他问题：饮食。

莱因哈特发现，吃东西简直太浪费时间了，他每天要在吃饭上花

---

① 1 盎司（美制）=29.57 毫升。——编者注

两个小时。他在自己的博客中写道："早餐我一般吃鸡蛋，午餐在外面吃，晚餐就是玉米饼、意面或汉堡包。如果在家吃，每顿饭吃完后我都要洗盘子、擦干盘子，在家做饭还得先去商店买食材。"在他看来，做饭就是一种低效的给身体提供能量的方法，如果将身体每天所需的营养物质融合成液体，供能就更简单了。于是，他开始上网做研究，到厨房里捣鼓食材，几周后他做出了第一批 Soylent。接下来，他就一直以 Soylent 代替所有餐饮，一个月后，他的室友们都有些吃惊，他还活得好好的。而且，莱因哈特看起来精神状态更好了，他发现"自己的皮肤更透亮，牙齿更白，头发更浓密，连头皮屑都不见了"。

更重要的是，他节省了做饭吃饭的大把时间。他写道："我现在每天晚上只需要 5 分钟就能把第二天的东西准备好，每次吃饭只用几秒。这种大幅提升效率的感觉太棒了，而且我可一点儿都不怀念洗盘子的日子。现在我觉得厨房都应该消失，既不需要冰箱，用起来耗电，也不需要担心什么虫害而要时不时去打扫，去掉厨房还可以增加居住空间。只要确保在其他地方装好饮用水管就行。"当然，莱因哈特并不是完全抛弃日常的食物，"用过照片墙的人都知道，食物是生活中很重要的一部分。饮食可以是艺术、舒适、科学、节庆、浪漫或与朋友见面的理由，但是大多数时候，食物只是生活中的一件麻烦事"。

很多程序员知道 Soylent 后振奋不已，莱因哈特的博文被迅速传遍黑客网站，Soylent 的众筹活动两小时内就达到目标金额。好几位在初创公司工作的程序员告诉我，他们的食品柜中常备 Soylent，因为其完美契合了硅谷高强度的工作环境：连续 14 小时的编程之后，又或者处于流畅的工作状态时，在计算机前喝下一瓶代餐饮料"比订外卖吃比萨所需的运动量小多了"。Soylent 的消费群体不仅是程序员，它还吸引了很多石油行业、建筑行业的员工，通勤时间长的上班族，还有其他所有想要节省吃饭时间的上班族。

软件工程师对效率的执着追求简直可以浓缩在 Soylent 一词中。消除一切磕磕绊绊，为所有事情提速，这仿佛成为程序员的第二天性，一种本能。生活中的点点滴滴都可以成为科学管理的对象，世界各个角落都散布着有待被拧紧的螺丝钉，每件事情都应该尽可能快地进行：沟通、工作、购物等。亚马逊的计算机工程师以及部门主管鲁希·萨里卡亚指出，公司的成功在于让生活即时获得满足感，“任何阻碍你向目标前进的因素都是摩擦，可能是采购产品，可能是为了赶早上 9 点的会议碰上了出行高峰。亚马逊网站极其注重减少或清除摩擦——“一键下单”“亚马逊会员制”“亚马逊无人商店”等都是范例。

迷恋效率也带来了井喷式的“按需”服务。2015 年前后，硅谷的企业家开始向市场推出各类优化生活细节的软件，代替用户去做某些任务，让人们少动手：Washio——专门派人上门收走脏衣服，用户不用自己去洗衣店；Handy——提供随叫随到的公寓清理服务；Instacart——替用户去当地的商店买东西；还有万能的 TaskRabbits——你能想到的基本上都能做。

如果单纯从人口统计学的角度分析，我们不难发现其中的自恋情结。一大群刚毕业的年轻男性涌入旧金山的技术中心，每个人手里都是各类做优化的工具，还有源源不断的创业投资。这一切无不造就了铺天盖地的“帮我干活”应用软件。而且，这些年轻人认为，最迫切需要解决的“问题”很多时候就是曾经在宿舍生活或家庭生活中有人帮他们代劳的事情——做饭、打扫、出行等。我的朋友克拉拉·杰弗里是《琼斯母亲》杂志的主编，她在一条推文中写道：“硅谷有很多初创企业说到底就是男性企图去复制母亲的角色。”这同样是编程发展过程中出现的一个典型特征。

当然，有些程序不但服务于上述小部分人群，在硅谷之外也备受欢迎。显然，不愁没钱花的人很愿意付费避免生活中的一些麻烦。优步的成功在于重塑了打车出行服务。在过去，打车出行非常低效，出租车司机不知道哪里有乘客，乘客不知道哪里才能找到出租车。

优化的过程必然带来副作用，有赢家就有输家。随着优步的发展，城市的大街小巷涌现出更多汽车，对乘客来说这当然是好事，对司机来说则不然，由于竞争日趋激烈，很多司机越来越难以维持稳定的收入。（2018 年，纽约市的传统出租车数量为 13 578 辆，而网约车激增至 8 万辆。）优步和来福车允许车主兼职，所以，有些司机只是利用闲暇时间兼职，顺带接送几次乘客，挣点儿零花钱，当然很轻松。然而，对专职司机来说情况就不太理想了，尤其是对大城市中的移民群体来说，他们原本很容易靠开出租车维持生计，现在却面临收入不保的境况。

尼日利亚移民出租车司机纳姆迪·乌瓦齐在 NBC（美国全国广播公司）的采访中说："优步和来福车干了什么，它们把这个行业搞乱套了。" 2017 年，受到网约车公司的负面影响，数名传统出租车司机因生活压力过大而自杀。

执着于优化效率有时候会带来意料之外的负面效果，连程序员自己都觉得惊诧，难以置信。

脸书早期开发了"点赞"功能的某些工程师就有此感受。

2007 年，脸书的几位员工希望加快平台更新换代的速度。设计师利娅·珀尔曼觉得，人们没有像他们想象的那样经常发帖，是因为回复朋友的时候还要思考一下措辞，又或者真的是没什么说的，于是就发了个“耶!”。总之，平台上出现了很多单字的回复。珀尔曼认为，需要有更简洁高效的形式——也许就是随手一点——让用户回复朋友的帖子，这也许能释放出很多正能量。（她曾在一次演讲中开玩笑说：“收到他人的肯定怎么会嫌多?”）脸书的另一位程序员贾斯廷·罗森斯坦（入职脸书之前，他曾是谷歌聊天工具原型 Gchat 的开发者之一）也持同样的观点。他说：“如果肯定他人的发文只需要极小的投入，只需要一个动作，会出现什么情况?”（或者，正如他在接受流行文化线上媒体 *The Ringer* 的采访时说的那样：“在这里，我们有机会使用设计创造一条阻力最小的路径去参与某些类型的互动。”）

他们的创意很快引起了不少脸书同事的关注，团队决定在所有的发文旁边增加一个“好棒”按钮，点击一下，就可以表示自己对帖子的肯定，简单便捷。而且，对脸书的分析部门来说，这可是个大好消息。动态消息团队可以知道用户给哪些推送点了赞，这样就可以更有针对性地给用户推送信息。（你是不是点赞了很多宝宝的图片？那我们就给你多推送一些宝宝图片!）广告界人士也特别喜欢，因为他们可以搜集到更多数据，了解用户的喜好，投放更具针对性的广告。

经过连夜加班，珀尔曼、罗森斯坦和其他程序员打造出了产品原型。早上 6 点，他们已经可以在某些内部的测试账号上点击“好棒”按钮了。扎克伯格一开始还有些疑虑，但这个产品概念在公司内部迅速得到认同。后来，设计团队又把“好棒”改为“赞”，设计出了全球最著名的计算机符号之一——蓝色的大拇指图标。2009 年 2 月 9 日，“赞”功能正式发布，迅速成为脸书平台使用频率最高的功能之一。截至目前，平台点赞已经超过 1 万亿次。

点赞功能确实实现了罗森斯坦和珀尔曼当初的设想。通过在脸书上更快、更有效地表示赞许或支持，它释放了许多正能量。

然而，人们发现，点赞功能也诱发了成瘾行为。

脸书会显示每个帖子的获赞总数，用户开始沉迷其中，持续关注自己获得的认可。一旦发布了照片，他们就开始疯狂刷新页面，看看点赞次数有没有增加。注意力研究人员开始分析其中的自我干扰行为——有时，一个人正在写邮件或者和朋友聊天，突然就打开了脸书页面，急不可耐地查看自己有没有获得更多的赞。

技术型企业家拉米特·查拉写道："这是我们这一代人的强效可卡因。人们已经上瘾了。我们难以抽离，我们过度沉迷，哪怕是一个点击都会带来怪异的反应。"心理学家可能早就预测到了：早在 20 世纪 70 年代，社会心理学家唐纳德·坎贝尔就指出，如果用单一的测量方法给予人们奖励，那么大家会想尽一切办法推高自己的测量得分。（现在它已经发展成坎贝尔定律。）点赞功能很可能改变了用户在脸书上发布信息的内容，为了获取更多点赞，人们会发布更抓眼球的内容：身材热辣的照片，挑拨是非的观点，情绪丰富的表情，还有标题党。

令人更为不安的是，点赞功能成为脸书追踪用户的强大工具。点赞越来越受欢迎，脸书发布了"剪切粘贴"代码，所有网站都可以使用点赞功能。很快，"点赞"就覆盖了所有新闻类网站。但是，这个"剪切粘贴代码"是一种窥探工具，如果你是脸书用户，登录了脸书账号，这时候如果你登录了其他网站，这个网站也有点赞功能，即便你没有点赞，后台也会告知脸书你的浏览痕迹。随着点赞功能的普及程度不断加深，脸书已经搜集了庞大的数据，对每个用户的上网习惯了如指掌。

几年后，罗森斯坦和珀尔曼离开了脸书。前者成立了 Asana，提供提升职场工作效率的服务；后者创立了多家公司，又开启了自己的艺术家生涯。随着时间的推移，两人都对点赞功能带来的副作用渐生愧意。

罗森斯坦在科技媒体网站 *The Verge* 的采访中说："我自己也开始有成瘾行为。是的，也包括我当初建立的东西。"他极其在意社交媒体上出现的通知（又被他称为"声音清脆的虚假快乐"），而且他惊诧地发现，由于手机成瘾，人们每天触碰手机竟高达 2 617 次。珀尔曼则特别担心人们通过点赞获取肯定的迫切心理。这让她想到了科幻电视剧《黑镜》第三季第一集《急转直下》：女主角是一名年轻女性，在她生活的世界中，在日常生活的互动中，所有人都会相互评级，这个世界也就变得无比刻意、荒唐，女主角为了得到高分，发布造作的照片（所有的表情都在镜子前一遍又一遍地练过），面对每个收银员都要大大夸赞一番，因为害怕对方给自己评分太低。

电视剧情在珀尔曼的脑海中挥之不去。她发现，脸书也带来了相似的情绪负担，"我去查阅消息，但感觉很糟糕。无论有没有消息通知，看了都觉得不爽，无论自己期待的是什么，真正看到之后都有点儿失落"。于是她安装了软件，专门屏蔽动态消息。（这个插件将动态消息替换成随机生成的自制力引言，例如莫提默·J. 艾德勒的名句："没有纪律约束的头脑，是不可能有真正的自由的。"）罗森斯坦也决心摆脱社交媒体带来的分心问题。在《卫报》的采访中他说，他已经屏蔽了 Reddit 等社交新闻网站，停用了色拉布，而且给自己的手机设置了家长管理模式，防止自己重新下载新的应用。

密码在他助理的手中。看来，代码也有让人们放慢节奏的功能。

第六章
“10 倍速程序员”与“英才至上”的迷思

10X, Rock Stars, and the Myth of Meritocracy

在程序员的世界中，马克斯·列夫琴可谓神一样的存在。

在线支付平台贝宝（Paypal）的所有代码几乎都出自他之手，这个平台也是他不眠不休疯狂编写代码的成果。20世纪80年代，列夫琴成长于苏联时期的乌克兰，年少的他对计算机编程产生了浓厚的兴趣。由于是犹太民族，他们全家担心受到迫害便逃离了故土，于1991年抵达芝加哥。虽然家庭经济窘迫，但是父母仍然支持儿子的兴趣，他们东拼西凑给他买了计算机。列夫琴在伊利诺伊大学计算机科学专业学习期间，知道了马克·安德森的故事。这位学长刚毕业不久就在编程界小有名气，与人共同开发了网景浏览器，并一夜暴富。列夫琴性格内向，但初创企业的传奇色彩让他心驰神往。上学期间，他就创建了3家公司。第三家以10万美元的价格被收购之后，他把自己的有形资产（一大堆电子产品）装上卡车，和几个朋友一起驱车前往硅谷。

起初，列夫琴住在朋友家中。有一天，他在斯坦福大学校园碰巧听了彼得·蒂尔关于政治自由的讲座。蒂尔哲学系毕业，曾在华尔街工作，坚定地支持自由主义，列夫琴遇见他的时候，他正从事律师工作。列夫琴非常喜欢蒂尔的演讲，于是找到蒂尔，向他透露了自己最新的软件创意。当时，他正在编写一个加密程序，可以在 PalmPilot 等掌上电脑上运行。两人对数字化转账的想法一拍即合，即把一笔钱从一台 PalmPilot 转到另一台 PalmPilot 上，或者以网络平台的方式转账，这就是后来贝宝的雏形。

上学的时候，列夫琴就以疯狂的编程状态闻名校园，他可以连续好几天不眠不休疯狂写代码。贝宝就是这样来的：列夫琴已经编好了很多加密模拟器代码，因此他很快就做出了适用于 PalmPilot 的贝宝软件原型。贝宝随即获得了 450 万美元的融资，为了获得更好的宣传效果，列夫琴和蒂尔决定让投资人以电子支付的方式通过两台 PalmPilot 对其中的 300 万美元进行转账。他们原计划做个虚拟形式的转账，但列夫琴后来在《创业者》一书中回顾，他对这个想法感到"厌恶"。"如果程序崩溃了怎么办?"他说，"那我真的要来个仪式性的自杀回避这一尴尬的局面了。"

于是，他和另外两位公司聘请的程序员没日没夜奋斗了整整 5 天。在《创业者》一书中，他回忆自己真的 5 天没睡："简直是疯狂（编程）马拉松。"他们完成编程的时候离转账演示只有一个小时了。他们把地点定在当地一家叫 BUCK'S 的餐厅，在活动现场，两台 PalmPilots 被记者团团围住，300 万美元顺利地从一台设备转账到另一台设备上。这时，列夫琴才点了一份煎蛋卷作为早餐，但还没来得及吃他就睡着了。"我醒来的时候，蛋卷就在我旁边，餐厅里空无一人，大家都走了。他们只是想让我好好睡一觉。"

贝宝开始高速发展，列夫琴神一般的工作节奏依旧在延续。但随着贝宝的普及，犯罪分子开始在这一平台上进行诈骗，每个月竟高达 1 000 万美元，而且数额还在不断攀升。列夫琴有些慌了，他算了一下，如果当前的形势恶化下去，平台上的诈骗行为很快就会吞掉公司的盈利，并摧毁公司。他觉得公司随时都可能被毁灭。于是他和几名工程师立马开始了新一轮的战斗，又开始了不眠不休的黑客模式。正如记者萨拉·莱西在《硅谷合伙人》一书中写的那样，列夫琴会连着工作几天都不洗澡，直到味道太大影响工作环境，他才在公司洗个澡，然后穿上公司的文化衫。（莱西略带戏谑地写道："无论何时，马克斯的工作量都可以以他几乎没怎么住过的公寓里那越来越多的旧T恤的数量来衡量。"）

在高强度的工作中，列夫琴仍然保持着惊人的创造力。他接连不断地加班，想到了很多反欺诈的绝妙创意。他与人合作创建了全球第一个商用验证码（CAPTCHA）测试，拉伸或倾斜一段文本，以便区分用户是人还是机器。他还设计了一款工具，让贝宝的人工诈骗检验员快速分析大量的交易数据，有一个检验员看到演示后激动得哭了。列夫琴在反欺诈方面的工作让公司免受网络诈骗带来的灭顶之灾，而当时的很多竞争对手就是因为网络诈骗最终被淘汰的。

公司屡创佳绩，产品性能优越，员工勤恳高效，贝宝团队在硅谷英才至上的文化中独领风骚。随着21世纪初期互联网泡沫的破灭，很多高科技公司纷纷破产，而贝宝却蒸蒸日上，不久就成功上市，后来以15亿美元的价格被易贝（eBay）收购，这使其创始人赚得盆满钵满。在贝宝副总裁基思·拉布瓦看来，贝宝是一个"完美的价值验证"，他在接受陆怡华的采访时说："我们之中没有人和硅谷的权贵有任何关系……5年的时间，我们从默默无闻到声名远扬。要知道，曾经的我们就是没人搭理的无名小卒啊。"

公司首席运营官（COO）戴维·萨克斯曾经是管理顾问，他在《纽约时报》的采访中说："如果地球上真的有英才制度，那么必定在硅谷。”只要有能力，你就一定会成功。

巨星、忍者、天才。在技术世界的传说中，总有一些程序员能力卓越非凡，自带光环。

流行文化也一直非常喜欢这样的设定，在程序员的世界中，天才程序员总是独来独往，在近乎疯狂的节奏中一手打造出全新的程序王国，不眠不休地写代码仿佛是他们的本能。在电影《社交网络》中，以马克·扎克伯格为原型的男主角整个晚上在键盘前敲敲打打，制作出对哈佛女学生外貌的评分软件。在电视剧《硅谷》中，男主角程序员理查德眼看自己创建的公司就要在技术大赛上崩塌解体，突然有如神助，一夜之间重写代码压缩算法，软件性能几乎翻倍，并最终赢得了比赛。在电视剧《奔腾年代》中，黑客卡梅伦·豪给朋友的公司帮忙，开发了谷歌 PageRank 算法的原型。它是如此巧妙，以至公司软件常驻主管不得不承认，他甚至无法理解它是如何工作的，并对她的工作赞不绝口。

这种对天才程序员的信念不仅仅是流行文化的一部分，事实上，编程世界早就有一个广为人知的概念——十倍速程序员。正如字面意思所示，这类程序员的能力比一般程序员要强大很多。

这个概念可以追溯到 1966 年。当时美国系统开发公司（System Development Corporation）的 3 位研究员发布了一份标题略显平庸的白皮书，即“比较在线编程与离线编程效果的探索性研究”，由哈尔·萨克曼带领的团队要探究的编程技术问题现在看来可能有点儿无聊：在纸上进行编程和在计算机上进行编程哪种模式更高效？ 20 世纪 60 年代，大部分人还没有计算机，大部分编程都是“离线”进行的，程序员手写代码，打到打孔卡上，交给计算机操作员。然后程序员只需要坐在旁边静静等待计算机处理的结果，有时可能要等上好几个小时。到了 1965 年左右，新的在线系统让更多程序员能够直接实时操作机器。程序员本人坐在计算机前，在键盘上输入代码，马上就能看到运行结果。

可以想象，大部分程序员更喜欢在线编程，机器的即时回应更有趣也更高效。但由于在线系统成本极高，很多企业也不确定这样做值不值得。于是萨克曼团队决定让两种模式比拼一下。程序员被随机安排到两种工作模式中：一种按照传统模式，手写代码并修复程序错误；另一种使用线上模式完成同样的工作。研究人员记录下程序员在各个方面的表现，包括编程时长，修复漏洞的时长，代码长度，代码运行速度，等等。最后的分析结果在他们的预料之中：在线编程模式大获全胜，与计算机流畅互动的程序员比离线编程的程序员表现“明显更好”。

但是萨克曼也有意外的发现，经验丰富的程序员“个体能力方面存在显著差异”。优秀程序员的表现远远超出平均水平，比那些低水平的程序员更是好出很多。

例如，在修复程序漏洞的工作中，速度最快的程序员是速度最慢的程序员的 25 倍。编程解析代数题也有同样明显的对比，在编程速度上前者是后者的 16 倍，在清除程序错误方面前者是后者的 28 倍。另外，出色的程序员写出的代码运行更快，最快速度比最慢速度高出 13 倍。萨克曼和他的同事写道（用一首童谣来形容）：

> 如果一个程序员表现出色，
> 他是真的真的很出色，
> 但当他表现糟糕时，

那可是糟糕透顶。

结论是什么？程序员之间的技能水平大不相同，“往往有10倍的差距”。

但也有很多批评家指出，萨克曼的研究存在很多问题，其中一个就是研究样本的数量较少，他得出的结论纯属偶然，不应该用这个结果去推断整体的状况。

然而，那些批评也站不住脚。在计算机行业中，很多人对“10倍的差距”这一概念有一些诗意的肯定，这是人们在长期观察计算机行业中程序员的工作后逐渐形成的经验和认知。20世纪60年代到70年代，企业管理层——出于他们自己也无法解释的原因——觉得有一小部分程序员在开发软件和修补漏洞上不但速度惊人而且动作流畅，他们仿佛拥有看透计算机的第三只眼。（强烈批判萨克曼观点的人虽然表示这项研究“相当不可靠”，但也承认编程领域“极度缺乏高效人才”。“在这方面，编程与其他创造性的工作非常相似。”）软件项目经理比尔·柯蒂斯发表了一篇论文，记录了他给54名程序员做的测试，成绩优秀的程序员是成绩垫底的程序员的8倍到13倍。计算机杂志*Infosystems*的某个头条标题更是把普通的程序员与顶尖的程序员比作“游牧部落与超级英雄”。

超级程序员的传奇色彩也许开始于1975年小弗雷德里克·布鲁克斯的《人月神话》，这是一本关于软件项目管理的经典之作。布鲁克斯肯定了萨克曼的观点：“编程管理人员早已注意到高效与低效的程序员之间存在巨大的效率差异。但10倍以上的差距确实令我们感到惊讶。”在这样的背景下，布鲁克斯认为，组建世界上最优秀的编程队伍其实就是将队伍精简到只有优秀的程序员。如果一个团队有

200 名程序员，其中只有 25 名佼佼者，那就“解雇 175 名程序员”，让这 25 个“大明星”安安静静地完成工作。

布鲁克斯指出，很多技术公司将编程视为一种普通的体力劳动，认为只要增加员工就能加快工作进程。收割麦子想要提速一倍？那就增加一倍的工人。但是，编程的核心在于个体的洞察力，这与诗歌创作很像，增加人手不一定能帮上忙，不是付出汗水的人越多就越有可能带来解决方案，它更需要某个有洞察力的人在严谨的思考中有灵光一闪的顿悟。所以，从组织的角度看，编程与其他体力劳动恰恰相反，当面对棘手的问题时，增加人员反而会让情况变得更糟，因为人多了意味着要开更多的会，沟通也会变得更麻烦。布鲁克斯一针见血地总结道：增加人力只会让延期的软件项目继续延期。

不久之后，世界各地的程序员都开始引用这个概念，他们坚定地认为，团队中不但要有足够多优秀的程序员，更要有大神级别的程序员。这种观点引发了 20 世纪 90 年代至今的人才抢夺战，很多企业纷纷开出高薪，提供堪比校园的便利设施，想要把顶尖高校的顶尖毕业生抢到手，也想从活力无限的初创企业中挖走人才。“10 倍”这个词本身就非常适合高科技行业逻辑严谨、精益求精、以数据说话的自我形象。其他行业可能也有优劣差别，但是在编程领域，人们有一个测量值，它能准确描述天才与凡人之间的距离。比尔·盖茨说过：“顶尖的车床操作员的工资是普通操作员的几倍，但顶尖程序员的价值可是普通程序员的 1 万倍。”

在高科技行业的顶层，英才至上的理念更强大。我问及众多风险投资家和企业创始人，“10 倍速程序员”是否存在，他们总是毫不犹豫地给出肯定的答复。

网景联合创始人马克·安德森对列夫琴印象颇深。他告诉我："我觉得可能是 1 000 倍，你看看过去 50 年里重大的软件产品，每个产品都是由一两个人开发的，几乎从来没有 300 人的团队。"

安德森说得一点儿都没错。在软件行业，小团队或独立开发的案例俯拾皆是。Photoshop 的第一个版本是由两兄弟创造的。1975 年用 BASIC 语言创建第一个微软产品的是年轻的比尔·盖茨和他曾经的校友保罗·艾伦，还有哈佛大学大一新生蒙特·达维多夫。早期博客网站 LiveJournal 由布拉德·菲茨帕特里克一手打造。谷歌搜索引擎的算法来自拉里·佩奇和谢尔盖·布林。创建视频网站 YouTube 的团队只有 3 个人。创建色拉布的团队只有 3 个人（如果只看编程，那就只有一个人，鲍比·墨菲）。比特流由布拉姆·科恩一个人完成，比特币据说是一个程序员的作品，人们只知道他的笔名是中本聪。约翰·卡马克创造了 3D 图形引擎，带来了价值数十亿美元的 3D 电子游戏产业。

在马克·安德森看来，拥有极大影响力的程序员为数不多，主要是因为在创作新软件的时候，庞大又复杂的创意构造只能由一到两个人去完成才能保证效率。要达到 10 倍生产力，需要程序员进入并保持"心流"状态，还需要他们将复杂的编程结构视觉化。安德森说："如果能够一直保持清醒，程序员的效率会更惊人。现在的局限就是他们清醒的时间有限。有时候他们要花两个小时才能让大脑进入状态，然后保持状态工作 10 个小时、12 个小时或者 14 小时。"安德森所认识的"10 倍速程序员"基本上都是"系统思考者"，从计算机处理器的电流到触屏按键的延迟状况，他们对技术产品的每个部分都充满了好奇心。"正是旺盛的好奇心、源源不断的动力和求知欲，让他们必须充分了解系统的每个细节，否则他们会觉得无法忍受。"

正因如此，10倍速程序员尤爱初创企业，一切都刚刚开始，他们可以尽情地大显身手。相反，很多大型企业或老牌企业发展速度较慢，传承下来的体系特别庞大，原始代码可以追溯到几年甚至几十年前，客户群体也依赖于较为稳定的服务。这类企业不是要“快速行动，快速创造”，而是要保持耐心，不断完善代码。安德森还记得20世纪90年代初自己在IBM实习，公司内部有一个标准：“每天写10行代码。10行代码要完成编写、测试、调试、存档，不多不少。一天写不到10行，那就是在偷懒，超过10行，那就是粗心大意。”

许多资深程序员都认为，10倍速程序员不仅存在，而且是提高工作效率的关键。软件公司Fog Creek的联合创始人乔尔·斯波尔斯基曾在一篇博文中回忆说，他在Juno公司（一家在线服务和免费电子邮箱提供商）工作时，有一名系统漏洞检查员叫吉尔·麦克法兰，她“发现的漏洞是其他4名检查员总和的3倍多。毫不夸张地说，她的工作效率是一般检查员的12倍。但后来她辞职了，我给公司CEO（首席执行官）发邮件说，‘与其让检查小组天天上班，还不如让吉尔每周工作两天’”。

Y Combinator总裁山姆·阿尔特曼认为，人们对编程界出现天之骄子其实不应该感到意外，所有以深刻洞察为基础的行业都会出现出类拔萃的人才。他告诉我：“在其他行业，似乎不存在这样的争议。其实有‘10倍速物理学家’，他们被授予诺贝尔奖，大家欣然接受。也有‘10倍速作家’，他们的作品荣登《纽约时报》畅销书榜单。”也有部分计算机科学系的教师认为10倍速天赋是真实存在的，在青少年时期刚接触编程时这种天赋就能被发现。计算机科学专业教授克莱顿·刘易斯在一项小规模的调查中发现，计算机科学系有77%的教师不同意这一说法，即“只要努力，基本上所有人都可以完成计算机科学系的课程”。在他们看来，有无天赋，一目了然。

2017年的某一天，我去了多宝箱，见到了创始人德鲁·休斯敦。他应该算是大家眼中的“10倍速程序员”。休斯敦从幼年时期就开始接触编程，大学就读于麻省理工学院，曾在闲暇时写出了一个擅长玩在线扑克游戏的机器人程序。从麻省理工学院毕业后，他常常因为把U盘忘在计算机上而苦恼，于是决定开发一个系统，自动把计算机中的文件同步到服务器上——这就是多宝箱的原型。后来他意识到，其他人可能也需要这样的服务，于是他通过Y Combinator的收购，成立了多宝箱。2018年末，该公司市值已达100亿美元。

我见到休斯敦的时候，他正坐在公司音乐室的紫色沙发上。没错，该公司有一间完整的音乐工作室，有架子鼓、吉他、音箱等，供员工娱乐放松。休斯敦说，他之所以能取得成功，部分原因是雇用了数位10倍速程序员。有一些人的天赋其实源于大量的实践——他们投入了1万小时，每个罕见问题都见过，随着时间的推移，他们磨炼出清除程序错误的技能。休斯敦认为，天赋可以通过训练获得，后天培养可以超越先天之赋，但他表示，也有一些先天因素是极为重要的：热情，对技艺强烈的热爱。“它们是你在面对问题时自然释放出来的力量。”

休斯敦介绍我认识了一名出色的程序员——时年28岁的本·纽豪斯，他是一名工程部门主管。（纽豪斯后来离开多宝箱，开启了自己的创业道路。）纽豪斯和休斯敦一样，还在学生时期就创作出很不错的软件：21岁还在斯坦福大学读本科时，他就创造出苹果手机平台上的一款增强现实（AR）应用程序。当时他在点评网站Yelp实习，他意识到可以利用苹果手机中的指南针和GPS传感器让屏幕对周围环境做出反应。经过一整晚疯狂的编程——熟悉的画面，当然他还喝了一箱红牛——纽豪斯创造出了一个新功能，举起手机，应用程序就会自动弹出周围商家在Yelp平台上的评分信息。

来到多宝箱后，纽豪斯关注到公司业务中存在越来越显著的隐患。用户通常会使用多宝箱来备份整个硬盘的文件，几年后，可能会有300G或者400G的照片、电影等文件存储在用户的多宝箱账号中。有些人突然决定要换计算机，觉得旧计算机太笨重，想换个超轻款的，譬如苹果的MacBook Air。但是轻型计算机硬盘都比较小，可能只有128G的存储空间。这时用户就面临一个问题，存储在多宝箱中的400G文件不能全部同步到新计算机上。他们会思考手动选择哪些文件存到现在的新计算机上，因为全部下载转移过来是不可能的。对他们来说，多宝箱不再是当初那个可以提供便捷存储服务的产品了。公司的程序员一直在思考如何解决这个问题，但大家都觉得实在是太难了，不得不放弃。

纽豪斯一直惦记着这件事，他告诉自己，一定有更好的解决办法。

几个月后，他果然找到解决问题的机会。多宝箱内部会定期举行“编程马拉松”，休斯敦描述说，“就是把门锁上，逼着大家花一星期拼命想新点子”。纽豪斯一直在思考文件备份的问题，终于想到一个有用的信息：杀毒软件。我们在电脑上打开一个文件夹，杀毒软件会使用微过滤框架minifilters迅速检查文件夹里的内容。纽豪斯决定将这个技术移植到多宝箱上，也就是说，在超轻款计算机上显示多宝箱账号里的所有文件夹，用户在需要使用文件的时候，点击文件，程序会立刻从云端抓取相应文件，用户可以立即进行编辑，再存储到云端，整个过程快捷流畅，用户不会察觉到中间下载上传的时间差。

可是这并不容易做到，代码要深入计算机操作系统的“内核”，而在计算机世界里捣鼓内核就相当于在人类世界中做神经外科手术。改变多宝箱的运行模式，一不小心，数百万用户就会大受影响，他们的备份信息会被破坏。纽豪斯说：“内核非常复杂，也很危险，一旦搞砸，所有东西就没了。”正因如此，多年来工程师们一直认为，最好的办法就是避开这类极端区域。公司的另一名工程师杰米·特纳告诉我：“当时很多人都觉得那个方法不现实。”

纽豪斯开始在家办公，整天伏在计算机前，疯狂编程，一周内他写出了概念模型。休斯敦对此十分赞赏，于是给纽豪斯分配了一个6人团队，让他们把产品做出来。当纽豪斯在公司内部悄悄启动新功能时，特纳还没反应过来。当时特纳正在帮妻子的新计算机设置多宝箱，他预计要48个小时才能把账号中的所有文件同步到新计算机上，没想到同步只花了几分钟就完成了。他还纳闷发生了什么，突然看到了“智能同步”的信息。不久，智能同步（Smart Sync）正式推出，成为多宝箱近年来最重要的升级之一。

休斯敦告诉我，这种卓尔不群的创造力正是他求贤若渴的原因。如果有一位10倍速程序员加入，企业收获的创意可不是10位普通程序员能想出来的。

“让我坐下来写一首交响乐，给我多长时间我都写不出来。”他说，“你可能有10个或100个设计师，但乔纳森·伊夫（苹果公司首席设计师）只有一个。”

在程序员眼中，编程的世界由纯粹的意志力、天赋才能主宰，这是很好理解的。

在日常的编程工作中，这种感觉肯定是真实的。没有人能骗得过计算机，没有人敢在崩溃的代码测试前自吹自擂。2014年，程序员梅雷迪思·L. 帕特森在其文章中写道：“代码面前，人人平等。代码写得出色，自然就会赢得尊重。”在编程界之外，口才可能很重要，但是在编程界，流畅运行的代码是唯一的评价标准。脸书上市后，马克·扎克伯格在一封公开信中写道：“新的想法是否可行，开发软件的最佳方式是什么，黑客们不会为此争辩好几天，他们会制作产品原型，看看实际效果如何。在脸书的办公室里，人们最常听到的口头禅就是‘代码胜于雄辩’……黑客文化极度开放，凭能力说话。在黑客眼中，巧舌如簧或位高权重都不足以成为赢家，真正的赢家永远是最精彩的创意和最出色的成果。”

能力至上的另一个体现就是，编程是一种罕见的工程学科，完全自学成才的人也可以被高学历的同行接受。约翰娜·布鲁尔在中学时自学编程，后来又获得信息与计算机科学博士学位，还成立了数家公司。约翰娜说：“对我来说，计算机科学领域最神奇的地方就是，专业背景极深的人可以和自学成才的人一起工作，据我观察，这在其他STEM（科学、技术、工程和数学教育）学科中是不存在的。”

还有一些程序员认为，能力至上的信念也包含了一部分的自我成就感。

有时，坚信英才至上其实是对年少时书呆子式成长的一种补偿。对那些在中学时期或初入社会时孤僻、内向的人来说，编程是一个相对客观中立的世界，充满了吸引力。辛西娅·李拥有高性能计算博士学位，目前在斯坦福大学任教，她还记得20世纪90年代和21世纪初，她在初创企业担任程序员，她的同事们都很年轻，大家都很内敛，害怕得不到理解。但是他们最终成为赢家，因为在编程领域，一切要靠实力说话。

她说："如果有人穿着西装进入我们的技术领域，或者看起来有点儿太时髦，我们就会心生疑虑。因为他们仿佛是我们的敌人。在20世纪80年代反映中学生活的电影中，他们是风云人物，而我们就是一群怪脾气的书呆子。"

特蕾西·周是一名程序员，因在Quora和拼趣（Pinterest）卓有成效的工作而出名，拼趣的联合创始人本·西尔伯曼曾向我滔滔不绝地称赞"周绝对是编程界的大明星"。周对编程界的动态有着类似的洞见。她说："我认为，很多在软件行业取得成功的人不同于其他行业那些典型的成功人士。他们想要真正拥有那种成功。"她还指出，编程本身比较艰深隐晦，用神秘的英才至上理论来解释更容易说得通。"代码里面总有一些东西是大部分人很难理解的，也是他们看不到的。就算是明明白白摆在那里，人们也有可能不理解。所以还不如说，'就是这样的，能力到了自然会懂'。"

开源软件世界更是崇尚英才至上。在开源软件平台上，所有代码被发布到网上，供任何人检验和修改，因为这一切都是为了让你的（通常是自愿的）贡献被别人的项目接受。

开源代码中最成功的案例之一就是GNU/Linux操作系统，简称Linux。和Windows以及MacOS类似，Linux系统也是在计算机上运行的系统，但是它完全免费，而且，任何人都可以下载并查看整个系统约2 500万行的代码。1991年，当时林纳斯·托瓦兹还是芬兰的一名大学生，出于个人兴趣爱好他决定为自己开发一个操作系统内核。他在网上首次公开Linux时表示，他的项目并不"宏大或专业"。很快他完成了编程，内核可以运行了，然后他把源代码发布到网上，所有人都可以查看。

随之而来的是滚雪球一般的效应。世界各地的程序员开始给他提出各种新想法，希望增加 Linux 的功能，有的人贡献了不少代码片段，有的人开始提出修复程序漏洞的办法。托瓦兹采纳了自己喜欢的意见，Linux 系统有了越来越多的功能，这些贡献来自世界不同角落的陌生人。贡献代码的人日益增多，最终有了成百上千的贡献者。为了让这么多程序员都可以在原始的代码库基础上编程，避免各种更改版本的代码扰乱视线，托瓦兹又开发了 Git——现在编程界广泛使用的一个软件。Git 可以让程序员直接采用他人贡献的代码编程，如果自己新增的代码无法运行，你就可以立即恢复到初始版本的代码。

一些人会说，开源变成了一种有价值感的市场竞争——看看谁的代码足够优秀，能让其他程序员点头认可，然后将其纳入自己的项目。因此，对很多参与开源软件开发的人来说，开源就是英才至上最纯粹的体现。在 Linux 系统中，托瓦兹成为“仁慈的独裁者”，他只接受他认为对 Linux 代码库真正有效且出色的贡献。从理论上讲，贡献代码的门槛很低：下载一份 Linux 源代码文件，对其做出改动——如果你使用 Git 来管理改动，那么更改将出现在代码的“树形结构”中，然后向 Linux 的核心贡献者提交自己的建议，如果他们觉得不错，代码就会进入 Linux 代码库，被全球数百万用户使用。实际操作当然更复杂一些，但基本上这就是大部分开源项目运行模式的缩影。

2016 年，我去波特兰拜访托瓦兹，他说：“你有自己的‘树’，你想怎么弄就怎么弄，多疯狂都可以。如果成效不错，还有点儿用处，那就发布出来给大家看看。如果真的很好，其他人就会将它用到自己的项目中。”

我拜访托瓦兹的时候，他已经很少自己写代码了，他的主要工作就是审阅代码。他在波特兰的家中有一间小小的办公室，里面到处都是电缆和设备（其中还有潜水设备，他非常喜欢潜水，还开发了个人专用的潜水软件），每天他都会在里面审阅最新提交的代码。要得到托瓦兹的关注还有一关——核心贡献者，他们彼此有过切磋，也早已向托瓦兹证明了自己的实力，他们自愿花费几个小时为 Linux 贡献代码和评判他人提交的代码。这个内部小圈子具有一定的影响力。目前，计算机世界广泛依赖于 Linux 系统，包括英特尔、红帽和三星等在内的技术公司都会付钱给全职或兼职的 Linux 贡献者，成为 Linux 的核心贡献者被认为是程序员简历上最亮眼的信息。

贡献于一个受众面广的开源项目通常对编程事业大有助益，因此，很多程序员会尝试加入这类项目，也有很多人会利用自己的闲暇时间开发一些小项目并发布到 GitHub 等开源代码网站上。在这类平台上，让别人看到你的作品是一种乐趣，见证自己的小工具被他人使用也是一种乐趣。另外，你还能从别人的代码中学到很多东西。程序员觉得自己肩负着维护编程界平衡的责任：他们曾经从开源代码中获得帮助，于是也开放自己的代码，为他人的项目做出贡献，这是一种回馈。事实上，我遇到的每个程序员在工作中都会使用大量的开源代码，不少百万美元的业务也是建立在开源代码的基础上的。开源代码神奇地融合了人类的动机：既有自由主义的竞争意识又有共产主义的奉献精神。贯穿其中的理念很纯粹——代码是最诚实的语言，如果代码写得好，你自然会得到其他程序员的认可和尊重。

托瓦兹说："一般来说，胡编出来的东西是会遭到鄙视的。"

这个理想十分美好，然而在现实中，天之骄子主宰的代码世界通常撑不了多久，也没有想象中那么高效。乔纳森·索洛萨诺-汉密尔顿从其亲身经历中体会到了这一点。

乔纳森是一位软件架构师，他在博客中回顾了同事瑞克（化名）的故事。瑞克编程能力非凡却也高傲自负，公司上下无人不知他解决问题的能力，大家一有麻烦就会去找他，瑞克会在办公室的白板上快速写出解决方案。他是公司的首席架构师，负责项目整体设计，同时又是顶级程序员，负责编写代码。他也时常在危机时刻给出重要的修复方案。

“公司没我不行”——这种感觉让瑞克越来越膨胀。他觉得自己就是公司的编程大神、10倍速天才。他愈发觉得自己高高在上，同时他坚信自己的技术无人能及，于是包揽了越来越多的任务，编写了越来越多的代码段。

尽管瑞克工作很努力，但是项目还是延期了。其实，如果一个项目足够大，一个人是不可能完成所有工作的，不管他的天赋有多高。当时的项目已经延期一年,管理层也意识到不可能再多接项目了。瑞克还在单枪匹马地奋战，更可怕的是，管理层也在纵容他一心想要铸就的个人神话。

乔纳森在他的博文中写道:“瑞克写代码的速度越来越快，一周工作7天，一天工作12个小时。大家都知道，只有瑞克才能拯救团队于水火，每个人都在屏息等待他的下一个奇迹。”与此同时，日复一日加班加点的工作让瑞克越来越暴躁，也越来越孤僻。

管理层让乔纳森看看能不能帮上什么忙，看看项目还有没有挽回的余地。他们找瑞克过来开会，结果他大发脾气:“我创作的东西你们永远不可能懂！我就是爱因斯坦！你们只是泥潭里打滚的猴子!”

乔纳森看了一下瑞克写的代码，他意识到这些代码结构诡异，而且没有备注存档，其他人根本无法对其进行维护。他们找瑞克谈话，表示想要从头开始，通过合作的形式打造一个新产品。瑞克愤怒地否决了。项目进展越来越糟糕，瑞克还是不肯放手，其他人写的代码他也不接受，还不断挖苦其他同事。

最终，公司解雇了瑞克。然后，项目情况开始好转：程序员团队着手开发全新的、更简单的产品。当作品被完成时，相比之前的产品，它的规模要小得多，复杂程度还不到上一个项目的20%。也就是说，新客户在使用这款产品的时候更容易上手，也更容易对其进行维护。原来，他们不需要“超级英雄”。而且，新产品只花了6个月就完成了。乔纳森写道：“团队里面再也没有出现过瑞克，也不再有天才一手打造的产品，但我们的整体效率更高了。”

这家公司恰恰走入了盲目信奉天才程序员的怪圈，代码可以创造出一批“才华横溢的自大狂”，他们更加坚定地认为自己无可替代，无人能敌。自以为是的个人作风不但会让其他有才能的人避而远之，而且他们做出来的产品更难使用，因为只有他们自己才能明白。他们有才华不假，但是当他们的个人崇拜破坏了企业的发展时，谁还在乎他们的才华呢？

我采访的不少程序员都遇到过颇有才华却品行恶劣的同事。Y Combinator雇用过一名俄罗斯程序员，他在编程方面的确很厉害，但是如果你问他工作进展如何，他会咆哮道：“我讨厌这里！每个人写的东西都是垃圾！”当时的编程主管回忆起这个人不由得一声叹息：“他是个十足的戏精。”推特的程序员邦妮·艾森曼是React（一个被越来越多地用于制作应用程序的代码库）方面的专家，她说：“对大神级程序员的盲目崇拜只会带来负面影响。”

雇用才华横溢的自大狂往往得不偿失。他们可能有助于解决一些棘手的短期问题，但他们给公司士气造成的破坏可能很难被修复。其他有才能的员工不想和这些混蛋共事，自然就会选择离开公司。IMB的资深程序员格雷迪·布奇告诉我："我遇到过非常出色的程序员，但他们做不出推向市场的产品，因为没人敢跟他们一起工作。"

即使是瑞克那样高效的10倍速程序员，能自己完成大部分的软件编程，也往往会带来所谓的"技术负债"：进展过快造成的一堆代码残骸。编程神速的程序员一般都会走捷径，还会用上一些拼凑式的解决方案，在之后数年里，其他程序员还要对其进行仔细的清理和修补。做软件开发的朋友马克斯·惠特尼告诉我："10倍速程序员其实并不是比别人高效10倍。借用我在网上看到的一句话，10倍速程序员只是给别人创造了10倍的工作。他们的工作只是冰山一角，做出一些很美很耀眼的东西，留下一堆烂摊子等着别人去收拾。"

安德森指出，程序员之所以喜欢初创企业，部分原因就是他们可以快速行动。但是即使是在这里，早期开发者也可能只是创造出一些散乱的代码库，基本上只能应付早期用户的需求，后面还需要很多程序员耐心地进行清理，收拾残局。

拼趣聘用特蕾西·周之后，她马上就承担了产品后端重新编程的工作，任务量很大。在查看代码库时，她发现一个很奇怪的现象：每次用户搜索一个词条，服务器会进行两次查询。这是为什么？原来查询功能的那段代码出现了两次，看来是早期程序员工作得太快，不小心剪切粘贴了两次。周删掉了多余的代码，搜索速度提升了一倍。通常情况下，真正的10倍不在于写代码的速度，而在于高效修复他人的错误。

10倍速程序员这个概念最可怕的地方可能是它神化了一种行为，除了年轻的白人男性，几乎没有人能做过之后免受指责。

休·加德纳掌管维基媒体基金会7年之久，她记忆中有一些程序员真的不洗漱，不冲澡，他们蓬头垢面、邋邋遢遢地伏在键盘前写代码，臭气熏天，周围同事还得把他们拽去洗澡。加德纳说：“你想想，如果一个女人那样，人们能忍受吗？”

著名的Python语言开发者雅各伯·卡普兰-莫斯曾在某次会议上看到一位女学生在做展示，她利用Python、PostgreSQL、GeoDjango等多种编程语言预测了堪萨斯河的季节性洪涝现象。他在展示结束后找到那名女生，问她是否愿意参加自己公司的面试。对方拒绝了，她说自己“不是真正的程序员”。

卡普兰-莫斯惊呆了，但是他认为，这正是神化程序员所带来的问题。从完全客观的角度出发，这位学生的编程能力非常出色，可以自己做出定制系统来分析卫星数据。但是她对这个行业的印象却不是编程工作本身，而是那些邋里邋遢、蓬头垢面、仿佛和键盘已经融为一体的“真正”的程序员。卡普兰-莫斯总结道：“编程已经不是一种工作了，反倒成了一种误解。”

在我们这个时代，硅谷英才至上的理念受到了更多审视。以贝宝为例，这个平台确实是由列夫琴以及一群敏锐而勤恳的开发人员、设计师和营销人员倾心打造出来的。毕竟，其他很多支付系统都失败了，贝宝却一往无前。公司早期的员工不但变得富有，而且拥有了巨大的影响力，他们离开贝宝之后组成了“贝宝黑帮”——一群百万富翁通过投资下一代科技公司，如脸书、优步等，变得更富有且更有影响力。

陆怡华在其《男性乌托邦》一书中指出，贝宝就像很多早期的初创公司一样，并不像许多创始人宣称的那样遵循纯粹的英才至上理念。从一开始，公司招聘就不是完全以才能作为评判标准的，可能恰恰相反：列夫琴和蒂尔挑选了与他们相似的人，蒂尔在《从 0 到 1》一书中写道，要确保“早期员工的性格尽可能与自己相似”。他们从校友圈、朋友圈中物色人选，希望能找到那些同样对政府持怀疑态度的年轻极客。蒂尔写道：“我们都是同样的书呆子。我们都喜欢科幻小说，斯蒂芬森的《编码宝典》是必读书，相较于共产主义色彩的《星际迷航》，我们更喜欢资本主义色彩的《星球大战》。更关键的是，我们都热衷于创建一种由个人而不是政府控制的数字货币。要让公司发展起来，大家的种族与国别并不重要，我们需要的是每位新员工都有同样的热情。”从理论上说，贝宝的员工确实可能来自任何一个国家，任何一个行业，但实际上，符合要求的人非常有限，基本上就是受过良好高等教育的年轻白人男性。要想快速组建凝聚力极强的团队，这可能是最务实的策略，但这绝对不是以能力说话的英才主义。

如果你仔细观察初创公司创始人的背景，你会发现，科技遵循纯粹的英才至上的理念更经不起考验。两位商学教授的研究发现，所有企业家的共同特点之一就是他们来自富裕的家庭。这很好理解，只有拥有牢靠的安全网，你才更有可能去冒险。如果再看看那些“获得投资”的企业家，特征就更明显了。路透社的一项调查发现，在硅谷获得五大风险投资公司 A 轮融资的创始人中，近 80% 来自顶尖的技术公司或者毕业于斯坦福大学、哈佛大学、麻省理工学院等名校。那些草根出身的理想斗士，凭着一腔热血和出彩创意奋发向上，他们真的能成为技术圈中的赢家吗？很难。在经济学家罗伯特·弗兰克看来，技术圈仍旧是“赢家通吃”。早期的成功带来接连不断的好运，这种好运气总是很快就被神化：我们赢得理所应当。

无论是哪类商人，他们都很不愿意承认自己的成功有运气的成分，对技术人员来说这可能就更难了。他们在计算机前废寝忘食，为了修复各种漏洞冥思苦想，一心一意想把程序写出来，这只是靠运气吗？你工作很努力，你的运气特别好，这两件事都是真的，但很多人只看到了第一点。尤其是某些公司早期的员工，他们的成功很大程度上是因为他们所在的企业后来取得了巨大的成就。

乔希·利维在硅谷多家企业工作过，他说："有些人挣了 5 000 万美元，那是因为早早进入了谷歌，但他们还以为，'我挣到钱完全是因为我很优秀，其他程序员没有挣到那么多，因为他们还不够优秀'。很多时候，人们很难意识到经济价值可能是随机的。"

陆怡华指出，贝宝的成功有极大的运气成分，它数次躲过灭顶之灾，比如融资时间，如果再晚几个月，公司就会被卷入"互联网泡沫"，就不太好获得投资了。但当好运降临的时候，很多人更容易自我神化。的确，包括我在内的很多记者总是在寻求"孤独天才"的故事，这在一定程度上也起到了推波助澜的作用。脸书前员工安东尼奥·加西亚·马丁内斯在其著作《混乱的猴子》中写道："瞎猫碰上死耗子的事情很多时候被塑造成了独具慧眼、锐意革新的创举。世界给你贴上了天才的标签，你就开始了天才的表演。"

就算是在开源软件的世界中，英才至上的理念似乎也不太站得住脚。毕竟，贡献开源代码的前提是程序员有充足的时间自愿付出劳动。什么人能满足这个条件？相较于拥有编程才华却有很多生活负担的人，有大把空闲时间的年轻男性可能更满足吧。乔纳森·奈廷格尔曾经是开源浏览器"火狐"的经理，他写道："英才至上的理念认为，'你在 GitHub 上的表现就是你的简历'，因此，很多人才库中没有单身母亲，她们没有时间为了兴趣爱好去编程，这本来就在人们的意料之中。"火狐所属的 Mozilla 基金会有一名女性创始人，乔纳森说，但是，在崇尚"英才至上"的公司中，"大多数人还是像我一样的男性"。

GitHub 的一项调查发现，受访者中有 95% 为男性，3% 为女性，还有 1% 为双性别。虽然真实数据难以确定，但是很多调查和统计都表明，女性参与开源软件项目的比例大约为 10%，甚至更低。

另外，在开源软件的会议中，很多女性表示她们遭遇了直接的骚扰或攻击。有时，在线上参与 Linux 系统的项目时，她们也需要有充足的心理准备以应对恶毒的言语攻击。业内一直都知道托瓦兹本人会发邮件给他觉得很糟糕的代码贡献者，他会不留情面地一顿痛批。（有的邮件写道："请你马上自杀，世界会因此变得更美好。"还有邮件写道："你快闭嘴吧！"）有一项针对托瓦兹邮件的分析指出，托瓦兹对男性和女性代码贡献者的攻击并没有明显的性别歧视，不过托瓦兹还是意识到，他的行为对 Linux 社群产生了负面影响。2018 年 9 月，他暂时卸任"仁慈的独裁者"一职，以"获取一些帮助，更好地理解人们的情绪，并做出适当的回应"。

在开源软件项目中，女性参与率很低。在硅谷处于创业初期的公司中，女性也很少。有些人（包括某些程序员）就觉得这同样是英才至上的体现，女性可能天生不擅长编程。真的是这样吗？当然不是。本书在接下来的一章会详细讨论。

美国的程序员和技术领域的从业者基本上都倾向于自由主义——此处粗略定义为相信个人应为自己负责，政府规管一般会扼杀自由，鼓励自由竞争，社会将发展得更好。

部分原因在于，一些高科技公司的首席执行官拥有极其坚定的自由主义立场，堪比 007 电影中的大反派。彼得·蒂尔就是一个典型，他极其厌恶"没收税"，甚至开始探寻建立"海上家园"——创造一个远离工业化世界管控的、漂浮于海上的城市。蒂尔也曾表示："我不再相信自由与民主可以共存。"优步的前首席执行官特拉维斯·卡兰尼克曾在 Mahalo 网站的问答版块上表示，加利福尼亚州是一个可怜的道德沼泽，到处都是靠着富人的战利品生活的乞丐。他说："我发现了一个很有意思的数据，加州有 50% 的税收来自 14.1 万纳税人（加州总人口在 3 000 万以上）。我最近刚看完《阿特拉斯耸耸肩》，因此感受更深刻。如果那 14.1 万纳税人'罢工'，加州就完了……这也是不能继续增加税收的原因之一，不能一直由纳税人为政府糟糕的项目买单。"

几乎所有技术领域的人都自称是自由主义者，可是整个美国工业都是建立在政府长期资助的创新基础上的，这真是一件颇具讽刺意味，甚至有些可笑的事情。如果微芯片在早期开发阶段没有军方的大批订单，这个行业早就夭折了。关系数据库、加密技术、语音识别、互联网协议等这些技术发明的基础性原创工作，都离不开联邦政府的资金支持。（当全世界还对人工智能嗤之以鼻的时候，政府仍然花费了大量纳税人的钱来支持国家公立大学的深度研究。如果你喜欢当前的人工智能，你要感谢加拿大政府。）美国著名科技杂志 *R&D* 调查分析了 1971 年至 2006 年出现的顶尖创新成果，发现 88% 的创新都得到了联邦政府研究资金的支持。没有一个领域能通过自由市场获得足够的资金。一个政府需要数十年如一日坚持注资，悉心等待，那些核心技术最终才得以实现，我们也才能用上今天的手机，才能在优步上轻松打到车。

尽管如此，自由主义者还是在不懈地抗争。近年来，区块链技术成为反政府思潮的最新阵地，其中包括比特币——一种专门用来创造货币的货币，它们不受中央银行的限制，还有以太坊，一种创造"智能合约"的方式，其创建者希望它能实现商业的无缝衔接和去中心化，甚至不再需要律师的参与，即一旦有人完成了你在合约中要求的服务，电子货币就会马上进入对方的数字钱包。一项研究显示，在加密货币社区中，27% 的人认为自己是自由主义者，这一数字是皮尤研究中心在普通民众中调查显示的比例的两倍多。

乍一看，我们不难看出有一个强大的程序员和自由主义者之间的韦恩重叠。两类人都崇尚第一性原理和逻辑思维，基本上都以年轻男性为主，他们对现实世界的混乱和不公正没有太多亲身体验，因此也就想当然地忽略了这些问题。网景的程序员杰米·扎温斯基告诉我，在 20 世纪 80 年代和 90 年代的编程界，“很多人基本上没有社交，他们喜欢条理分明的体系，喜欢解题”。他觉得这种态度过于天真，但也理解程序员为什么会被自由主义吸引：“自由主义靠的不就是冷冰冰的逻辑吗？”

谷歌的彼得·诺维格自 20 世纪 70 年就进入了编程行业，他认为信奉自由主义其实就是程序员生活富足的一种表现：“在我看来，很多从事编程工作的人生活得都比较舒适，对他们来说，自由主义的理念更有吸引力，因为他们想的就是，‘我们一起摆脱政府的控制，没有政府我们照样过得很好，因此，其他人没有它也一样可以’。”当编程行业出现性别歧视的讨论时，在仅限于顶尖技术公司员工使用的匿名社交平台 Blind 上，有人甚至抱怨程序员怎么还会讨论关于社会公平的问题。有人写道：“我们能不能回到从前的硅谷啊，都是书呆子和极客就够了，我之所以来谷歌来美国就是这个原因。这个行业过去对我们这样的人来说就是一片净土啊。为什么现在变成这个样子。”

问题是，这种自由主义的名声可能并不完全符合行业现实。

近期，斯坦福大学的两位研究人员和一位记者对这个问题产生了兴趣，他们进行了深入研究，结果发现，在纯粹的党派层面上，硅谷的选民倾向于给民主党派候选人投票、捐款。2016 年美国总统大选期间，最大的科技公司的员工给希拉里·克林顿的捐款是给唐纳德·特朗普的60倍！后来特朗普当选，我那个星期恰好在硅谷，许多公司的员工几乎陷入了哀悼。

为了搜集硅谷政治态度方面更准确的数据，研究人员调查了近700名高科技公司的创始人和首席执行官。调查的内容包括，他们是否同意以下代表自由主义理想的陈述："我希望在自己生活的社会中，政府仅承担国防和治安方面的责任，除此之外人们可以自由争取自己想要的生活。"

调查结果很有意思，仅有23.5%的受访者表示赞同。支持共和党的人群对此类陈述的认同率为62.5%，支持民主党的人群的认同率为43.8%。换言之，这些技术公司的创始人和高管对自由主义理念的认同率甚至还不及普通的支持民主党的群众。研究还发现，技术群体有比较明显的全球主义倾向，44%的人认为，"国家的贸易政策应该优先考虑国外人口的福祉，而不是美国人的福祉"，这个占比高于其他任何群体。而且，他们还支持很多典型的再分配税收和支出政策：82%的受访人支持通过增加税收落实"单一付款人"医改，75%的受访者支持联邦政府将资金用于只惠及贫困人口的项目。所有受访者均支持同性婚姻，82%的受访者支持枪支管控。"换句话说，"研究人员在论文中总结道，"高科技行业的企业家并不是自由主义者。"他们在很多方面都持有传统的左翼观点。

不过，有一个特别明显的例外：规范企业行为。

科技公司的企业家强烈反对任何干预企业决策的国家政策，他们不喜欢由政府规定企业的聘用和解雇，希望工会等劳工组织的影响力越来越小。82%的受访者认为，当前解聘员工太难了，应该修改规定，让解雇变得更容易。相较于普通民众，他们更不愿意对企业行为做出道德层面的判断，例如，对“峰时定价”——包括优步在用车需求高峰期调高车价，花店在节假日高价出售鲜花，超过 90% 的受访者表示无可厚非，但无论是民主党还是共和党，对此的认同度都明显偏低（仅有 43% 的民主党人士和 51% 的共和党人士认同优步的峰时定价；61% 的民主党人士和 58% 的共和党人士反对花店涨价的行为）。

也就是说，科技公司的创始人和首席执行官结合了不同政治党派的观点：在税收和支出或民权方面偏向于民主党，在企业问题上又坚定地站到了共和党一方。斯坦福大学政治经济学教授尼尔·马尔霍特拉总结道：“不存在简单直接的划分。”

如果我们综合起来看，科技公司创始人其实知道，有些人会陷入资本主义经济发展的问题，这种“颠覆”甚至真的会对很多普通人的生活造成严重影响，而高科技行业的领军人物却致力于制造这些颠覆：亚马逊的在线销售让无数街头小店倒闭，优步等按需生产的产品或服务带来了极不稳定的“零工”劳动力，自动化导致律师助理等职业完全消失。然而，科技公司的创始人还是坚信人才、价值和创新不应受到丝毫限制，所以也希望通过再分配的政策让一些莽撞的颠覆得以延续。正因如此，在很多技术大会上，全民医保，甚至是全民基本收入等话题才会得到热烈讨论。高科技行业的领导者很乐意通过税收制度分享一部分财富，但他们需要确保自己积累财富的通道畅通无阻。他们认为自己了解社会所需，用哲学家兼技术专家伊恩·博格斯特的话总结就是，“相信我们就对了”。当然，支持收入再分配也确保了他们的政治权力得以保留，靠着一小群富裕的 1% 的人发工资发福利的普通工人很难形成足够强大的力量与之抗衡。

从本质上说，他们是数字时代的“强盗贵族”。19 世纪晚期，安德鲁·卡内基等企业家非常乐意提供图书馆等公益服务，只要慷慨本身由他们定义，只要工人的抗议还能被镇压下去。在技术精英的眼中，他们的所得全凭自己的努力与才华，他们的判断也不应该受到质疑。

然而，现实中我所遇到的一些才华横溢的程序员，比如那些被人奉为天才的10倍速程序员，却很难认同高科技行业中的个人英雄主义。

前文提到多宝箱应用开发的重要程序员本·纽豪斯并不认为自己的才华独一无二。在和我聊天的时候，他半开玩笑地说："把个人所能拥有的特权都加起来就成了我。"他认同自己就是以程序员典型的埋头敲代码的形式创建了一个不错的产品原型。但是从原型到成熟的产品还有很长一段路要走，修复漏洞、反复测试、搭建产品界面，这些工作需要更多工程师、设计师埋头苦干好几个月才能完成。很多程序员也指出，有些看似与生俱来的编程才华其实就是1万小时的产物：不停编码，不断进步，直到数年后你成为业界精英。

纽豪斯也指出另外一个重点，大部分真正有用的编程项目都不是孤军奋战的结果，团队合作至关重要。

举个例子，多宝箱最近刚刚结束的一个庞大的编程项目：创建自己的个人云存储系统。多年来，多宝箱的文件存储都依赖于租用亚马逊的云服务空间，随着业务规模不断扩大，继续使用亚马逊云服务意味着成本、效率以及技术优化的灵活性都会出现问题。于是，公司创始人休斯敦雇用了两名程序员来领导一个"登月"项目，为公司的云服务编写代码，也就是说，要让成千上万个硬盘实现同步，而且不能丢失任何文件。他急需两名天才程序员。

其实，休斯敦所需的精英早就在公司中了。一位是詹姆斯·考林，他是个身材高大、健谈的澳大利亚人，在麻省理工学院读研究生时遇到了休斯敦，后来他还获得了博士学位。考林在进入多宝箱之前专注于高度分布式系统的研究。还有一位是杰米·特纳，是个留着大胡子还喜欢冷幽默的程序员，他之前在伯克利大学洛杉矶分校学英语，后来辍学找了一份编程的工作，之后来到多宝箱。

考林跟我开玩笑说："特纳是个辍学生，初创企业的典型啊。"

特纳回复道："我可是实实在在地干活，不是坐在那儿空想!"

项目一开始，正如每一部黑客电影中老套的镜头，确确实实就是10倍速程序员的编程场景。两个人计划6周内重写核心系统，甚至在墙上专门挂了一个时钟实行倒计时。他们每天编程16个小时，晚上11点会休息一下，去多宝箱的音乐室里玩玩音乐。考林回忆说："有一个半月我们基本上没有睡觉。"

特纳补充道："有段时间我连自己孩子的名字都忘了。"

"你的名字他们也忘了。"杰茜卡·麦凯勒开玩笑地说。作为当时多宝箱工程部门的主管，她发现当项目结束时，两人费了好大力气才恢复到正常的工作状态，"他们突然不知道自己该干什么了"。项目成功上线，他们找到了建立云服务的方法。

但是，早期的噼里啪啦疯狂敲键盘只是快攻期，就和纽豪斯之前的项目一样，后期的项目扩张工作需要更多软件工程师的参与，他们需要熟悉两人写出的代码，不断测试，不断改进，使其更稳定。考林和特纳需要向大家讲清楚他们的设计原理，用他们的话说，要是他们"不小心被车撞了，系统还得运行下去"。特纳说："在个人英雄主义的文化中，你会因为个人壮举而受到奖赏。但是，工作到最后你应该消除个人英雄主义的痕迹。"

我和特纳、考林一起吃饭的时候，他们和纽豪斯一样对10倍速程序员的概念不以为然。“我不喜欢‘明星工程师’的概念，我也不喜欢这个称呼。”说到这个话题考林面露难色，他认为很多人都可以编程，都可以做出产品原型，但是软件公司最重要的工作不仅仅是编程，还要追求更高的认知，要对系统有所规划：什么能做，什么不能做，什么是用户需求，什么不是，使用什么架构，如何让项目真正实现。考林说：“程序员其实就像泥瓦匠，编程就像‘搬砖’。在建造摩天大楼的时候，你可不会说‘快去给我找个世界上最棒的泥瓦匠’，你会说‘给我找个建筑师，找个能领导团队工作的人’。”

第二天，考林带着我去看了他的办公桌，旁边就是一块巨大的白板，上面写满了各种流程图，呈现出云服务各部分的内容。他和公司的程序员、设计师、项目经理会花大量时间聚在白板前，讨论各种各样的问题：这一部分和另一部分的交互模式应该是什么样的？苹果客户端应该如何从云端获取文件？服务器应该如何反馈信息？

考林说：“大家觉得程序员就是编程，但其实我们也会花很多时间开会。”说着还在白板前挥舞起绿色的马克笔，“其实很多时候我们都在这儿写写画画，或者坐着思考到底要干什么，然后彼此激烈争论一番”。纽豪斯表示赞同，并指出在顶级程序员中出现的一个现象：编程编得越好，在大型项目的规划与构建上就越出色，而且能巧妙地拆分任务，分配给不同的团队成员并激励他们去完成。当然，后一类工作做多了，编程的时间就会减少。进入编程行业是因为你喜欢创造，但是随着你在创造方面表现得越来越出色，你最终会成为一名管理人员，帮助他人去做有趣的事情。

纽豪斯开玩笑说：“这有点儿像律师，一开始他们对自己职业的想象可能就是提起诉讼。”

10倍速程序员能够带来惊人的产品。

如果只有他们1/10的才华，或者1/100的才华，那么我们能做出什么呢？

丹尼斯·克劳利的经历就是一个非常有趣的案例。在和他聊天的时候，克劳利非常直接："在你认识的程序员中，我应该是最糟糕的那个。"

20世纪90年代中期，克劳利还是个20多岁的年轻人，对科技和文化十分痴迷。他喜欢泡酒吧听音乐，同时也梦想着有一天能进入科技领域工作。他多次尝试学习编程，屡试屡败，他回忆起在雪城大学读书时的经历："我真的特别想把计算机科学学好，当时选了入门级课程，但我表现得特别糟糕，写的代码都运行不了。"赋值变量？让函数相互调用？这些在克劳利的脑子里就是一团乱码。最终他决定放弃复杂的编程，最多就是鼓捣一些简单的网页："把照片传到网上就是我最大的能耐了。"

毕业之后，克劳利搬到了纽约市，在咨询公司 Jupiter Communications 上班。他的主要工作就是采访科技公司人员，撰写市场研究报告。然而，克劳利心中的火苗还没有熄灭，他还是想创造一些技术产品，而不是只作为旁观者写写材料。克劳利晚上经常会去市里的酒吧或俱乐部和朋友们玩儿，当时短信息服务（SMS）还是新鲜事物，大家会整晚发信息告知对方他们在哪里，在做什么。但是当时短信技术还处于早期，只有使用同一个运营商的手机才能相互发短信。克劳利注意到这种效率低下的情况，于是想开发一种工具，让自己和亲密的朋友以及朋友的朋友联系起来更方便，就像《哈利·波特》里面的"活点地图"，能够展示霍格沃茨每个人所处的位置。

克劳利说："我想要创造的软件具有一种超能力，能够透视每一堵墙，每一个角落。”他的脑海中浮现出一个神奇的场景，朋友们可以发现彼此在纽约市各个酒吧中的身影，看到彼此夜生活的踪迹，随之而来的是各种社交互动。例如，你查看手机的时候发现某同事就在两个街区外的酒吧里，你可以面对面和他交流。

1999年，克劳利痛下决心，找同事借来一本厚厚的关于动态服务器网页编程语言的红色大宝典，在之后的两年中，他不断尝试，越挫越勇，最终写出一些能用的代码：一个城市地图，还有一个向好友发送定位提醒的不太稳定的服务器。克劳利补充道："就是基本能用。"但这足以向他和他的一小群朋友展示这个方向的潜能。克劳利的作品让他得到了Vindigo（一家为PalmPilots制作城市导航的公司）的工作机会。

不过克劳利的编程技能还是很糟糕。Vindigo的工程师知道他开发过一个信息提示应用，他们很感兴趣，提出要把他培训成"真正的C++程序员"。几个月过去了，依然没什么成效，他们断定他"根本学不会"。克劳利被解雇了，在那段时间，互联网泡沫破裂，很多公司随之破产。克劳利也有了大把闲暇时间，他继续完善自己的定位产品原型，同时还决定去麻省理工学院的媒体实验室攻读研究生学位，不过他的申请被拒绝了，因为他的编程技能不满足学院的最低入学标准。他同时申请了纽约大学的互动电信项目（ITP），这是一个高科技项目，以招收"半路出家"的人士而出名，学生中有艺术家，也有想要改行进入科技领域的人，主要给他们提供基本的技术能力，让他们能够完成各种奇怪的小项目。

去ITP参观的时候，克劳利倍感惊喜。那里的学生都在搞些莫名其妙的发明——"远程拥抱"机器，打印算法随机生成的诗歌的微型打印机，基于舞蹈风格展示不同LED图案的舞鞋。他们的编程水平都很一般，仅仅能够让自己的小项目基本运行，再难一些就不行了。他们不断复制粘贴各种代码片段，一点一点做修改，直到满足自己的需求，然后点击编译。克劳利问他们："你们不担心写出来的代码不够好吗?"他们的回复是："我也不知道自己在干什么，反正就是能用了啊!"克劳利猛然醒悟，他们不就是自己的同类吗？大家都不介意自己的代码是不是最优秀的，只要把有意思的产品做出来就可以了。

2002年，克劳利加入ITP，遇到了亚历克斯·雷纳特。两人整理了克劳利的原型代码，然后用PHP编程语言重新写了一个，分享给了ITP的其他同学。克劳利回忆道："就是1 000行左右的IF-ELSE语句。"就代码本身而言，它没什么可看的，就是一大堆重复性的命令。不过代码运行很稳定，两个人不断修改，2004年终于发布了该产品。

他们给产品取名为"Dodgeball"（躲避球），不到一年时间，成千上万的都市潮人就发现了它奇特的乐趣。克劳利和雷特纳开始增加产品的功能，例如列出5个"暗恋对象"的功能，被暗恋的人可以选择性地做出回应，跟后来的Tinder很像。（也确实有一些人利用这个平台开始约会。）不久，很多专家开始思考年轻人的这种新奇行为——利用高科技公开自己的实时行踪。经过多年的努力，克劳利开发出了"check-in"应用。

2004年秋季，Dodgeball的知名度终于引起了谷歌高管的关注，他们邀请克劳利和雷特纳到谷歌位于纽约时代广场的办公楼。他们的第一个任务就是让谷歌的高级工程师对两个人进行技术面试，以评估两人的技能水平，然后检查Dodgeball的代码质量。

那一刻的文化碰撞甚至有些滑稽：全球顶尖和垫底的程序员展开了对话。参与技术面试的一名程序员是出生于土耳其的奥库特·拜尤寇克顿，谷歌当时的社交网络服务就由他开发并以他的名字命名。克劳利回忆说，在面试中他被要求做一些经典的谷歌面试题，斯坦福大学或哈佛大学计算机专业的毕业生基本上都能完成。例如，你在曼哈顿下东城丢了一串钥匙，需要什么算法能够在所有街道寻找钥匙而不用在同一条街道上走两次。

克劳利坦白地说："我不知道，我不太清楚你们在说什么，我没上过传统的编程课。"

面试官放弃了算法类的问题，开始询问 Dodgeball 产品本身。每个月运行成本多少？克劳利说出"1–9–9–9"的数字时，对方还以为是每月 2 000 美元，其实他说的是 19.99 美元。

经过几个月的友好沟通，谷歌工程师梳理了 Dodgeball 的代码，克劳利回忆说，大家的反应就是很震惊："他们看着那个 PHP 代码，一脸震惊。不是'棒呆了'的那种震惊，而是'烂透了'的那种震惊。反正就是这种感觉。"克劳利告诉他们，自己知道代码写得不好，很低效。"很多程序员都是科班出身，他们根本无法理解那个代码是怎么写出来的。但我就是'只懂这一种方法，别的我真的写不出来'。"

克劳利认为，谷歌的工程师还是非常尊重他和雷特纳的产品的，他们在克劳利的产品的基础上进行了编程，而且有上千名程序员参与其中。这些程序员面对编程上的挑战毫无惧色，总能逐个击破。他们可以优化排序算法，将运行时间从 150 毫秒提升至 15 毫秒——10 倍速程序员，10 倍提速。不过，克劳利有一个同样甚至更大的优势：大胆而疯狂的创意，比如 Dodgeball。他有一种独特的世界观，当他穿梭于酒吧时，他注意到朋友们分享他们在令人眼花缭乱的迷宫般的城市里兜兜转转的乐趣。是的，他的编程技能还不到 10 倍速程序员的 1/10，但是他开启了年轻人全新的行为模式。

Dodgeball 被谷歌收购之后，克劳利创立了 Foursquare 公司。有一次我去找他吃午饭，咖啡厅周围坐着的都是公司员工，他们的编程能力远在克劳利之上。每隔一段时间，总会有人把已经停服的 Dodgeball 的代码转发到公司内部信息平台上，很多程序员看到这么烂的代码都目瞪口呆。克劳利则会告诉他们，这跟代码无关，跟创意有关。

无论你是不是世界上“最优秀的程序员”，只要产品原型足够新奇有趣，他笑着说：“即便它真的很烂，你也忍不住想用它！”

第七章
女性程序员的没落

到底是什么原因让编程对女性如此不友好？

在15年的编程生涯中，凯特·休斯顿一直在思考这个问题。休斯顿来自苏格兰，在很小的时候还在寄宿学校时，她就已经是一名黑客了。后来她去了爱丁堡读大学，主修计算机科学。很快她就发现这个专业是男生的地盘，女生少之又少。不过她并没有退缩，编程的世界充满让人晕头转向的挑战，譬如“有一次实习的时候要将浮点运算运用到摩托罗拉手机的一个应用上”，但是她就喜欢这个奇妙的世界。2011年，她辍学加入谷歌，为谷歌文档和谷歌+等产品编写移动和平板电脑应用程序。

谷歌一直宣扬自己有“友好”的工作场所，高管们在谈及包容性、多元性的话题时总是乐此不疲。但是，2011年，休斯顿在进入公司时发现，同事中不但男性居多，而且他们大多非常冷漠和古板，还有一些男同事显然认为女性不适合编程。有一次，休斯顿问同事怎么把硬盘驱动安装到安卓设备上实现拍照，他回复了一串代码，然后傲慢地添上一句“这是两年前我实习的时候写的”。而且当他回复时，休斯顿早就自己解决了问题。在“代码评审”这个传统的工作环节中，同事们会相互评估代码，提出修改意见，男性同事要么对她写的代码鸡蛋里面挑骨头，要么就皱着眉头说“我可不会这么写”。（休斯顿说：“我还要去找到他们的编程方法，然后发现他们的方法根本行不通。”）有位同事更过分，总是批评休斯顿的代码，在代码评审中言辞特别激烈，最后经理禁止他跟休斯顿独处，并且要求这位同事在给她发邮件时必须抄送经理。休斯顿说：“那个时候我已经习以为常了，但是经理的态度很坚决，‘绝对不允许这种情况发生’。”而且，因为已经习惯了男性同事的苛责，渐渐地休斯顿开始担心自己也在效仿这种行为，“我对代码评审的认识就是从那些男同事身上学到的，那么我在代码评审中给出的意见是不是也很苛刻呢”？

当然，编程工作本身依旧乐趣无穷。她帮助编写了谷歌＋的移动界面，当时谷歌＋是该公司备受关注的产品。很多同事都非常友好，很有礼貌，休斯顿也尽可能把注意力放在这些同事身上。但她冷不丁还是会听到一些吓人的言论，譬如她的某位女性友人兼同事说，谷歌的某男同事曾当着她的面说：“女人就应该待在厨房里，写什么代码呀！”还有一些人会说：“女人其实不喜欢编程，她们只喜欢漂亮的东西。”除此之外，还有针对女性特别不友好的举动。有时，休斯顿发现某位同事替自己把代码写了（美其名曰：“就是想帮你节省时间！”）。她也曾亲眼看见某些女同事突然从项目中被踢出来，还有人大言不惭地说：“看，我就知道这个项目不太符合你的风格。”

她真的能力不足吗？以最客观的标准来看，似乎并非如此。她得到过上级非常肯定的评价。但是那些年轻男同事的评论就像脑海中挥之不去的背景音：我们觉得你真的不太适合这里。有数据指出，谷歌工程师中仅有 15% 为女性，他们甚至认为，这可能是基因决定的。谷歌向来以能力说话，只招聘最优秀的人才。既然公司没有招入很多女性，那么肯定是女性天生不具备相应的逻辑思维和能力吧。

还有更过分的，那就是赤裸裸的骚扰行为。一位同事在休斯顿的女性友人面前用极其不友好的字眼称呼她，虽然谷歌针对她的投诉采取了一些行动，但她觉得公司其实并不太在意这些事情。还有一次出差的途中，另一家公司的技术人员在飞机上对她动手动脚，休斯顿说："他把我当成了旅途中的消遣。"此外，谷歌某分公司的一位程序员喜欢跟踪女实习生，屡教不改。最后，一名谷歌女员工给部门所有女同事发送了备忘信息，提醒她们，如果这位员工出差过来："请千万离他远一点儿。"

休斯顿无奈地说："看到其他女同事在卫生间流泪对我来说很正常。我基本上每周都要去卫生间哭一次，这太正常不过了。"当她想要跳槽的时候，未来工作的理想条件之一就是一周能有一天在家办公，这样每周一次的崩溃时间就可以在家里度过了。"既然为了工作的事流泪已经是家常便饭，那么我找下一份工作时就要多为这个考虑一下。"回看自己的选择，休斯顿既尖锐又幽默地说："我不想在公司的卫生间里哭了！我要躺在自己的沙发上哭，哭完了还能马上拿出我的倩碧补补妆。"

3 年后，休斯顿进入职业生涯的中期，她再也不想让自己的价值被低估了。于是，她离开谷歌，成为 Automattic（一家网络设计公司，以其开源博客软件 WordPress 著称，专注于打造各类博客应用）的移动开发主管。我采访休斯顿的时候，她已经上任一年，手下有 25 名员工。在新的公司，她找到了全新的感受。她的老板，马特·穆伦维格当时非常积极地邀请她加入团队，另外，公司中的很多要职都由女性担任。除此之外，WordPress 使用的都是开源代码，因此公司内部文化没有谷歌那样居高临下。而且，休斯顿再也没听到不礼貌的称呼了。

“我就是喜欢写代码呀。”说出这句话的休斯顿既开心又有些忧虑。

在高风险、高压力的各类专业行业中，计算机编程可谓异类。在过去的几十年里，女性从事此类行业的占比在迅速增加。1960 年，只有 3% 的律师为女性，到了 2013 年，这一比例达到 33%。1960 年，7% 的内科医生和外科医生为女性，到了 2013 年，这一比例上升到 36%。很多科学技术领域的情况也一样。女性生物学家的比例从 28% 上升至 53%，女性化学家的比例从 8% 上升至 39%。

唯一的例外就是计算机编程行业。1960 年，27% 的计算机和数学行业的工作人员（在美国政府的统计数据中，这两种职业被归为一类）为女性，这一增长趋势一直延续到 1990 年的 35%。然后女性占比开始下降。2013 年，女性占比跌至 26%，比 20 世纪 60 年代的状况还要糟糕。几乎所有的高科技行业都迎来了越来越多的女性，编程是唯一在倒退的行业，女性简直是被赶了出去。为什么？

人们普遍认为，世界上第一个计算机程序员就是女性：阿达·洛芙莱斯。在 19 世纪维多利亚时期，她结识了发明家查尔斯·巴贝奇，当时巴贝奇希望创造一台分析机。这台机器是现代计算机的蒸汽朋克的先驱，虽然它是由金属齿轮制成的，但是它可以执行循环指令并将数据存储到内存中。洛芙莱斯比巴贝奇更胜一筹，她认识到计算机巨大的潜力，因为计算机可以修改自己的指令和记忆，它能够实现的功能远远超过简单的计算器。为了证明这一点，洛芙莱斯写出了世界上第一个计算机程序，一个可以被分析机用来计算伯努利数列的算法。

既然是代码，它就一定有漏洞！而且，洛芙莱斯甚至预示了未来程序员的特质，她对自己的才能有着清晰而夸张的认知。正如她在一封信中所言：“我的大脑有着超越生死的特殊性，时间会证明一切。”她在列举她的个人品质时，第二条就是“强大的推理能力”。（在另外一封信中她写道：“没有人知道，我那精细的大脑系统里还潜藏着什么巨大的能量与力量。”）她直觉地认识到，计算机程序员有一天会拥有巨大的能量。她说，这就像是一个信息“独裁者”，指挥着“一支纪律最严明的军队——人数众多，并以不可抗拒的力量随着音乐前进”。然而，巴贝奇最后并没有制造出分析机，洛芙莱斯也在36岁那一年死于癌症，未能在有生之年看到自己的代码得到运行。

正如珍妮特·阿巴特在《重新编码的性别》一书中所述，20世纪40年代，当真正的电子计算机时代到来时，女性依然处于行业的核心区域。男性当然也处于核心区域，但是他们在硬件开发中感受到更强烈的荣耀感。美国第一台可编程数字计算机ENIAC重达30吨，由2万多个真空管、7万多个电阻组成。让这个庞大又精妙的物体运行起来，那可是一项充满了雄性激素的工程任务。相比之下，给计算机编程——思考如何向计算机发出指令——就显得非常卑微了，那似乎是秘书的工作。女性一直都在从事相关的枯燥计算，在ENIAC正式建成的前几年，很多公司都购买了IBM等公司生产的大型电子制表机，它们实际上只是被美化了的加减法机器，不过对企业计算工资倒是很有用。操作这类机器的一般都是女性员工，她们会在打孔卡上打孔，代表一名员工工作的小时数，然后把卡插入制表机，机器就会进行运算。这是一项嘈杂、艰苦，甚至不太体面的工作。

当ENIAC出现后，对管理计算机的男性来说，编程是跟操作打孔卡差不多的卑微工作，因此，他们很乐意雇用女性担任ENIAC的第一批程序员。没错，第一批ENIAC程序员都是女性：凯瑟琳·麦克纳尔蒂、贝蒂·詹宁斯、伊丽莎白·斯奈德、玛琳·韦斯科夫、弗朗西斯·比拉斯、露丝·利希特曼，她们是“ENIAC女团”。负责

ENIAC 运行的男性工程师会决定程序的功能，他们会给出代码的框架，然后由女性程序员在机器跟前来来回回地“接线”、编程，让计算机执行指令。这是一项极具开拓性的工作，同时也特别费神。女性程序员在工作中慢慢摸清了 ENIAC 的运行原理，她们甚至比那些建造了 ENIAC 的男性更了解它的工作原理。

詹宁斯说：“我们可以诊断出到底哪个真空管出了问题。因为我们既了解机器的应用，也了解机器本身，诊断机器故障的能力不说比工程师们优秀，至少也和他们持平。”

她们还为编程带来了很多突破性的概念。斯奈德意识到，如果你想调试一个没有正确运行的程序，那么设置一个“断点”会很有帮助，你可以在程序运行时中止它。她把这个想法告诉了负责 ENIAC 的男性工程师，他们决定试一下。时至今日，断点测试仍旧是清除程序漏洞的一个重要手段。而且，ENIAC 女团成员个个都是清除程序错误的高手。1946 年，ENIAC 的负责人想向记者展示这台计算机的运算能力，于是，他们吩咐詹宁斯和斯奈德写一个计算导弹弹道的程序。经过数周努力，两人终于做出了一个有效的程序，但仍有一个漏洞没有被清除：导弹落地后程序还在运行。就在演示的前一天晚上，斯奈德突然想到了解决方法。第二天一大早她就来到办公地点，打开了 ENIAC 上的一个开关，修复了漏洞。詹宁斯回忆说：“斯奈德睡着的时候逻辑推理可能比有些人清醒时还厉害。”

然而，女性程序员的卓越工作没有得到公开的肯定，在那次著名的记者会上，ENIAC 的管理层甚至没有提及她们。在他们看来，编程那么卑微，女性程序员的工作也不值一提。

第二次世界大战结束后，编程工作从战场转移到职场，各行各业对程序员有了迫切的需求。那时的编程使用的还是让人难以读懂的、基于数字的“机器代码”，人们希望有一种方法可以使编程变得更容易。如此一来，女性再次站在了变革的前沿，她们设计出第一批“编译器”。这些程序可以让你创建一种更接近实际英语写作的编程语言。也就是说，程序员可以写出类似英语的代码，编译器再将其转换成计算机可以读懂的二进制单位。在这一领域，格雷斯·霍珀硕果累累，她被视为首个编译器的发明者，之后又发明了针对非技术领域人员的“FLOW-MATIC”语言。后来，她参与了COBOL语言的开发，这种语言后来成为企业界广泛使用的编程语言，团队中的琼·萨米特同样是杰出的女性程序员，在COBOL语言发展的数十年中深具影响力。（她曾说，她的愿望就是“让每个人都可以和计算机交流”。）法兰西斯·艾伦极大地提升了Fortran的运行速度，多年后，她成为IBM首个女职员。通过对编程中数字和语言风格的不懈探索，女性程序员极大地推动了编程的普及。

20世纪50年代和60年代，编程行业迎来了爆炸式增长，这个神奇的新行业对女性的包容度极高，因为当时懂得编程的人本来就不多，所以男性群体不存在任何优势。事实上，企业管理层也在思考到底什么样的人最适合编程。想来想去，公司高管都觉得程序员应该具有严谨的逻辑思维，擅长数学，做起事来一丝不苟。如此看来，性别偏见反倒更利于女性。有些企业高管认为，女性特别擅长各种编织和织布工作，肯定符合上述特征。（1968年，一本名为《你的计算机职业生涯》的书认为，喜欢“看着菜谱做饭的人”肯定特别适合做程序员。）很多企业会给程序员做一些简单的模式识别测试，大部分女性都能通过。大多数新员工都接受了相关培训，因此，无论男性女性，这个行业都会接受。（当时有个广告宣传语写道：“对计算机一窍不通？没关系，我们来教你，边学边拿工资哦。”）IBM为了招聘女职员，甚至取电影《窈窕淑女》之名作为宣传册的标题。在英国电气公司的广告中，一名梳着短发的女性咬着笔，旁边的文字写道：“一些英国电气公司最优秀的程序员是女性。”

编程行业求贤若渴，黑人女性在这个行业里也能找到立足之地。在多伦多，一个叫格温·布雷思韦特的年轻黑人女性嫁给了一个白人男子。但因为种族歧视，他们无法租到房子，只能攒钱买房子。为了挣到钱，她必须找一份工作。布雷思韦特在招聘广告上看到了“数据处理”的职位，于是她说服白人雇主让她参加编程能力测试。测试结果显示，她超出绝大部分应聘者，面试官以为她提前知道了答案，于是随机出了几道题，布雷思韦特都能轻松应对，表现突出，面试官这才意识到她是真正的人才，马上聘用了她。布雷思韦特成为加拿大最早的女性程序员之一，她主导了几项保险公司数字化的大项目。她后来告诉自己的儿子：“我当时过得很轻松。计算机行业并不在乎我是不是女性，是不是黑人。但同一时期，大多数女性的处境要艰难得多。”

1967 年，编程行业的女性已经非常多了，以至《时尚》杂志做了一期关于“计算机女孩”的专题报道。图片中女性操作计算机的场景仿若电影《星际迷航》中的画面。报道指出，在全新的编程行业，女性年薪高达 2 万美元，相当于今天的 14 万美元。编程成为为数不多的可以接纳女性的白领专业领域之一。在 20 世纪 60 年代，所有传统的精英行业——外科手术、法律、机械工程等——几乎都不容许女性进入，但编程行业是个例外，女性程序员占比为 1/4，在那个年代这已经是非常高的比例了。对拥有数学学位的女性来说，选择就更有限了。她们要么当高中数学老师，要么去保险公司做枯燥的运算工作。因此，那个时候女性的心态就是“不做编程我还能做什么”？弗吉尼亚理工大学科学技术与社会系教授珍妮特·阿巴特对那个时代进行了深入研究，“在那个时候，女性拥有的机会非常不乐观”。

阿巴特在研究中记录道，那个时候的女性甚至开始寻求创业的机会。女性程序员埃尔西·舒特大学暑假曾在美军的阿伯丁试验场工作。1953年，她受聘为雷神公司写代码，当时公司“程序员的男女比例差不多是一比一，看到有那么多男性程序员我都惊呆了，我一直以为这是专属于女性的职业”。后来，她因为生育离职。她发现当母亲让她失去了很多编程工作机会。20世纪50年代和60年代的编程行业确实更欢迎女性程序员，但是仅限于没有孩子的女性程序员。即使个人编程能力很出众，也没有公司愿意为有孩子的女性程序员提供兼职的编程岗位。于是，舒特成立了自己的公司，专门给企业写代码。值得注意的是，她专门聘用家庭主妇作为兼职程序员，如果她们不懂编程，舒特就给她们做培训。大家白天看孩子，晚上去租借当地机构的计算机进行编程。舒特告诉阿巴特：“这变成了一种使命——为那些有天赋有才能但找不到兼职工作的女性提供就业机会。”《商业周刊》称舒特的员工是“孕期程序员”，它刊登了一个故事，故事的插图是一个小婴儿躺在家中的摇篮里，背景是母亲正在写代码。（这篇文章的标题是“数学与母性的融合”。）

到了20世纪60年代和70年代，编程开始向男性倾斜。正如历史学家内森·恩斯明格所记载的，随着编程对企业越来越重要，编程项目的规模也越来越大，企业内部需要提拔程序员进入管理层，但企业高管认为，让女性担当重要的职务似乎不太合适。从文化角度看，编程行业的专业化程度更高了,过去“谁都能干”的口号已经消失了，对高等教育背景和资格认证的要求越来越严格，而在那个年代，女性在这两项上都不具有优势。在雇主的眼中，程序员的印象正变得越来越男性化。业界越来越相信，程序员就应该是极度不善交际又邋里邋遢的人。另外，编程行业在经济层面也更具吸引力，高额的薪金使得它不再像数十年前那样是一种卑微的工作了。社会学家注意到，当编程行业的薪水不断上涨，社会地位不断提高时，曾经对它不屑一顾的男性开始蜂拥而入：女士们，谢谢你们啦，现在让我们来接手吧！

曾在 UNIX 担任管理工作，后来成为历史学家的玛丽·希克斯表示："很关键的一点就是，编程技能并不等同于成功。"她研究发现，英国也发生了同样的转变。"他们想要的是与管理层更一致的人。"

编程行业的杰出女性也感受到 20 世纪 70 年代开始发生的变化。当时在 IBM 工作的法兰西斯·艾伦发现，她周围的女性同事越来越少。她告诉阿巴特："随着编程成为正式的职业……这成了一个女性几乎被拒之门外的地方。行业中的女性越来越少。"当然，仍然有一定数量的杰出女性留在行业中，尤其是在行业协会和编译器领域。但是，"在很多地方，女性在职场中的上升空间非常有限"。艾伦坚持下来，在 21 世纪第一个 10 年初期，她仍活跃在 IBM 的编程一线，参与建立了"蓝色基因"超级计算机——IBM 人工智能系统沃森的基础。

如果要确定一个分水岭，那么也许是 1984 年。在那一年，攻读大学计算机科学专业的女性数量开始呈下降趋势。

在 1984 年之前的 10 年中，女性与男性对编程的热情都在增长。10 年前的一项研究显示，对编程行业感兴趣的男性和女性的人数是一样的，在计算机科学专业的本科课程中，男性较多（女性仅占 16.4%），但是女性确实对从事该职业有明确的意愿。女性很快就按照自己的意愿采取了行动。20 世纪 70 年代末和 80 年代初，女性攻读计算机科学专业的数量呈稳定且较快的增长趋势。到了 1983—1984

学年，该专业女性占比为37.1%。10年间，女性的参与率已经翻倍。

然而，1984年女性攻读计算机科学专业的比例却成为峰值。从1984年开始，女性占比开始下滑，20世纪90年代下滑得更厉害了，2010年，女性占比下降到1984年的一半，仅为17.6%。

到底发生了什么？为什么会出现如此大的拐点？

其中一个变化就是儿童开始学习编程。20世纪70年代末80年代初，个人计算机逐步普及，这在一定程度上改变了进入计算机科学专业的学生人数。

在1984年之前，进入大学学习编程的学生基本上都没碰过计算机，甚至都没进过放计算机的房间。在之前那几十年里，计算机是数量极少、价格极高的大型机器，只有企业或实验室才会购买。那个时期，所有学生在入学时都处于同一起跑线，大家都没接触过编程，他们几乎在同一时刻第一次学习了“Hello，Word！”。

然而，20世纪70年代末80年代初，第一代个人计算机出现了，比如康懋达64和TRS-80。青少年可以在家玩计算机了。他们可以在闲暇时慢慢学习编程的基本概念：for循环、if语句、数据结构等。从80年代中期开始，进入大学计算机科学系的某些学生可能已经掌握了不少编程知识，他们做好了充分准备，甚至对大学第一课的基础内容都有些厌倦了。两名学者在研究女性入学率降低的原因时发现，拥有上述经历的一般都是男性。

其中一名学者是艾伦·费希尔，他当时是卡内基梅隆大学计算机科学系的副主任。卡内基梅隆大学在1988年创立了计算机本科学位，直到20世纪90年代初，女学生在该专业中的占比都不超过10%。1994年，费希尔决定找一下原因，以便吸引更多女性学习计算机科学。他找到社会科学家简·马戈利斯（现任加利福尼亚大学洛杉矶分校教育与信息研究生院的高级研究员），两人开始了一个庞大的研究项目。从1995年到1999年，马戈利斯和她的团队采访了100名卡内基梅隆大学计算机科学专业的本科生，男生女生都有，两人将调查结果写成了《揭秘俱乐部》（*Unlocking the Clubhouse*）一书。

马戈利斯发现，在计算机科学专业的新生中，已经拥有大量编程经验的往往是男生。男生接触计算机的概率比女生要大得多：在父母赠予的礼物中，男生得到电脑的概率是女生的两倍；如果家里买了一台电脑，它往往会被放在儿子的房间，而不是女儿的房间。另外，父亲往往给儿子创造类似于“计算机实习阶段”的经历，同他们一起阅读BASIC编程手册，一起思考编程问题，不断鼓励他们，但是父亲与女儿之间很少出现这类情况。

马戈利斯告诉我，这个发现很关键，很多卡内基梅隆大学的女学生表示，父亲总是和哥哥弟弟们一起聊编程，自己要努力争取一番才能引起父亲的注意，而母亲基本上不会出现在关于编程的家庭讨论中。很多女孩子，甚至有些书呆子气的女孩子，也会潜移默化地受到影响，从而逐步调整自己的行为。在20世纪80年代早期，父母们依旧没有放弃传统的“鼓励”行为，颇有技巧地推动子女选择不同的兴趣：男孩做些和技术相关的事情，女孩好好地玩儿玩偶，发展社交技能。马戈利斯也能预想到，当一种新技术出现时，它必然会进入父母的这种安排中。

在学校里，女生同样感受到计算机是男生的领地。男生中的书呆子会组建计算机俱乐部，在体育文化盛行的校园中找到自己的栖身之所。费希尔指出，这些男生因为对计算机的共同爱好组建了他们的“支持网络”，但是很多时候——不知道是不是刻意的——他们会非常排外。20世纪80年代的多个研究显示，如果有女生、非洲裔、拉美裔学生想加入，他们往往非常抗拒。女生很快就开始扭转自己在计算机领域的行为，她们认识到，女生做个书呆子比男生要难。男性书呆子也会被人指指点点，但是，如果痴迷于某件事、任何事（足球、汽车、计算机），他们就会受到鼓励。相反，女生如果将所有注意力都投入一件事情，往往就会受到批评，她们的父母也会不满意。但是，编程恰恰需要高度的专注力。

基于上述原因，卡内基梅隆大学的大一新生就出现了截然不同的两种人群：对编程概念有点儿把握的男生，完全是编程新手的女生和少数族裔。一种文化分裂出现了。完全没有编程经历的女生——以及某些男生——开始怀疑自己的能力。他们还有可能追上那些厉害的同学吗？

马戈利斯听到不少学生（以及教职人员）表示，如果没有几年痴迷于编程的经历，你就不应该出现在计算机科学系。新的刻板印象出现了：在计算机前长期坐着，脸上已经有屏幕辐射痕迹的人，他们才是真正的程序员。马戈利斯指出："当时的看法就是，你一定要很热爱计算机，随时随地和计算机待在一起，如果不是全天候玩儿命编程，你就不是真正的程序员。"但事实上，很多痴迷于编程的男性也不符合这种刻板印象。他们也有其他爱好，也有社交活动，也想要更丰富的生活。一切都是双重标准在作怪。男生想要拥有更丰富的生活，没问题，女生如果表达了同样的愿望，就一定不符合"硬核程序员"的特质。拥有丰富编程经历的男生会公开评论某些没有经验的女生达不到标准，不是编程的料儿。女生如果在课堂上提问，就会遭到嘲笑："这么简单都不会吗？"到了大二，很多女生在自我怀疑中选择退学，一些在青少年时期没有编程经历的非洲裔学生和拉美裔学生也出现了同样的状况。马戈利斯发现，后者的退学率甚至更高，达到 50%（不过她补充说，这个数据的价值有限，因为当时入学的少数族裔学生仅有 4 名）。

这里需要注意，学生退学与否和自身的编程才能没有直接联系。马戈利斯发现，很多女生退学前成绩一直很好，那些坚持到第三年的女生很快就发现，自己的水平基本上已经和青少年时期就开始编程的同学持平了。也就是说，大学学位成为一种再平衡的力量。在青少年时期学习 BASIC 语言有可能帮助你发掘出很多有趣的技能，但是在大学里，每个人都需要在高强度的学业压力下汲取新知识，无论有没有编程基础，到了大学毕业的时候，大家所掌握的编程知识、开发软件的技能基本上都达到相同的水平。

这个发现似乎有违直觉。我们一般都认为，青少年时期就开始学编程的学生会一直保持优势。就连卡内基梅隆大学也认为，自学编程基础知识的青少年一定比新手更出色，学校会主动挑选有编程经验的申请人，他们更容易被录取。但是艾伦·费希尔告诉我，这个直觉显然是错误的，“先前的经验并不是一个很好的预测因素，甚至都不能判断学业上取得的成就”。

那些热衷于编程的男生在高中时就为自己创造了编程的文化圈，他们为进入大学做好了准备。我们所批判的，不应该仅仅是他们狭隘且有性别歧视的观念，毕竟他们还是孩子，他们只是在追求自己的兴趣爱好。反倒是他们周围的成年人——那些理论上应该更成熟、更崇尚平等的人——在不断固化编程由男性主宰的文化。而且，早期女性在编程领域的光辉成就已经被淡化，20 世纪 80 年代的女性很难相信自己在编程领域会有一席之地，也根本不知道女性在这个领域做出过显赫的贡献。与此同时，大众文化也在不断强化“男性程序员”的印象，好莱坞出品了很多这类电影（《菜鸟大反攻》《摩登保姆》

《电子世界争霸战》《战争游戏》)，所有的计算机极客基本上都是白人男性，有时也有亚裔男性。视频游戏激发了人们对计算机的兴趣，它更多地面向男性群体。大众对程序员的理解已经越来越“男性化”和“白人化”了。

除了文化冲击，女性对自己技术能力的评价也低于男性。斯坦福大学科学技术与社会学专业研究生莉莉·伊拉尼做了一项与马戈利斯相似的研究，她调查了计算机科学系的学生，询问他们“在解决计算机相关问题方面的自信程度”。伊拉尼知道，男生和女生的成绩基本相同，但访问对象并不知道。在自信心评级中，女性的平均分是7.7分，男性是8.4分（满分为10分）。伊拉尼还让他们与同学进行比较：他们觉得自己比同龄人更自信还是更不自信？女性认为自己自信的得分平均比其他学生低0.5分，男性对自己的自信评价“比同龄人高0.6分”。

尽管学业表现完全相同，但是男性往往更自信，他们相信自己就是真正的程序员，女性则完全相反。

女性认为自己能力不足主要是个人的价值取向问题。有研究显示，男性喜欢编程是因为他们享受编程本身的乐趣。相比之下，女性喜欢编程主要是因为觉得编程很厉害，有改变世界的潜力。卡内基梅隆大学也有相似的现象出现。马戈利斯发现，女生想到自己未来要在计算机前坐一辈子，其实并不高兴。这也是当时计算机科学系大二女生退学的原因之一，她们非常害怕学校里的场景会在自己的下半生持续上演：大家都低着头，学习如何写算法，学习搭建数据框架，和外界更宏大的事业似乎没有什么直接联系。当然，有些卡内基梅隆大学的男生也不愿意放弃自己的爱好和社交生活，也不想没日没夜地重复枯燥的任务。但“极客神话”中塑造的硬核程序员总是没完没了地粘在键盘上的形象，给女性在这一行业的归属感带来更糟糕的影响。

坚持到大学高年级后，女生们发现情况开始扭转。在斯坦福大学和卡内基梅隆大学学习计算机科学的最后几年里，学生们需要组队开发功能齐全的应用程序，斯坦福大学的学生还要学习一门新的编程语言 Java。从这个时候开始，男生与女生在编程中的舒适度发生了变化。因为大家都是刚刚开始学习一门新语言，学生之间一些可感知的差异不复存在。另外，团队合作需要管理等新技能，这让大家重新站在同一起跑线上，并让他们的关系更加紧密，因为项目的成功或失败关乎每个人的命运。在进入这个阶段后，女生的自信心大幅增长，她们更喜欢这样的工作。

然而，能够到达这个阶段的女生极为有限。在卡内基梅隆大学，差不多一半攻读该专业的女生在这个时候已经离开了。

另外，一个导致女性离开计算机科学专业的原因是 1984 年前后出现的“负荷危机”。

计算机科学成了热门专业，相关院系的问题也就来了。学生们争先恐后想要进入那些院校，但是学校没有那么多教授来教课。而且，很多优秀的教授都被外面的公司以高薪挖走了，这进一步加剧了学校的困境。埃里克·罗伯茨于 20 世纪 80 年代在韦尔斯利学院和哈佛大学教授计算机科学专业，后来又去了斯坦福大学，目前在波特兰的里德学院任职，他回忆说：“企业支付的工资比学校高得多。”有一次，他连着发了 5 份任职邀请才找到一位愿意任教的老师。

教学资源不足，学校该怎么办？于是有些学校开设了“除草”课程，学生必须通过这类课程的考试才能攻读计算机科学专业。这类课程任务很多，教学进度很快，那些不能“秒懂”的学生很快就会跟不上。即使有人搞不清任务，某些教授基本上也不会提供任何帮助，大家可以感受到，要么自己想办法搞清楚，要么卷铺盖走人。（当然，许多教授也是超负荷工作了。）事实上，有些院系要求学生在第一年的计算机预科课中要取得满分，例如，在加利福尼亚大学伯克利分校，基础课程绩点要达到 4.0 才能继续在该专业学习。总而言之，在各个院系营造的环境中，最有可能继续攻读的学生往往是那些早就接触了编程的人。他们大部分是白人男性。

罗伯特说："每当这个行业开始设置筛选条件时，女性占比的下降幅度总是最明显的。"在淘汰学生的过程中，各个院系基本上都选择了那些特别好胜且从不怀疑自我价值的人。罗伯特补充说："女性的社交意识让她们不太喜欢这种会产生输家的竞争环境，于是她们选择离开。"

在"负荷危机"袭来的前几年，男女学生都受到了影响。随着学生不断被劝退，计算机科学专业的人数整体下降了 40%。到了 20 世纪 90 年代中期，危机有所缓解，计算机科学专业开始扩招，但那个时候"谁应该进入编程行业"的答案已经尘埃落定。当危机消退，越来越多的学生进入计算机专业时，大部分学生已经是男性了。女性对计算机的兴趣大受打击，再也回不到 20 世纪 70 年代末和 80 年代的水平了。而对那些真的走进计算机科学专业的女性来说，她们总觉得自己是异类，在 20 人的教室中，女性可能还不到 5 人。

计算机科学系的女性越来越少，整个学科开始弥漫男性的味道。1991 年，计算机科学家埃伦·斯珀特斯撰写了一份关于女性在编程课上的经历的报告，其中记录了大量男性讥讽、贬低女性的案例：教授会告诉女学生，"你太漂亮了"，不适合待在电气工程专业；卡内基梅隆大学的几位学生劝说男生自愿停止使用裸体女性的图片作为电脑桌面，结果遭到愤怒的抗议，指责这是纳粹的审查行为。麻省理工学院进行了一项类似的研究，情况也不乐观。男性会讨论女性平庸的表现："我觉得这里的女生没有男生厉害。"研究小组的行为有时类似于体育馆更衣室里的对话，男生会给女生评分，比较谁最好看，而且就当着女生的面，一点儿都不避讳。（报告记录了一个男生的话："哎呀，组里只有两个女生，都放在一个办公室不好吧，我们应该分享啊。"）有些男生会问女生："结婚又不需要大学文凭，你为什么还要来读书？"女生在课堂上举手提问，要么会被教授忽视，要么会被其他同学抢话。她们经常被告知"不够进取"，但是当真的做出进取的事情时，譬如质疑或反问同学的观点时，她们往往又会被人说："哇，你今天这么恶毒，一定是来月经了吧。"有些女生甚至还会遭遇性骚扰。

随着大量女性逃离计算机科学专业，职场的编程领域逐渐成了白人男性的天下。美国劳工统计局（BLS）2017 年的数据显示，在被归类为"计算机程序员""软件开发人员""网站开发人员"的工作人员中，女性仅占 20%。加上其他技术门类的职业——如数据库管理或数据统计，这个比例会稍微高一些，达到 25.5%。黑人雇员占比分别为 6% 和 8.7%，拉美裔雇员为 6% 和 7.3%，仅为其他私营领域占比的一半左右。（我找到的其他数据表明，这个比例可能更低，例如，数据平台 Data USA 显示，2016 年黑人雇员的占比仅为 4.7%。）在硅谷顶尖的技术企业中，上述人群的占比更少。科技媒体 *Recode* 的一项分析显示，谷歌的技术人员中，女性仅占 20%，黑人占 1%，拉美裔占 3%。脸书几乎是一样的，推特则分别为 15%、2% 和 4%。

很多少数族裔程序员进入高科技行业，总觉得自己闯入了白人的神圣领地。当然，他们也遇到某些平等待人的同事或上司，但是几乎每个人都在日复一日地挣扎，他们要不断向更庞大的群体证明自己，因为整个行业对他们的技能还是持怀疑态度，觉得他们可能不太行。

程序员斯特凡妮·赫尔伯特是那种典型痴迷于数学的书呆子，她在绘图方面下了很多苦功夫。她告诉我："我爱 C++，它确实难度不高。"她在不同的企业工作过，其中包括 Unity（实时内容开发平台），还参加过脸书 Oculus Rift 虚拟现实头戴式设备的开发，为了产品发布她没日没夜工作过很长一段时间。赫尔伯特早就习惯了无视男同事的贬损。原因有很多：她曾被告知（包括她敬佩的行业权威），女孩并不擅长数学。在做程序员的时候，她如果表示出对某些绘图概念不理解，就必定引来男同事的揶揄。有一个人曾嘲笑她："我还以为你数学水平挺高的。"在一家公司任职期间，她还遭受过性骚扰，事后她找到人力资源部门，希望公司能重视这类有害职场环境的问题，但是人力资源部门不愿意采取行动。据我所知，这类处理方式在高科技行业已成惯例。

赫尔伯特最终决定自己创业，她和同样热爱计算机绘图的里奇·格尔德赖希共同创立了一家叫 Binomial 的编程公司，其产品专门用于压缩多图像软件中"纹理"的大小。赫尔伯特认为，自己创业就可以摆脱那些无理的上司了，可是她发现，女性还是很难逃脱在科技行业被人低看一眼的命运。她和格尔德赖希去参加会议，推销产品，总有客户以为她只是营销人员。有客户对格尔德赖希说："你竟然只用一个程序员就把产品搞出来了，太厉害了！"不过，拥有自己的公司也让赫尔伯特在某些时刻感受到了因果报应。几年前，在她最初就职的公司中，首席技术官曾对她说，"不要在自己天生不行的领域浪费时间”。几年后，那个技术官的下属纷纷给她发来邮件，询问是否能使用她的纹理压缩代码，因为他们的软件需要加速。赫尔伯特还不确定是否要向他们出售那套代码，她笑着说：“没有性别歧视的人自然能得到最好的技术！”

女性程序员时常被误认为是公关人员，黑人或拉美裔程序员则时常被误认为是安保人员或清洁工。2017 年，非洲裔程序员埃丽卡·贝克在 Slack 担任开发—发布工程师。她从小就是个书呆子，自学了编程语言 Qbasic 和编程工具 Hypercard，后来在谷歌的亚特兰大分公司找到一份工作。然而，贝克时常在工作中听到带有种族歧视色彩的话语，譬如有人会问她：“你男朋友是不是会打你？”后来，贝克调去谷歌位于硅谷的山景城办公区上班，一名临时工曾把她当成安保人员，还有一名职员以为她是行政助理。她提出想参加培训项目，提升自己的技术水平，然而希望总是落空，尽管她“看到一个又一个白人男同事得到了这个机会”。在谷歌工作也有开心的时刻。例如，某些同事非常贴心，会给她提供很多指导。（当临时工误认为她是安保人员的时候，一名高管还特意介入询问了一下情况，以确保她没事。）然而，贝克表示：“我最终意识到，虽然对大部分人来说，谷歌是最好的选择，但对少数族裔群体却不是。”2015 年，贝克去了 Slack。这家公司的少数族裔程序员比很多硅谷公司都要多。（在 Slack 的全球职员中，女性占技术职位的 34.3%；在美国职员中，12.8% 有“少数种族和/或族裔背景”，8.3% 为 LGBTQ——女同性恋、男同性恋、双性恋、跨性别者和酷儿。后来，贝克又去了众筹网站 Patreon，担任高级工程经理。）

在高科技行业中，针对 LGBTQ 的骚扰现象普遍存在。卡普尔社会影响研究中心调查了高新技术领域工作者主动离职的原因，24%

的 LGBTQ 指出，他们在工作中“遭到公然的羞辱或嘲弄”。而且，调查发现，他们遇到职场霸凌的比例最高，达到 20%。（其中 64% 的人表示，遭到霸凌“是最终离职的重要原因”。）

并不是所有我采访过的有少数群体背景的程序员都会面临上述问题，我在写作本书期间访问了很多女性，其中几位就表示，她们在高科技行业的工作很顺利。工程师朱妍是加密技术方面的专家，曾参与网页浏览器 Brave 的开发。她听过很多人遭受歧视的经历，但就自身而言，她说：“我没有遇到什么问题，可能是因为我对这些不敏感吧。我和很多女性聊过，她们的经历和我非常不一样……我个人的经历并不能代表一切。”

公然的骚扰和攻击行为占据了大部分新闻头条，但是，很多程序员表示，更严重的问题往往是同事对自己能力的质疑和贬损，很多负面影响并不是一击致命的抨击，而是那种日积月累的煎熬。很多研究都证实了这一点：一项研究分析了 248 份技术工程师的绩效评估，女性得到的负面反馈比男性多，男性更有可能得到“仅含建设性意见的反馈”，没有任何负面信息。在另一项实验中，科技招聘公司 Speak with a Geek 向招聘公司提交了 5 000 份规格相同、所含信息量相同的简历。当简历上的名字不具有性别特征时，54% 的女性得到回复，当名字具有性别特征时，只有 5% 的女性得到回复。

让女性程序员觉得受到排挤的另一原因就是，她们担心无法匹配初创企业的“文化契合度”。在初创企业中，通常都是几个人在狭小的空间里朝夕相处。企业创始人在招聘员工的时候，肯定会青睐那些和自己相似的人。有位女性程序员被硅谷某公司邀请去面试，公司创始人 3 次请她去酒吧聊天，每次时间都很长，但是从不讨论工作。她非常困惑，问了一位长期在硅谷工作的朋友："他们打算什么时候面试我呢？"朋友答道："去酒吧就是面试啊。这就是他们的风格，他们就是想知道你能不能和他们玩儿到一块。"我采访的很多初创企业负责人告诉我，很多时候，他们只会雇用来自哈佛、斯坦福或麻省理工学院的亲密朋友。

休·加德纳表示："整个行业都是这种随意的文化氛围。"在掌管维基媒体基金一段时间后，她决定研究编程行业女性程序员如此之少的原因，并进行了调研，她采访了1 400多名女性，进行了详细评估。加德纳发现，自20世纪90年代男性主宰高科技行业以来，一种循环已经形成——基本上所有企业的高管都是白人男性，他们更喜欢聘用和自己相似的人，也只认同那些与自己拥有相似才华的人。其中一种现象就是，大部分企业的招聘中一定会有"白板挑战"，面试者要在白板上现场手写代码，一般是排序算法。这种写代码的方法其实和程序员的实际工作完全不一样，但是，在白板上写代码是常春藤盟校计算机课堂的常见形式，那些面试官刚毕业没几年，对这个方法当然倍感亲切。

创业投资方面也出现了同样的循环，投资人会按照一贯以来成功人士的形象寻找投资对象，甚至还出现了一个专有名词，叫"模式匹配"。大部分风险投资人都是白人男性，他们在20世纪80年代到21世纪初赚得盆满钵满，他们物色的年轻企业家就像年轻版的自己。2008年，著名风险投资人约翰·多尔在描述自己钦佩的科技企业家时非常直白："他们基本上都是白人男性，书生气很重，从哈佛或斯坦福退学，没有任何社交生活。如果我看到这样的'模式'——譬如谷歌，这个投资决定就会做得非常轻松。"

加德纳对我说："最终我意识到，不是女性遭到排挤，而是除了单身白人男性，所有人都遭到了排挤。”

这种微妙的偏好以及对女性言语上的贬损，往往是编程行业女性遇到的最大阻碍。然而，明目张胆的性别歧视也普遍存在。

一位女性程序员曾在某知名科技公司的办公室遭到攻击。某些癖好古怪的程序员会把色情元素加入自己的幻灯片，例如 Ruby on Rails（应用框架）的程序员就把色情照片放在幻灯片中展示。Ubuntu（一个以桌面应用为主的操作系统）的首席程序员在一次演讲中说，新软件要发布了他非常高兴，“终于不用再跟那些女人解释我们的工作了”。在某个数据库查询主题的研讨会上，某程序员竟然以女性的“漂亮程度”为例——“WHERE sex=‘F’AND hotness>0 ORDER BY age LIMIT 10.”——讲解如何优化查询功能。在某个比特币主题会议上，组织者看到脸书的一位女性客户解决方案经理，他说：“你看起来不像了解比特币的人！”接着又说：“女性一般不会从效率或效果方面思考问题。”（更过分的是，另一位参会者对这位女经理动手动脚。）女性在网上谈及这类经历时，可能会遭到威胁或骚扰。谷歌前工程师凯莉·埃利斯在推特上转发了自己遭受骚扰的案例，结果却遭到更多围攻。（其中有人发推文说：“散布这些骚扰信息你收多少钱？”此推文后来被删除了。）据说，一些初创企业就像某些大学男生联谊会，他们的行为特别露骨猥琐。针对 Upload VR 公司（一家虚拟现实垂直媒体）的某诉讼案件指出，男性职员将一个有一张床的房间指定为“癖好室”（kink room）。还有一位经理公开表示，他要去卫生间“打个飞机”之后才能专心干活。

科技初创企业这种“大学男生联谊会”的文化在某种程度上体现了 2005 年左右出现的另一趋势：（常春藤盟校）“兄弟程序员”的出现。

正如这个词暗示的那样，这类程序员兄弟化的特质非常明显，是传统程序员的进化版本。他们在 20 世纪 90 年代末、21 世纪初创造了很多“男生联谊会”式的环境，脸书早期配备啤酒桶、涂鸦装饰的办公环境就是一个很好的例子。很多技术人士认为，在 2008 年金融危机之后，这种趋势加剧了。那时很多银行开始缩减规模，对年轻气盛的常春藤盟校毕业生来说，去投资银行工作不再是一条稳定的致富路。于是他们赶往下一个淘金胜地——硅谷的软件行业。在硅谷，即便是一些愚蠢的创业概念，也能得到源源不断的资金支持。（同样的趋势，只是规模更小一些，在 20 世纪 90 年代的互联网泡沫之前也出现过，很多广告和营销行业的精英一时间对初创企业产生了浓厚的兴趣。）

程序员埃里克·罗伯茨记得金融危机发生后，他的学生中开始出现这类人。他们想走一条稳稳当当通往财富的道路，而且对自己有绝对的信心。一部分人确实对软件感兴趣，但是很多人只是受到功利心的驱使，这让罗伯茨很失望。他对我说：“最困扰我的一件事就是，有些主修计算机科学专业的学生其实非常讨厌这一行，但是他们知道进入这一行能挣很多钱。金融行业充斥着那种疯狂工作成为下一个亿万富翁的文化，这在危机之前特别明显。危机爆发后，那些人要到哪里去呢？只能是计算机行业了。”

虽然“兄弟程序员”刚刚出现，但是许多处于职业中期的女性程序员还是意识到硅谷不宜久留，于是纷纷逃离。休·加德纳采访了 1 400 名女性程序员，每个人的经历都非常相似：她们刚刚入行时，遇到性别歧视问题会不屑一顾，因为她们热爱编程，积极向上，对工作充满了热情。但是随着时间的推移，“她们终于扛不住了”。随着职位的提升，她们发现，几乎没有人愿意指导她们，让她们表现得更好。

加德纳在研究中阅读了《雅典娜因素》(*The Athena Factor*)一书(另一项针对高科技行业女性的研究),其中指出,2/3 的女性都经历或目睹了发生在别人身上的这种骚扰,1/3 的女性表示,管理层对待男性更友好,更支持他们的工作。人们通常认为,女性要照顾孩子,所以职业生涯受到了影响。但是加德纳发现,对处于职业中期的女性来说,照料孩子并不是她们职业生涯发生转折的原因,很多时候,她们是受够了行业中的不平等现象,能力相当甚至能力更差的男性比她们得到了更好的机会和待遇。

具有讽刺意味的是,女性的职位越高,对她们的骚扰就越严重、越明目张胆,特别是当女性程序员决定自己创业时问题就更多了。在风险投资行业,96% 的投资者是男性,当女性创始人去找投资人的时候,她们经常会收到性暗示。当女性成为风险投资人时,她们才发现这个世界是多么荒谬可笑。华裔律师、高管鲍康如就亲身经历过。她在凯鹏华盈担任投资人时,有一次乘坐某技术公司首席执行官的私人飞机,那名首席执行官在聊天中炫耀自己见过色情电影明星詹娜·詹姆森,还问其他在场的人喜欢什么类型的性工作者。(鲍康如在自己的文章中写道:“特德说他更喜欢白人女孩,最好是东欧的。”)

因此,很多处于职业中期的女性选择离开高科技行业,她们受够了行业内的乱象,也看不到改善的希望,于是终于用自己的行动表态了。当然,她们也不是彻底告别编程工作,很多人会选择其他领域的技术型工作,可以继续编程,或者管理程序员团队。总而言之,她们不会留在软件类企业了,医药行业、法律行业、政府部门等都会成为她们的新选择,但一定要彻底告别硅谷。

加德纳告诉我:“她们很生气,觉得自己做了很多工作,也不用别人帮忙,或者接受额外的指导,而是真正做出了自己的贡献,结果却得到这样的待遇。她们离开不是因为做不了编程，她们的专业技能在市场上是供不应求的，她们有很多选择，所以干脆一走了之，去找一个认可自己价值的地方。”

在编程行业的早期，相较于法律等行业，女性拥有更多机会，而现在出现了大反转，软件行业成为男性的天下，这让人觉得充满了讽刺意味。

高新技术行业都是白人男性，真的有问题吗？如果不带任何情感因素来分析，我们会得到两种答案。第一种答案，从经济回报的角度说，显然有问题。在 Y Combinator 举办的某次关于性别的圆桌会议上，某女性工程师说，这涉及一半的人口是否有机会参与到“精彩有趣、收入丰厚、声望颇高的某项工作中”，而且某些女性确实非常喜欢这个行业。

还有一种答案，这个问题其实和编程之外的世界密切相关——高新技术行业的单一文化模式会影响最终的产品类型。如果制造软件硬件的人群同质化，他们制造的产品当然可以满足自己同类的需求，但是对其他人来说，它们可能并不好用，甚至可能是垃圾。

虚拟现实技术公司 Magic Leap 开发了一款增强现实头戴式设备，公司中的很多女性员工指出，对女性用户来说，这个设备肯定不舒服，因为设备上的头带会勒到马尾辫，而且使用该设备需要在皮带上扣一个小型计算机，但很多女性不用皮带。（但是设计工程师完全没有听进去，正如一项诉讼记录的那样：“针对设计的所有修改意见都没有得到落实。”）喜剧演员兼作家希瑟·戈尔德写道：“在谷歌和苹果开发的群组视频聊天应用中，用户界面的默认模式就是，谁在说话谁的脸就会被放大到所有参与人的屏幕上。”这简直就是现实中面对面会议的“增强版”：白人男性发言者夸夸其谈，通常会成为全场的焦点。

推特也是一个非常典型的案例，其最初的设计团队基本上都是男性，多年来他们并未意识到平台上辱骂等网络暴力现象日益严重，因为男性在社交媒体上遭到威胁和骚扰比较少。如果团队中有女性成员，而且经常上网，那么在21世纪第一个10年初期的博客类网站开发中，她们就会给出一个警告：网上的女性会成为被攻击的目标和被骚扰的对象，即使她们发布的是非常无害的帖子！我们一定要想办法解决这个问题！（社会批评家和作家劳丽·彭尼曾打趣地写道：“女性在网上发表观点，就像在日常生活中穿了暴露的短裙。”）如果提前注意到这些问题，推特可能会推出相关功能，减少辱骂行为，也会在用户群中形成更加文明有礼的氛围，像Flickr等公司就尝试开发了此类功能。然而，推特团队开发的产品让很多恶意用户可以利用这个平台，甚至连新纳粹主义分子都在该平台上活跃起来。

到了2016年，推特设计团队疏于应对女性遭到的骚扰问题，这导致公司的经济状况受到影响。公司增长停滞不前，原本有意向投资的企业开始犹豫，例如，迪士尼公司决定放弃收购推特。《波士顿环球报》写道：“公司担心该社交平台上的霸凌及其他无礼行为可能会损害公司打造幸福家庭的形象。”

推特前CEO迪克·科斯特罗多年来一直拒绝承认平台存在辱骂欺凌现象，最终他公开认错：“我希望时光可以倒流，回到2010年，我应该在平台上建立更有针对性的规则，防范辱骂欺凌行为的出现。”如果有人在旁边警告他们，事情就容易多了。

2017年的夏天，28岁的高级软件工程师詹姆斯·达莫尔写了一份备忘录，指出女性程序员稀缺现象还有一个原因：生理原因。这一反女权的言论很快在网上传播开来。当时达莫尔在谷歌工作，谷歌——至少在公开场合——非常重视性别歧视问题。公司会组织培训，让员工警惕“隐性偏见”，即不要无意间表示出某些偏见。在公司会议中，管理层也会批评某些带有性别偏见的言论。当然，谷歌技术类女性员工的比例并没有上升（要实现这一点可不能只做口头文章，还需要招聘更多的女性程序员），不过大家都能感受到公司的态度。

在达莫尔看来，这些政策都是为了追求政治正确，回避了现实问题。他在公司内部论坛上发表了一篇名为《谷歌的意识形态回音室》的文章，指出男女差距并不是行业文化问题，而是男性从各个角度——认知、生理、进化——都比女性更适合当程序员。达莫尔认为，研究显示，女性更容易焦虑，竞争意识较弱，在谷歌人人力争上游的高压环境下，女性很难成功。他写道，公司当然可以通过改变自身文化来适应女性的需求，比如，“让那些表现出合作态度的人获得成功，或者减少技术工作的压力”。但他坚定地认为，公司当前增加女性员工和少数群体的招聘人数只会带来反向歧视。这篇文章我看了好几遍，我发现他传达的信息非常明确：编程行业男女比例的分配是生理原因所致。

达莫尔就是典型程序员的现代版本，他高度专注，好胜心强，不擅于社交。我们在他位于山景城的公寓的附近见了面，他和我说，他从小就玩儿国际象棋，后来又对博弈论、进化论、物理学等产生了浓厚的兴趣。成年后，他被诊断为高功能自闭症，他认为这是他痴迷于系统类问题的原因。达莫尔非常熟悉西蒙·巴伦–科恩的作品。巴伦–柯恩是英国一名临床心理学家，也是剑桥大学发展心理学系的教授，他认为男性会分泌更多睾酮，因此男性的大脑天生更适合系统性思考，对客观事物更感兴趣，而女性对人本身更感兴趣。达莫尔并非计算机科学专业出身，在攻读系统生物学学位时，他读了一本关于算法的书，于是开始学习编程，并在谷歌的一项编程比赛中获胜，正式进入公司后，他开始从事搜索基础设施的工作。

达莫尔在采访中表示，他觉得谷歌女性员工的境遇并不比男性员工差，很多张扬跋扈的男性程序员也会对自己的男同事口出狂言，也会抢他们的话、抢他们的功劳。达莫尔说："每个人都有类似的经历。"但是男性一般不在乎，因为他们没有那么敏感。总而言之，在达莫尔的眼中，编程行业之所以以男性为中心，女性不受待见，部分原因与男女的天性有关。他补充说："我不是说编程中不存在性别歧视，但那肯定不是行业的全貌。"

而且，达莫尔认为，在职场上谈论性别歧视可能会让女性的处境变得更糟糕。"说一个制度本来就针对你，这听起来特别没有底气。"我告诉达莫尔，高新技术行业的性别歧视行为挺明显的，很多人的经历还有一些案例都能证明，而且我自己听到的就不少了。达莫尔回应道："我觉得很多东西都被媒体夸大了。"然后他指出，男性也会面临性别歧视的问题，因为人们总是认为，男性从生理构造上说更危险，而且在高危行业中，譬如煤矿开采、垃圾清理等行业，男性的比例明显更高。达莫尔的话让我的眼前突然浮现出男权网站的典型言论：冒犯男性的行为与冒犯女性的行为同样严重，甚至比后者更严重。

我又问，如果女性很难成为程序员是生理原因，那么为什么美国的非洲裔或拉美裔程序员也那么少呢？达莫尔认为那确实不是生理原因，沉思片刻之后，他说："在这些方面，文化的影响比基因更明显。"他认为，如果非洲裔小孩在某个成就颇高的亚裔家庭长大，那么他们也可能取得很高的成就。总之，达莫尔认为，性别差距是生理原因导致的，而种族差距不是。

达莫尔发在内部论坛上的文章后来被曝光，很有可能就是他谷歌的同事泄露出去的，公司很快就解雇了他。事后，公司CEO桑达尔·皮查伊给员工写了一封邮件，解释为什么不能雇用基于性别来评判同事的人："认为某类同事拥有某些特质，所以从生理角度出发认为他们不适合在这里工作，这种想法非常无礼，而且不能被接受。"谷歌前工程师尤纳坦·宗格表示，管理人员很难让达莫尔加入一个团队，他认为生理构造是女性的累赘，当女同事把自己的代码交给他审查时她们心里会怎么想呢？

信奉生理结构差异言论的并不只有达莫尔一人，有些谷歌的程序员还在内部论坛上发声支持达莫尔，而我所采访的女性程序员，她们的同事里几乎都有"达莫尔"的身影，他们坚信，大自然决定了男性和女性的角色差异。谷歌前程序员凯莉·埃利斯在推特上讲述了自己遭受性骚扰的经历，一名同事给她发邮件，告诉她这和人类进化有关："别忘了几十万年的人类进化史，男性最初接触女性就是因为她们能提供卵子。"

有些程序员之所以愿意相信生理因素决定了编程行业男多女少，是因为这个道理正中下怀又简单直接。如果认可这些原因，那就相当于接受了编程行业的现状。而且，这套说辞也意味着，白人男性程序员在社会与文化背景上并没有任何优势，他们没有得到额外的支持、鼓励或指导，全凭个人才华与努力获得了成功。然而，有大量证据可以反驳这一观点。

辛西娅·李曾经在多家技术初创企业工作，后来成为高性能计算领域的专家，目前在斯坦福大学教授计算机科学。她说："程序员总是对自己的理性与客观充满信心。他们对自身的偏见有一个很大的盲点，因为他们觉得自己根本不可能有盲点。”她在新闻网站 Vox 上发表了一篇文章，解释了为什么很多女性会对达莫尔的言论感到愤怒：因为她们无时无刻不在应对这种生理上的质疑。“如果高新技术行业的男性真的能够理解该行业女性所经历的一切，他们就会明白那种言论为什么会引发女性的愤怒。”

达莫尔有没有可能是对的？美国的女性程序员那么少，真的和生理因素有关吗？

当然不是。研究性别差异的科学家指出，生理构造不是个人偏好和能力的决定因素。心理学界有记录表明，很多职业女性和女学生的自信度较低，但是男性与女性在认知和行为上的可见差异太小了，并不足以诠释两性在生活和职业道路上的差别。然而，生理信号在改变生活的决定和偏好中被文化反馈严重放大。纯粹由基因决定的那部分力量非常小，在科学上非常模糊，尤其是与技术职场上强烈而多面的性别歧视力量相比，就更加微不足道了。

事实上，如果女性的生理特征导致其不适合编程、不喜欢编程，那么美国编程行业早期的杰出女性事迹又如何解释呢？那个时候的编程可比现在难多了，不但要进行复杂的二进制、十六进制运算，而且没有互联网论坛可以求助他人，只能自己面对棘手的程序漏洞。

更重要的是，如果女性真的天性敏感，无法忍受编程中激烈的竞争，那么全世界编程行业的男女比例应该非常相似才对。

但事实并非如此。在印度，计算机科学专业 40% 都是女性。社会学家罗利·瓦尔马在研究中发现，印度女性进入编程行业其实更难，但该专业女学生仍旧很多。印度对女性要求非常严格，晚上 8 点后女学生要遵守宵禁规定，也就是说，她们不能在实验室待得太晚。瓦尔马也发现，印度女性相较于美国女性拥有一个巨大的文化优势——父母往往很鼓励她们进入这一行。与美国女性相比，印度女性程序员认为，自己在青少年时期受到了更平等的对待，只有 12% 的受访者认为男性同龄人接触计算机的机会更多。而在美国，青少年时期家庭的计算机教育一般都向男孩子倾斜。（其实，在女性眼中，编程是一种更安全的职业，因为基本上都是在室内上班。）换言之，在印度，女孩会编程是很正常的事。马来西亚的情况也类似。2001 年，也就是美国计算机专业女生入学人数跌入低谷的时候，位于马来西亚首都吉隆坡的马来亚大学，其计算机科学专业本科学生女生比例为 52%，博士研究生女生比例为 39%。这种国与国之间的比较不正符合硅谷最喜欢的 A/B 测试吗？美国编程行业缺少女性，奥卡姆剃刀定律式的解释就是：这是文化因素，而非生理因素。

瓦尔马对我说："编程变得非常男性化，这不是一个普遍现象。"当然，如果想从生理或进化论层面找到理由，很多时候从另一个方面也讲得通。你可能会说，女性从进化的角度看应该更适合编程，这么多个世纪以来，女性一直承担着"采集者"的角色，还要操持家务，编织缝补，这不正好具备了编程所需的严谨态度吗？这正是 20 世纪 50 年代和 60 年代很多高管鼓励女性编程的理由。（1968 年，某计算机公司的负责人声称，"女性比男性更适合当程序员"，因为"有耐心做刺绣的聪明女性恰恰具备了编程的心理素质"。）其实，一旦有了一个结论，比如"女性天生适合编程"，"不，女性不适合编程"，你就能从进化论中找到合适的理由（以及给出自己对编程的定义），让自己的论证看起来合情合理。正因如此，纯粹用生理学或进化论去诠释当代社会中非常复杂的现象，其实是非常困难的。

人们长期以来对先天和后天的争论就反映了社会对天才的态度。人们过去常说，女性生来适合编程，她们是“英才至上”文化的受益者。然而，到了 20 世纪 80 年代，人们的说法完全变了。

“英才至上”这个词本身就颇具讽刺意味。1958 年，英国政治家迈克尔·杨在其小说《精英统治的崛起》中提出这个概念，本意是讽刺政府以智商测试来决定个人的价值，但是这个词之后脱离文学背景成为没有讽刺意义的概念，这让杨非常失望。

如果认定一个领域里全是绝对的天才，那就会带来一些糟糕的负面影响。认知社会学家萨拉-简·莱斯利在一项有趣的研究中发现，当人们普遍认为某个领域“个人天生的才能是成功的主要因素”时，女性和非洲裔美国人的发展往往没有那么好。数据显示，在分子生物学、神经科学等领域，辛勤付出、团队合作、严格规范被视为成功的必要条件，女性和非洲裔的占比较高。但是在一些看重个人天赋的领域——如哲学、数学，女性和非洲裔的占比较低。其他实验也证明了这一点。麻省理工学院和印第安纳大学的两名科学家在工商管理硕士中做了一项实验，这些学生都有管理经验，他们在实验中要管理两家虚拟企业：其中一家的“核心企业价值”包括英才至上，另一家没有。然后学生们会得到一名男员工和一名女员工的工作评价报告，内容一致，都是正面评价。在对崇尚“英才至上”理念的企业的员工进行评估时，学生们给男员工的奖金高出 12%。为什么？学者们推测，当向一个人灌输英才至上的理念时，你似乎是默许了他按照自己的偏见来做判断，很多人会不自觉地想到，男性可能更符合孤傲天才的形象。

那有没有可能扭转女性离开编程界的趋势呢？

20 世纪 90 年代，卡内基梅隆大学的艾伦·费希尔决定试一试。那时候在计算机科学系，很多第一次接触编程的学生第一堂课就犯了怵，担心自己永远追不上那些青少年时期就开始学习编程的同学，他们的信心大受打击，越来越退缩。费希尔受到简·马戈利斯实验的启发，和学院同事落实了几项措施，希望扭转专业中“菜鸟们”因为自信心受挫想要离开的恶性循环。其中一个措施就是根据学生们的编程背景分班授课：从小就开始接触编程的在一个班；上大学才接触编程的在一个班，两个班的课程设置也稍有不同，让他们有更多时间达到其他同学的水平。学校还给所有学生提供了课外指导，这对刚接触编程的学生特别有效。费希尔知道，如果这些学生能坚持完成第一年和第二年的学业，他们就能达到同龄人的编程水平。而且，他们对初期的课程内容进行了调整，让学生们知道编程是如何影响现实世界的，这样，从未接触过编程的学生就会知道，代码并不是脱离现实的算法。20世纪90年代，社交媒体和主流网站还未出现，代码对人们生活的影响并不显著。费希尔希望学生们尽早体会或意识到，软件会影响人们的生活，而他们的工作就是去实现这个过程。

教职人员也改变了他们的看法。多年来，他们都默认这样一种观点，即那些早早接触编程的孩子本质上是天生的“卡内基梅隆大学鼓励的那种痴迷的黑客”，费希尔指出。但是他们意识到，这样的想法其实不符合现实，经验与天赋其实是两回事。他们仍然会鼓励那些从小就开始痴心编程的学生，但是他们也意识到，新手学生很可能会迅速成长为非凡的天才，鼓励他们同样重要。很多学生会感受到老师的期待并做出回应。费希尔说：“我们需要丰富教职人员的想象力，让他们意识到，每个学生都有可能成功。”与此同时，在勒诺·布卢姆教授的带领下，卡内基梅隆大学开始组织更多的社区活动和援助小组，帮助女性学习计算机，让她们在专业中更有存在感。学校的招生政策也有所改变，对过往编程经验的要求进一步降低。

费希尔还说，没有一蹴而就的良方。“我们希望推动形成一个良性循环。当专业课程设置考虑到那些新手的需求时，更多人就会进入这个专业。”教职人员也会慢慢认识到，原来没有接触过编程的学生也可以成为高手，也会更好地领会如何给这类学生教授编程课程。

卡内基梅隆大学的改革取得了巨大成功。几年后，计算机科学系的女生比例激增，从 7% 上升至 42%，女生的毕业率几乎与男生持平。这所学校的成绩已经大大超过了全国平均水平，而且也超过了自己的过往水平。卡内基梅隆大学的故事传播出去之后，别的学校也开始效仿费希尔的策略。2006 年，哈维·穆德学院专门为新手学生开设了全新的编程入门课，将 Java 重新命名为使用计算方法在科学和工程领域创造性地解决问题，校长玛丽亚·克拉韦告诉我：“这更好地描述了你在编程的过程中到底做了什么。”当然，推行改革不可能一帆风顺，哈维·穆德学院的课程安排本身就非常密集，很多新手学生面临着巨大的压力。但改革最终取得了不错的成果。2018 年，哈维·穆德学院计算机科学专业的毕业生有 54% 为女生。

还有一个更广泛的变化。在过去几年中，全美女性对计算机的兴趣显著增强。2012 年，“计划主修计算机科学专业”的女生比例开始增加，这是时隔 25 年之后首次出现上升。

这又是什么原因呢？可能对女性离开编程行业的报道引发了人们的关注，同时很多鼓励少数族裔背景的技术爱好者进入编程行业的培训机构出现了，例如“黑人女孩代码”“代码新手”等。从纯粹的经济角度看，编程行业的吸引力正如 20 世纪 80 年代和 90 年代的法律行业。总之，编程在人们眼中已经成为待遇高又有意思的工作。

最微妙的原因可能是，人们对编程的印象发生了变化。软件行业已经渗透到全世界。很多人想要改变他人的生活，他们也意识到，编程就是社会批评家道格拉斯·拉什科夫口中的“高杠杆点”。当照片墙、色拉布、苹果手机已经成为日常生活的一部分时，人们眼中的编程不再是那种与世隔绝、脱离现实的工作。曾经想从事与“创意”和“艺术”相关的工作的人往往会刻意远离编程,其中就包括不少女性。研究表明，现在的情况已经发生改变。

教育学教授琳达·萨克斯在加利福尼亚大学洛杉矶分校工作，她研究了几十年的人口统计数据，详细说明了哪些学生以及哪些性别选择了 STEM 领域。她发现:“计算机科学领域正在吸引更多富有创造力的女性。”而且，这个进程在不断加快，因为学习编程的成本降低了，人们不一定要读一个本科学位，而是可以通过网校、相对便宜的“新手训练营”，或者交流小组等形式来学习，这些新形式都是在过去 10 年才出现的。前文提到，调查斯坦福大学计算机科学系学生的学者伊拉尼说:“在 20 世纪 80 年代和 90 年代，谁能想到只用一个周末就能把一个软件开发出来呢？从表面上看，编程已经有了更多的社交属性。”

硅谷公司那种男生联谊会般的文化也遭到了一定的抨击。2017 年 2 月，程序员苏珊·福勒在一篇博客文章中曝光了优步内部的文化，她描述了自己在那里工作的“非常奇怪的一年”。优步本身就以其强悍冷酷的文化著称。福勒非常喜欢公司高强度的工作节奏，也钦佩那些才华横溢的同事，在闲暇时她还写了一本关于编程“微服务”的书。在优步工作不久之后，她就发现，公司内部存在严重的职场性骚扰。刚到公司没多久，她的上司就在谈话中给出性暗示。福勒向人力资源部门和公司高层反映了这件事，得到的回复是，那位经理“业绩不错”，这也是初犯，所以“他们觉得给出警告和严肃谈话就够了”。但是公司的回复并不符合事实，福勒后来遇到其他女同事，她们表示也曾投诉同一个人同样的行为。于是，福勒继续向公司投诉，表示很多女同事都遭受了这类骚扰。可是，人力资源部门负责人的反应更奇怪了，他要求福勒提供这些女员工的个人邮箱地址，暗示她们可能是在合谋陷害那名经理，并告诉福勒，“某些性别或种族的人群”可能不适合编程工作。一周后，福勒离开了优步。她把自己的故事发到博客上。你可能会想,那又怎么样呢？硅谷性别歧视的故事那么多，不过是又多了一个，能有什么影响？

事实证明，这次的影响非常大。多年来，媒体曝光了很多优步员工的不端行为，公司高层不断受到抨击。有员工设计了“上帝之眼”地图工具让分手后的男性跟踪前女友。一名高管威胁要雇私家侦探调查一名女记者。当时的CEO特拉维斯·卡兰尼克还大言不惭地炫耀自己在公司里得到很多性暗示。福勒的记录很翔实，其中不乏人力资源部门的渎职表现，文章的曝光恰好成了压死骆驼的最后一根稻草。几个月后，卡兰尼克被迫辞职，而这只是冰山开裂的开端，接下来的几个月，不断有女性程序员和企业家站出来，公开讲述自己遭到投资人骚扰、被提出性暗示，其中就包括500强初创企业的创始人戴夫·麦克卢尔，风险投资人克里斯·萨卡和贾斯汀·卡尔德贝克。

这些转变只是一个小小的开始，我采访的大多数程序员和专家都可以罗列出改变行业单一文化的很多措施，比如，企业在招聘时减少“文化契合度”方面的考量，更多考虑常春藤盟校之外的求职者，取消“白板挑战”。非洲裔程序员艾丽卡·贝克指出：“许多企业的面试模式都是为了挑选特定类型的候选人，以谷歌为例，整个公司都是围绕着斯坦福大学毕业生设计公司规划的。”它简直就像斯坦福大学的研究生院。也许最重要的是，很多技术公司以及风投巨擘，应该惩戒并解雇那些骚扰他人的员工。

休·加德纳也希望有更多不同背景的人进入高新技术行业，同时她也担忧，鼓励年轻女性进入这个行业似乎良心难安。她们刚刚进入时肯定会充满惊喜和兴奋，但现实也许会磨灭她们的热情，除非现状有所改变。她说："我们确实可以吸引越来越多不同背景的人进入这个领域，但是他们会在职业生涯中期遇到瓶颈，除非我们能够改变高层的行事方式。"

现在，越来越多不同背景和出身的年轻人都想进入技术行业，他们憧憬英才至上的行业氛围，想要亲身去体会。而且，在社会发展进程中那些被很多行业拒之门外的人对"英才至上"的渴望更强烈。在他们眼中，这个行业崇尚黑客精神，决定个人价值的仅仅是编程水平而非个人身份，这简直就是理想国。如果编程行业确实如此，那就无异于给以往遭到歧视的群体点亮了灯塔。这也是 20 世纪 80 年代书呆子们痴迷编程的原因，正是在编程的世界中，他们才可以施展才华，让兴趣和才智得到回报。

2017 年夏天，我参加了新闻网站 TechCrunch 在纽约举办的编程马拉松活动，750 名程序员和设计师要在 24 小时内创作出自己的新产品。在星期日午餐时间，每个团队会向评委们展示自己的作品。有专门识别老年亲友表情的智能机器人"Instagrammie"，有减少食品浪费的手机应用"Waste Not"。很多参赛选手都是当地技术公司的员工或当地计算机科学系的大学生。

不过，最后的大赢家竟然是几个来自新泽西州的高中女生，3 个人在 24 小时内完成了一个叫 reVIVE 的虚拟现实应用，通过让儿童玩一系列游戏来测试他们是否患有注意力缺陷障碍（ADHD），她们还应用了 IBM 的沃森人工智能技术识别儿童的情绪状态。3 位高中生上台领了大奖——5 000 美元奖金，刚下台她们就找了个房间瘫倒休息，她们已经奋战了整整一天，累得晕头转向。

16 岁的团队成员索米娅·帕塔帕蒂穿着蓝色 T 恤，上面印着：世界由谁编程？女生。一天之内她们喝了好多咖啡，不过，短短 24 小时的成就也令她们惊喜。另外一位队员阿克莎雅·迪内希说：“我们的应用简化了 ADHD 诊断的过程。一般这个过程可能需要 6 到 9 个月，还要花费好几千美元！我们利用数字技术让这个速度得以大幅提升。”

3 位年轻的女孩获得了 TechCrunch 比赛的大奖，她们知道这很罕见，当然也很棒。团队中的索米娅·帕塔帕蒂说，她们之前已经有了很多参加编程马拉松的经验，迪内希一个人参加的计算机类活动就超过 25 次，这就是她学习软件开发的方法。在学校里她会上计算机课程，但是这些教学内容远远比不上她从免费在线课程和编程马拉松中得到的收获。她说：“当第一次参加编程马拉松时，走进赛场我真的超级害怕，现场有 80 位青少年选手，但是只有 5 位是女生，而我可能是年纪最小的。”随着比赛经验越来越多，她的自信心越来越强。帕塔帕蒂和巴拉克里希南主要在学校学习编程，为了参加这次编程马拉松，她们推掉了中学的毕业舞会和朋友的生日派对。帕塔帕蒂开玩笑说：“能参加编程马拉松谁还在乎什么派对呀？”

在这样的环境中，年轻、女性、棕色皮肤的标签会让她们获得额外的关注，但这并不都是好事。巴拉克里希南说：“我听到一些人说，‘你们得奖是因为你们是女生！现在倡导多元化，所以你们才能拿奖’。”当得奖结果在网上公布时，一些评论尤为刺耳：“某些程序员会说，‘得奖完全因为她们是女生’。”但总体而言，她们认为编程马拉松对初学者还是非常友好的，每个人都是为了学习、尝试来到现场的，大家相互交流，在很多时候，她们觉得自己得到了公平对待，甚至和那些职业选手也能平等相处。

迪内希说：“我真的很喜欢编程马拉松的文化和群体。对我这样没有资源的人来说，这可能是进入编程领域的最佳途径了。没有这些比赛，很多事情我可能都不知道。”3个人都打算在大学里学习计算机科学，在这个领域，她们能感受到回报的承诺，也在这个领域发现了自己的力量，凭借脑力去拼搏的感觉令她们振奋。

巴拉克里希南说：“这就是技术行业的特点，无论什么年龄、性别、出身，每个人都有无限可能。”

第八章

黑客、骇客与自由斗士

↵ Hackers, Crackers, and Freedom Fighters

史蒂夫·菲利普斯对我说:“如果我们想在网上聊天,又需要保证聊天的私密性,你可以看看这个。”

他拉我来到笔记本电脑前,展示了他的最新发明:LeapChat.org。登录页面,你马上就会有一个个人聊天室,然后你可以把网址链接发给其他人,对方就会加入这个聊天。菲利普斯兴奋地说:“每个环节都已经加密,所以没有人可以拦截你的信息,也没有人可以监控聊天内容。”

我用 Clive 作为用户名创建了一个聊天室,和菲利普斯一起开发网站的朋友 A.J. 班肯告诉我:“连你的用户名都是加密的。”

这个程序意义何在?在全球网络被全天候监视的大环境下,它让人们拥有一个属于自己的空间,尤其是可以帮助某些人避开警察或间谍机构的监控。菲利普斯和班肯已经将 LeapChat 的源代码公开,经验丰富的程序员可以自己建立 LeapChat 服务器。菲利普斯自己设置的服务器 24 小时不间断运行,任何人都可以使用。因为所有聊天内容都会被加密,所以就连这两个创建者都不知道网站上的用户是谁,他们也不会存储用户的 IP 地址,加密的对话文件会在 90 天后被删除。即使执法部门找他们要某些用户的聊天记录，他们的手头上也没有，因为加密之后聊天记录只是一堆乱码，没人读得懂。

33 岁的菲利普斯个子不高，精瘦结实，留着整齐的山羊胡。很多 Slack 平台上的聊天群邀请他去谈论一些敏感的政治话题，所有内容都没有加密。他说："现在，很多激进分子用脸书等工具交流，所有内容都会被永久存储，而且我们也不确定哪些人可以获得这些数据。当然，我知道在那些平台上交流很方便。我们现在就是要创造出方便快捷又安全的聊天工具。"

一个周五的晚上，我和菲利普斯在位于洛杉矶的黑客空间 Noisebridge 见了面，房间里聚集了很多支持隐私权的黑客，菲利普斯正在主持当晚的活动。这个黑客空间吸引了各种风格的程序员，有特别硬核的硬件高手，也有刚刚接触编程的小白，主活动区有一面巨大的灯墙，当晚展示的是康威的《生命游戏》，四周还摆着几台 20 世纪 70 年代的个人计算机、缝纫机，白板上写满了数组和公式。

每周，菲利普斯都会举办一场名为"密码朋克写代码"的编程马拉松，志同道合的朋友们会聚在一起编写程序，思考如何让人们在上网聊天的时候不被监视。一个戴鸭舌帽的男生窝在他的笔记本电脑前，改写 Tor（匿名通信软件）的代码，希望能够提升它的速度。他旁边坐着珍·赫尔斯比，她正在优化 SecureDrop 软件的用户界面代码，《纽约时报》和 *Intercept* 等媒体都会使用这个平台，举报人可以通过平台匿名发送信息和线索，而他们自身的安全也会得到保障。还有一位在埃及长大的程序员正在跟另外两位"密码朋克"聊天，他说小时候他参加过某个青少年黑客组织，专门研究怎样入侵某些企业的网站。"我们很快意识到自己惹了麻烦，于是就停手了。"

旁边坐着一位白胡子的程序员，他可是编程界的老将了，早在

20 世纪 70 年代他就用 Fortran 打孔卡进行编程。他大声说："那你是骇客啊！"埃及程序员腼腆地点点头。在这个程序员圈子里，大家对某些术语可是非常较真儿的。黑客（hacker）仍保留着最传统的意义——喜欢鼓捣各类系统，让它们做出新奇的事情，或者发现系统的毛病，基本上都是合法的行为，他们又被称为"白帽子"。而骇客（cracker）是为了个人利益或者以非法手段入侵系统。（在黑客空间里，大家都很苦恼现在主流观点和大众传媒把"黑客"和非法行为联系在一起。）

那"密码朋克"（cypherpunk）又是什么？黑客和骇客都算是密码朋克，它是 cypher 和 punk 的合成词，cypher 就是计算机的加密解密技术，punk 在我看来就是取朋克摇滚中朋克的意义：我行我素，在主流之外进行创作。密码朋克的编程是为了保护公民自由，在人们越来越多地在网络上进行交流的世界里，密码朋克认为加密技术对公民自治至关重要。

那密码朋克又是怎么产生的？他们源于编程技术的融合和对中央集权深深的不信任。

菲利普斯一开始并不是密码朋克。他做事很认真，为人温和友善，内心却有着一种偏执的力量。他认真地告诉我："我最根本的价值观就是相信人性的伟大和正义。如果人们不能为有价值的事情拼尽全力，那就会很可悲，因为这个世界上就没有什么真正有意义的事情了。"他过着僧侣般的生活，以自由编程为生，收入只够支付一间小公寓的租金和基本的生活花销，他尽可能少工作，把剩余的时间都留给哲学思考和密码朋克工作。有位朋友几年前去过菲利普斯的公寓，他描述说："就是简单的一块地垫，一张桌子，一些杂物，还有一大堆空的外卖盒，其他的就没了。"而且，那些外卖都是简单食品，比如鸡肉卷。菲利普斯严格遵循自己的至简饮食计划，这是他在青少年时期养成的习惯。从那时起他就意识到自己被广告和流行文化骗了，吃了很多垃圾食品。“我觉得不应该让社会压力毁了自己的身体，要保持理智。有段时间连我妈妈都特别生气，她以为我不满意她做的食物。”某次我跟她一起吃饭，她在餐桌上摆出了一排维生素：磷脂酰胆碱、卵磷脂、复合维生素 B、复合维生素、鱼油。无论如何，菲利普斯的这套方法都挺管用的，他整个人看上去精力充沛。

菲利普斯一开始并不是密码朋克。他出生在加利福尼亚州瓦卡维尔市的一个中产家庭，父亲是消防员，母亲是健身教练兼学校教师。青少年时期，他就一直在摆弄 GNU/Linux，后来在大学读了哲学和数学专业。哲学给他带来强烈的冲击，关于生命的意义、道德行为等辩论击中了他的内心。但他又觉得哲学辩论模棱两可，不像他想象中那般缜密严谨。于是，他花了大量时间去设计所谓“可执行哲学”：以 Python 代码片段将哲学命题输入系统，然后运行系统，“自动发现其中的错误”，“确定信仰体系的逻辑一致性”。他说，他会很乐意将一生投入“哲学革命”。

但是，要通过哲学革命来谋生有点儿难，于是毕业后菲利普斯进入编程行业。他在圣巴巴拉成立了一个黑客空间，遇到了几位志同道合的朋友，其中就有 16 岁的班肯——有一天突然晃荡到那里，学起了编程。他们成立了好几家初创公司。对于创业，菲利普斯当然也非常专注，他如饥似渴地观看 Y Combinator 掌门人山姆·阿尔特曼的视频，细细研读硅谷自由主义先锋彼得·蒂尔的创业巨著《从 0 到 1》。他说：“彼得·蒂尔的创业著作真的很厉害，它告诉你，要从根本上把一件事情做得更好，不是好一点儿就行。但是在很多地方我不会说出他的名字，因为我讨厌他的政治理念。”

在意识形态领域，菲利普斯一直在寻找自己的归宿，6年间换了6个党派。上大学时他接触了无政府主义和自由主义，他很喜欢那种严谨的理性，但又担心集中权力的人会滥用权力。但是，没有国家，没有政府，真的行得通吗？“政府任意妄为当然很糟糕，但是像罗恩·保罗说的那样，‘医疗怎么办？去找教会，他们会帮忙’！什么玩意儿？疯了吗？”菲利普斯大笑道。最终，他对自己的定位是“支持小政府的社会主义者”，即国家应当提供医疗保健等基本的公共服务，除此之外不再介入公民的个人事务。

然而，当今世界并非如此。恰恰相反，政府越来越多地窥探人们的生活。2013年，爱德华·斯诺登揭露，美国国家安全局（NSA）一直在搜集普通民众的电话记录、聊天短信，甚至还能获取谷歌、雅虎等的后台信息。菲利普斯吓坏了，但这似乎也是一个他可以有所作为的领域。他一直在阅读加密历史，也观看了朱利安·阿桑奇和Tor软件创始人探讨如何创造更好的工具，让普通人也能在网络世界保持隐私的视频。

这似乎是人生中很有意义的事。他说：“我可以每天坐在家里，穿着内衣，编写改变世界的软件，保护公民自由，特别是隐私权。”他的所有初创企业做得都不是很成功，于是他回到软件咨询行业。他下定决心投入更多精力开发密码朋克项目，同时也尽可能减少生活成本。没过多久，他的代码工作有了起色。他开发了一个保护隐私的软件，其中一些代码可以让你将URL从一个浏览器同步到另一个浏览器上，也存储在公共服务器上，同时对它们进行加密，这样其他人就无法读取了。

2017年，菲利普斯在《连线》杂志上看到巴雷特·布朗被释放的消息。布朗是一位致力于提高政府透明度的活动家，2010年创建了一个众包新闻项目。他获取了大量从政府机构和高科技公司泄露的文件，其中一些来自黑客组织“匿名者”（Anonymous）。布朗将所有文件放到一个维基站点上，鼓励世界各地的志愿者分析这些文件，撰写报告。美国联邦调查局（FBI）盯上了这个项目，突袭了他的家。布朗被捕入狱，面临 FBI 的几项指控：在 YouTube 视频上威胁 FBI 某探员（这是真的，尽管布朗说这段视频是由他最近戒毒引发的）；曾发布链接引向一个盗窃信用卡信息的网站（布朗误认为该链接是与他工作有关的数据）；妨碍司法公正。（网站链接指控后来被撤销。）入狱期间，他给 *Intercept* 撰写的专栏获得了美国国家杂志奖。被释放后，他向《连线》杂志公布了自己的下一个创意：开发软件，让活动家可以在线上展开合作，进行众包调研，就像他之前做的那样。但是这一次，软件会被加密，不会遭到窥探。他在采访中说：“我们想要创建一条公民参与的直接路径。”

菲利普斯一阵兴奋，这正是他想开发的代码！他和班肯其实在这方面已经有了一定的进展，前文提到可以隐藏 URL 的 LeapChat 原型已经开发出来了。他立马坐上飞往达拉斯的飞机，和布朗见了面。两人迅速敲定了合作计划，几周后，菲利普斯就组建了一支志愿性质的密码朋克团队，他们将这个软件系统命名为“追寻计划”，希望以高度保护隐私的方式让公民参与到政治活动中。布朗告诉我，这对所有在冲突领域工作的人（从活动家到记者再到非政府组织）来说都是件好事。

菲利普斯说：“我真的可以通过这些工具保护 10 亿人的隐私。”

为什么密码朋克和很多程序员如此注重隐私而且不信任权威？那就要回顾一下历史了。

这些态度有着很深的历史根源。20 世纪 70 年代，程序员群体与政府、企业之间发生过几次重大冲突，每一次都与隐私和开放性有关。大公司和政府希望守住自己的秘密，却又想掌握窥探普通人隐私的能力。黑客恰恰相反，他们认为普通人应该享有充分的隐私权，而强大的利益集团应该公开其掌控的信息。

第一次冲突出现在 20 世纪 60 年代和 70 年代的麻省理工学院，当时的第一代黑客正在利用学校的机器兴致勃勃地搞开发，他们秉承开放透明的原则，有人如果写了不错的算法或代码，就会分享出来。大家如果都不愿意分享，还怎么相互学习呢？当时麻省理工学院最高产的黑客之一理查德·斯托曼回忆道：“我们把代码共享给任何想要使用的人，它们是属于人类的知识。”麻省理工学院的黑客崇尚坚定的社群主义信念，他们甚至不会在自己的代码上署名。1980 年开始进入实验室的布鲁斯特·卡尔回忆说：“所有的工作都是为了计算机的发展，这是一个集体项目。”每个黑客当然也认同个人主义，对各自的能力都有绝对的自信，但是编程本身是团体工作，是智慧的集合，所有人都是为了让计算机变得更厉害，所有人都是受益者。拥有一个自己写的算法就像“拥有”乘法概念、民主或韵律一样疯狂。

任何想要限制使用计算机或技术的行为都让麻省理工学院的黑客感到憎恶。一旦有什么规则影响到工作进度，他们就会打破规则。他们通常在凌晨鼓捣计算机，如果计算机崩溃，他们就需要一些工具来修理，有些工具白天被学校的工作人员锁起来了，黑客们就创造了开锁的万能钥匙，拿到自己需要的东西。

“对黑客来说，关着的门是一种羞辱，锁着的门是一种挑衅。”史蒂芬·列维在《黑客》一书中说，“就像信息在计算机中顺畅地传输、软件应该自由地传播一样，黑客认为，应该允许人们访问或使用可能会促进黑客寻求发现和改善世界方式的文件或工具。当一名黑客需要某些东西去创造、探索或修复漏洞时，他可顾不上财产权等荒谬的概念。”

这种与财产的关系催生了一个更具颠覆性的创意：“自由 / 开源”软件 。20 世纪 80 年代初，麻省理工学院的管理层意识到，学生中的黑客为实验室里的计算机开发了大量很有价值的软件，于是他们决定从中获利。一家叫 Symbolics 的计算机企业让麻省理工学院授权给它运行那些软件，麻省理工学院爽快地答应了。公司按照授权手续使用这些代码，雇员们开始对其进行调整和改动，并增加了新功能。但是，Symbolics 为自己创造的新功能申请了专利，没有公开分享给下一代程序员。

斯托曼对此非常不满，最终他离开了麻省理工学院，创建了一种全新的授权模式——通用公共许可证（简称 GPL）。它的工作原理是这样的：假设我编写了一个邮件程序，我是一个具有公共意识的黑客，希望将其免费分享给公众，于是通过 GPL 发布了它。其他人可以下载该程序，可以查看我的源代码，也可以进行修改，还可以分享自己修改后的版本。但有一个条件，有人如果要分享自己修改过的代码，就必须通过 GPL 来发布，其中新加入的代码不能加密。你可以通过新版本的代码赚钱，可以将其作为商品来销售。（正如斯托曼指出的，“free” 指的是 “言论自由”，而不是 “免费啤酒”。）但你必须公开发布修改后的源代码，其他人也可以审阅、修改、再分享——如此循环下去。实际上，如果一位黑客决定免费公开某软件，其免费、公开的状态就会永远保持下去，包括其衍生的所有作品。

这是以公开、透明、控制为名义发起的挑战：如果开发软件的人不公开其代码，这个软件就不值得被信任。同时，这也在程序员与企业之间制造了一条文化上的裂痕，前者崇尚公开透明的代码，后者严防死守代码的秘密。

第二阶段的冲突出现在 20 世纪 80 年代，随着 FBI 的介入，情况急转直下，很多黑客因入侵计算机系统遭到逮捕。

当时，美国的青少年第一次有机会购置廉价的个人计算机，通过 BASIC 语言编程，还可以利用调制解调器拨号进入全球其他的计算机系统。有时他们会拨号进入其他程序员运营的论坛——BBS，在那里交流技巧，分享各种信息。不过，还有一些黑客更大胆，喜欢更刺激的游戏——非法进入大型企业、电话公司的计算机系统。如果你能够进入其中一个系统，那就意味着你掌控了非常强大的计算机，你可以用 C 语言编程，不再需要把康懋达 64 连接到家庭电视上用 BASIC 语言编程了。

“我们想要获得比家里简陋的计算机更强大的计算机。”马克·阿贝尼是 20 世纪 80 年代以 Phiber Optik 为头衔的著名的大黑客，他在高科技媒体网站 CNET 的访谈中回忆说，“我们想要接触那些平时根本接触不到的高科技，我们想要进一步了解它，并学习其中的代码。”然而，想要获得这样的访问权限，必然会涉及数字世界的入侵行为和非法活动。阿贝尼所在的黑客团队的成员会分享他们破解的企业计算机系统的密码（有的则是深入公司垃圾文件翻出来的）。他们还积极交流关于电话系统重新编程的信息。

也正是在这个时候，联邦政府官员开始有所警觉。电话公司和政府担心在刚刚出现的“网络空间”领域失去控制权，所以突袭了阿贝尼的其中一个组织“欺骗大师”。于是，阿贝尼在 21 岁的时候被判入狱一年。阿贝尼的支持者认为量刑过重，因为他在入侵系统时并没有造成任何破坏，也没有窃取有价值的数据。但是，他是全美最出名的黑客，新闻记者不断引用他的话，试图了解这些青少年使用调制解调器自由上网的动机。在这些网络少年的映衬下，政府显得有些无能，为了让自己摆脱尴尬的局面，阿贝尼成为“杀一儆百”的不二人选。法官在判刑时解释说，“必须传递出清晰的信息”。

到了 20 世纪 90 年代初，越来越多的黑客意识到入侵行为会触犯法律，会遭到监禁。如果在未经许可的情况下进入某个计算机系统，联邦政府必将追查到底。但如果只是专心做自己的事情，写出好代码，不入侵任何计算机系统，你就不会有问题了，对吧？

不完全是。接下来的冲突核心就是加密代码，政府开始将编写某些软件归入违法范畴。

这一系列由加密技术的编写和使用权利引发的冲突就是后来大家所熟知的“加密战争”。

在今天的互联网世界，随着脸书和电子邮件的普及，越来越多的人意识到，人们的网络活动其实已经受到严密的监视。但是在 20 世纪 70 年代和 80 年代，大部分人还不会上网，因此网络隐私并不是大众讨论的话题。然而，第一个预见到如今状况的预言家是计算机科学家和程序员。毕竟，他们是第一批使用电子邮件相互联系，并在网络上发送、接收文件的人。整个过程充满乐趣，让人振奋，但他们也不安地意识到，所有这些电子邮件和论坛发帖都会留下数字痕迹，以文本形式进行的对话会在服务器上被保留很多年，甚至永远存在。如果全社会都加入此类活动，那么这意味着什么？

这让计算机科学家惠特菲尔德·迪菲很担心。20 世纪 70 年代早期，他在和自己的伴侣聊天时就预测到脸书、亚马逊、谷歌环聊等平台的出现。他在 2013 年回忆说:“我告诉她，我们即将进入一个全新的世界，在那里，从未见过面的人也可以建立重要、亲密、稳定的关系。”

迪菲也知道，当时大多数数字信息加密技术非常脆弱，那是因为它们都存在同一个问题：需要双方参与，也就是发送信息的一方和接收信息的一方需要拥有相同的“密钥”来解密信息。如果我在纽约，要向威斯康星州的你发送一封加密邮件，那么我需要向你发送密钥来解锁我的邮件。其中的问题——这是古希腊的间谍和将军们都知道的——是你可能会丢失密钥，它也有可能被别人窃取。只要知道了密钥，那个人就可以打开加密邮件。当然，迪菲也可以写个加密代码保护自己和朋友的信息安全，但是只要有人不小心泄露了密钥，所有信息就都泄露了，隐私可能会瞬间崩塌。

1976 年，迪菲和一位同事有了一个突破性的想法——“公钥 / 私钥”加密。在这个系统中，双方各有两个密钥：一个所有人都可见的公钥，还有一个仅你自己可见的私钥。向别人发送信息意味着要使用两个密钥——你的私钥和对方的公钥。按照密码的设计方式，这个星球上唯一能破译和阅读信息的人是接收者。这个创意震撼了全球，一瞬间，他和他的同事发明了一种方法，可以让普通人使用几乎没有人能破解的密码在网上交换信息。而且，他们首先公开讨论了这个想法，英国政府的一名密码学家也有同样的想法，但是在当时这是一个机密。

迪菲的新发现引发了联邦政府的高度警觉。NSA 过去可是加密技术方面的老大，破解密码的技术也是一流的，它当然想维系自己的地位。因此，NSA 很反感学者和程序员讨论加密技术。时任 NSA 局长、海军中将博比·英曼担心:“如果对公众讨论加密技术的问题不加以限制，那就会产生极大的风险，严重影响政府在信号情报方面的工作能力。”他们当然不希望普通人掌握强大的加密技术。曾在NSA担任法律顾问的斯图尔特·贝克回忆道：“如果这类技术被推广出去，很多小规模的恐怖组织、犯罪团伙可能就得到了极好的信息安全保护。”

美国政府确实有法律依据限制加密技术的传播。根据联邦法律规定，强大的加密技术——NSA无法破解的东西——被列入军需品管制范畴，未经联邦政府批准不得向国外输出。美国的程序员或计算机科学家想开发加密软件当然没问题，但是，他们不能分享给美国之外的任何人，否则就会触犯法律。比如，一个人如果将加密技术的代码通过邮件发送到德国，这就算军需品交易。NSA的领导层非常害怕有人掌握了他们无法破解的密码，他们将强大的加密技术与坦克、导弹视为一样的东西。

计算机科学家对该法律大为愤怒，在他们眼中，代码就是语言，是和机器对话的语言，是和其他程序员交流的语言。政府限制了代码的销售或展示范围，也就相当于限制了言论自由。计算机科学家丹尼尔·伯恩斯坦起诉美国政府，控告其违反了美国宪法第一修正案。

实际上，即便有相关法律存在，NSA也没有处于有利地位，其担心的一切终将成为现实。代码的扩散难以控制。黑客已经开发了越来越厉害的加密技术，从小就喜欢编程的菲尔·齐默尔曼发明了“优良保密协议”（PGP），这是首个利用迪菲的概念对邮件进行加密的技术。该代码的副本被传到网上，很快就在全球传播开来。政府为此调查了齐默尔曼，但是传播代码的并不是他本人。（他很少上网，是其他黑客在网上分享了代码。几年前司法部取消了针对齐默尔曼的调查，但没有公布具体原因。）PGP在网上越传越广，一发而不可收。

黑客们以实际行动表明，他们不但可以开发 NSA 无法破解的加密软件，还可以传播到全球。

随着加密技术的政治影响逐渐显现，新的亚文化群体正在形成。来自世界各个角落的黑客、思想家以“密码朋克”的称号展开了各种实践。他们中的许多人都是坚定的自由主义者，他们认为言论不应该受到政府的窥探。（蒂莫西·梅指出，加密技术就是普罗大众先发制人的自我保护措施。）还有一些人是无政府资本主义者，他们希望利用加密技术创造一种匿名电子货币，这种货币永远不会被征税，也永远不会落到贪婪的官僚手中，他们在某种程度上就是比特币程序员的前辈，他们中的一些人梦想着拥有“海上家园”，有些人就是典型的美国公民自由联盟（ACLU）的支持者。这些人的共同点就是，他们都讨厌 NSA。

到了 20 世纪 90 年代中期，NSA 意识到，密码朋克的观点已经处于上风。互联网正在进入人们的生活，普通人和企业开始使用邮件，并开始浏览网页。Lotus Notes 等软件开发商正在将加密技术融入产品，指出企业客户需要保障自己的信息安全，电子商务开始兴起，这意味着信用卡号码等信息在网上传递的过程中需要得到保护。“军需品”法律的根基开始动摇，法官们开始意识到，代码就是语言，政府不应该以国家为界限限制人们的言论。（1999 年，美国地方法院法官就做出了此类判决。）

NSA 的特工们决定背水一战。既然加密技术注定要进入全社会，那么他们必须想办法掌控一切。在克林顿政府的支持下，NSA 的领导层宣称，所有的计算机和电话都应该具备强大的加密功能，但是，加密功能应该以 NSA 自己研发的计算机芯片为载体：Clipper 芯片。如果某台设备嵌入了 Clipper 芯片，所有网络活动或通话信息都会被加密，不会受到窥探。但 NSA 例外，它保留了一个“后门”钥匙，可以查看任意一台设备，如果有犯罪分子、恐怖分子想要使用加密技术进行交流，NSA 可以迅速侦破。这个计划很宏大，似乎为普通人提供了高端加密服务，然而前提是，你对 NSA 要充分信任，认为它会尊重每位普通公民的隐私，只会窃听坏人的信息，不会滥用权力。

但密码朋克根本不买账。他们认为这个计划简直蠢透了。蒂莫西·梅愤怒地说：“这就是向我们发起了战争。克林顿和戈尔已经表现出对‘老大哥’的热情支持。”他们发起了抗议行动，各个领域支持公民自由主义的人纷纷加入。编程圈之外的知识分子也开始发声，其中就包括《纽约时报》保守专栏作家威廉·萨菲尔。越来越多的普通民众也意识到，网络已经融入生活，被人窥探可不是一件好事。

不过，让 Clipper 芯片计划泡汤的并不是什么政治因素，而是一个程序错误。年轻的计算机科学家马特·布拉兹受邀对芯片进行评估，他仔细审核芯片参数后马上就发现了一个巨大的漏洞，该漏洞会封住 NSA 的“后门”。因为这一漏洞的存在，不法分子可以使用 Clipper 芯片在网上进行秘密对话而不受 NSA 的监听。所以实际上，NSA 反倒给犯罪分子提供了一项绝佳的加密技术，而 NSA 却无法破解。布拉兹公布了自己的调查结果，NSA 陷入更尴尬的境地，它不但说了谎，而且显得特别无能。

克林顿和戈尔悄悄地终结了芯片计划。这一回，黑客、计算机科学家还有密码朋克赢得了胜利。

在所有这些关于反窃听、反窥探的斗争之后，程序员和执法部门之间更大的冲突还没有到来，它出现在一个让人意想不到的领域：以电影和音乐为代表的娱乐行业法律和版权。

20 世纪 90 年代末，上网的人群越来越庞大，好莱坞唱片公司和影视公司的高管开始警觉。人们已经在网上传播 MP3 音乐文件了，而且还不用付费！宽带速度越来越快，他们预见，很快人们就能不花一分钱获取电影电视文件了。娱乐业高管开始就版权问题发出警示，指明他们的利润受到了威胁，文明也受到了威胁。时代华纳当时的负责人理查德·帕森斯说："这是一个具有历史意义的时刻，这不是一群小孩偷窃音乐作品的问题，而是对整个社会所有文化的攻击。如果我们无法保护、维系知识产权……整个国家最终会陷入文化领域的黑暗时代。"

为了避免文化产品被无偿复制和共享，娱乐公司开始使用密码朋克最喜欢的工具——强大的加密技术。数字化的音乐作品或影视作品全部被加密，DVD 的加密技术叫内容扰乱系统（CSS），如果想要在计算机上播放 DVD，你就需要有解密电影 DVD 功能的播放器。

从某种意义上说，整个娱乐业也变成了软件业。假设你想制造一台 DVD 播放器用于播放加密的 DVD 文件，或者你想开发 Windows 系统上的 DVD 播放软件，你就要找影视公司获得授权，将其解密代码加载到 DVD 播放器或播放软件中。通过控制解密 DVD 的软件，娱乐公司的高管认为，他们可以在即将到来的互联网世界中生存下去。当然，让一些孩子拷贝一份 DVD 到他们的硬盘上，然后在网上分享也没关系，电影文件本身就是一堆不可读的乱码，你需要一台娱乐行业认可的 DVD 播放器才行。唱片公司对加密音乐文件采取了相似的措施，出版商对加密电子书也有样学样，他们称这为"数字版权管理"，或 DRM。

不过，还有一个问题。如果有程序员开始鼓捣这个神秘的加密代码怎么办？有时候程序员也喜欢对软件进行反向工程操作，将其分解，以弄清楚代码是如何工作的。如果有人破解了内容扰乱系统怎么办？一旦破解了好莱坞的软件代码，他们就可以编写出新的 DVD 软件播放代码，而不需要得到好莱坞的许可。用于锁定音乐和电子书的加密技术也是如此，如果有人编写出可以破解加密文件的代码，那就意味着你可以复制其中的内容，想分享给谁就分享给谁。

好莱坞怎么应对呢？答案是，将任何试图写这类代码的程序员送去坐牢，让编写此类代码成为违法行为。

这意味着他们需要一部新的法律。1998 年，版权游说团体终于说服了议会。当年，议会通过了《数字千年版权法》，规定编写规避数字版权管理的代码是一种违法行为，会被处以损害赔偿，甚至监禁。

执法部门很快开始大范围逮捕破坏数字版权管理的程序员。2001 年，俄罗斯程序员德米特里·斯克利亚罗夫到拉斯韦加斯参加 DEF CON 黑客大会并发表演讲，他谈到奥多比系统公司在电子书方面的数字版权管理非常薄弱。对这方面他非常了解，之前他为雇主公司 ElcomSoft 破解了奥多比系统公司电子书的加密代码，这样该公司就可以将所有文件转换成 PDF 格式。在俄罗斯，编写这类代码完全合法，但是到了美国，他就必须遵守美国的法律。奥多比系统公司向 FBI 通风报信，告知斯克利亚罗夫会来美国。演讲结束后，斯克利亚罗夫立刻被 FBI 以“规避数字版权管理”的罪名逮捕入狱，他将面临 25 年的牢狱生活以及 225 万美元的罚款。

一个少年引发了一场更轰动的冲突。1999 年，15 岁的挪威少年约恩·莱克·约翰森和两位程序员合作开发了开源软件 DeCSS（并将一个副本上传到网上）。该软件破解了 DVD 的数字版权管理代码，使得 DVD 中的内容可以在 Linux 系统的计算机上播放。对程序员来说，这可太棒了。好莱坞公司已经批准了用于苹果计算机系统和 Windows 系统的 DVD 播放代码，但是没批准其用于 Linux 系统，而很多程序员使用的就是 Linux 系统的计算机。利用约翰森的软件，黑客们就可以使用 Linux 系统的计算机看电影了！还有一些黑客用其他计算机语言重写了 DeCSS，世界各地的黑客和很多网站的所有者迫不及待地在网上分享各种新版本代码，其中就包括安德鲁·邦纳。黑客杂志《2600》在网上发布了 DeCSS 的源代码，并给出了所有发布该代码的网站链接。

然而，法律的铁锤落了下来。2000 年，一个代表数家电影公司的团体根据新法律起诉了《2600》的出版商，指控其传播 DeCSS 源代码是非法行为。毕竟，只要运行这些代码，你就可以规避数字版权管理。安德鲁·邦纳和其他几位网站所有者也因传播 DeCSS 源代码遭到起诉。与此同时。美国娱乐业一纸诉状到了挪威，挪威警方根据本国法律对约翰森进行了审问和起诉。

这一次震动的不仅仅是密码朋克圈，所有程序员和黑客都坐不住了。在他们看来，美国企业正在利用版权法给编程套上罪名。详细研究黑客文化的人类学家加布里埃拉·科尔曼指出："对他们来说，当时的一系列诉讼案件就是对编程权利的攻击。就是从那个时候开始，他们才发出了代码即言论的呐喊声，那些法律让言论成为违法行为。他们只是在分享、展示代码，现在却被告知触犯了法律。"

在短期内，电影公司并没有马上赢得胜利。2001 年，加利福尼亚州法庭认为邦纳无罪，他有发布源代码的言论自由（尽管之后的几年，法庭就这个问题的判决反复了好几次）。约翰森被无罪释放。但电影公司随后赢了不少官司。一位法官判定《2600》杂志的行为违反了法律，出版商最终决定停止上诉。总而言之，数字版权管理的法律已经成为企业的强大武器，它们随时可以给编程加上违法的罪名。

科尔曼指出，在与政府、企业和间谍的冲突不断增加的30年后，抵抗情绪已经成为黑客的本能。政府一有动作，似乎就是要打击他们的编程工作，将他们喜欢的语言表达变成一种罪行。

她在文章中写道："虽然这看起来像新闻报道中的惯用语言，但是我必须说一句，针锋相对的态度已经深深根植于黑客的文化基因。"

所以，密码朋克也经常被贴上"偏执狂"的标签。

耶恩·赫尔斯比自然也避免不了。她经常告诫朋友，政府会在网上进行监视，追踪通话记录，还会窃取社交媒体数据。"我不太喜欢社交媒体。"赫尔斯比对政府的怀疑也是一个巧合。她之前在芝加哥攻读天体物理学博士学位，专注于暗能量研究，探索宇宙扩张的原因。她和很多同行一样，在研究中也形成了娴熟的编程技能。与此同时，她对外交事务也产生了兴趣，渴望以更直接的方式服务于社会。于是，她利用自己的数据分析技能协助芝加哥开展一项关于城市衰退研究的项目，随后又参与建立了公益组织"露西·帕森斯实验室"，该实验室开发免费的开源软件，帮助市民投诉警察。（其中包括一个警察的照片数据库，帮助人们识别哪位警察骚扰了他们。）赫尔斯比提醒其他活动人士，该组织可能已经被警察局和政府部门盯上了，她组织了加密技术活动教大家如何保障"操作安全性"，例如使用加密的手机应用替代短信。她说："人们应当有自由阅读、表达的权利，而不是一举一动都受到政府的监视，随时有可能因政府的不满而受到惩罚。纽约的一个青少年，因为（在社交媒体上）在枪支的表情符号旁边放了一个警察的表情符号就遭到搜捕，这也太荒谬、太苛刻了。"

尽管如此，她有时还是会被人称为偏执狂，“你是个阴谋论者”。直到2013年，爱德华·斯诺登上了新闻头条。

斯诺登是NSA的外包计算机安全技术人员，他披露了上千份文件，证明NSA确确实实在监视美国民众的日常生活，其程度令人发指。斯诺登事件大大鼓舞了密码朋克，同时也证明密码朋克并不是无中生有的偏执狂，窥探行为已是铁板钉钉的事。

赫尔斯比说：“文件的披露确实有用。斯诺登事件发生后，人们确实对此有了更多了解。而且，即便是我们中最‘偏执’的人，也低估了问题的严重性。”我采访赫尔斯比的时候，她是开发SecureDrop的首席程序员。

我第一次遇见她是在旧金山举办的“亚伦·斯沃茨编程马拉松”上。每年秋天的这个周末，热爱加密技术的黑客会聚集在一起，举办这个比赛，共同开发软件，希望这些软件能赋权普通民众。这个活动也是为了纪念26岁时自杀的程序员、活动家亚伦·斯沃茨。在短暂的一生中，斯沃茨参与编写了SecureDrop的第一个版本，联合创办了社交新闻网站Reddit，共同开发了RSS（一种让人们在线制作个性化新闻推送的方法），他还参与构思了“知识共享许可协议”，这是一种黑客式的超级开放的版权形式。（比如，你可以使用它在网上免费发布照片，允许任何人修改或编辑它——但条件是，他们也可以自由发布修改。或者，你可以让人们用它做任何你想做的事情。“知识共享协议”有很多类型。）斯沃茨坚信，学术信息不应该被大企业封锁，应该免费造福公众。正是这个立场让他招致法律诉讼。2010年，在麻省理工学院，他利用自己编写的程序从付费期刊数据库JSTOR中下载了近500万篇学术论文。在遭到JSTOR和麻省理工学院投诉后，他归还了下载的电子文档，也没有再进行传播。但是美国司法部明显想要杀鸡儆猴，便以计算机诈骗等罪名起诉了斯沃茨，他将面临高达100万美元的罚款和几十年的牢狱生活，最终他选择了自杀。

亚伦·斯沃茨编程马拉松由布鲁斯特·卡尔和丽萨·赖因联合创办，赖因还参与创办了非营利组织“知识共享”。卡尔说：“亚伦因为在图书馆看书太快而遭到迫害。”20世纪80年代，卡尔也是麻省理工学院黑客中的一员，90年代创办了多家企业，赚了数百万美元。现在他创办了“互联网档案馆”，档案馆每天都会复制大量互联网信息，以保存下来留给子孙后代。档案馆还会扫描旧书、黑胶唱片、视频游戏等所有在公共领域可以得到的东西，然后发布到网上：从某种程度上说，斯沃茨的理想变成了现实。档案馆坐落在旧金山一个已经停用的教堂中，大厅里摆了很多桌子，参与活动的黑客就在那儿编程。

赫尔斯比的团队当时正在修改SecureDrop的界面。在另一张桌子上，程序员正在开发新的软件，以便人们能够建立“分布式”网站，站点可以设置在世界各地不同的计算机上，从而避免网站被某些专制政府轻易关闭。项目成员之一是22岁的大学生奥斯汀，在青少年时期，父母只允许他在做功课时使用家里的计算机，他就在任天堂Wii游戏主机上安装了GNU/Linux操作系统自己学编程。

“有时我写代码写得正高兴，他们会突然探过头来看我在干什么，我立马就切换到电视频道，免得被他们发现。我会说，‘嗨，妈妈，我就是在看些无聊的节目’！”奥斯汀和很多人一样，将斯诺登事件视作重要的转折点。在新一代程序员的时代，大众对技术的黑暗面有了更多了解。很多密码朋克都是美剧《黑客军团》的忠实观众，剧中某黑客组织密谋通过加密来销毁一家大型企业的消费者债务记录（这部电视剧竟然惊人地写实，出现了与树莓派计算机和安卓黑客软件相关的剧情）。在亚伦·斯沃茨纪念日当天，档案馆的程序员穿得就像要去《黑客军团》当群众演员，染着头发，穿着皮夹克，打好几个耳洞，笔记本电脑盖上贴满了倡导自由软件运动的标语。硅谷的“兄弟程序员”以健康达人自居，他们疯狂地给自己贴标签——穿着攀岩运动装、晒黑皮肤、骑自行车上班，而密码朋克穿得像来自网络世界的幽灵。“我觉得自己看起来不像个黑客。”奥斯汀煞有介事地看了一圈，然后掀开连帽衫的帽子。坐在对面的女程序员笑道：“知道就好。”

奥斯汀身后是贾森·利奥波德，新闻聚合网站 BuzzFeed 的调查记者，他正在做一个关于信息自由的演讲。在前门附近徘徊，用手机打电话的人是军事情报分析员切尔茜·曼宁，她曾因泄露了引发“阿拉伯之春”运动的军事活动记录和外交文件而入狱，她要在这次活动中发表讲话，鼓励黑客们继续努力。其实，黑客队伍的政治立场非常多元化。科尔曼指出，他们因为对技术的热爱、对知识共享的追求、对自由软件的支持、对政府限制编程的鄙夷而汇聚到同一个项目中。开发加密技术或开源代码可以团结他们，使他们拥有共同的奋斗目标。科尔曼写道：“务实的判断往往胜过意识形态的差异，这样一来，一个反资本主义的无政府主义者可能会和一个自由的社会民主主义者合作，而不会产生摩擦或宗派内斗。”

编程马拉松活动当天下午，我碰到了史蒂夫·菲利普斯，他和一群志愿者及程序员来到现场，他们都是“追寻计划”的参与者。下午，菲利普斯穿着维基解密的 T 恤发表了讲话，展示了团队取得的成就，主要是软件的雏形，专门用于帮助活动人士建立任务清单、设置任务、分配工作。他说，现在有很多论坛供人们交流，但是没有相应的工具帮助人们把工作落到实处。“追寻计划”就是要解决这个问题。“据我观察，很多活动人士在网络上的工作都是可以自动化的。”巴雷特·布朗通过 Skype 参与了对话，他坐在客厅里，抽着电子烟，略带南方口音，慢悠悠地畅谈起“追寻计划”的理念。

当天活动结束后，团队成员到一家泰国餐厅吃晚餐。年轻的程序员马蒂·伊目前在 Behive（某小型社交软件公司）上班，他说：“这简直太紧张刺激了，上台展示前的 10 分钟我们还在往数据库里加东西。”与大多数软件开发一样，让演示程序工作是最后一分钟的紧张时刻。菲利普斯称赞马蒂的软件看起来还不错，他认为这是让活动分子喜欢使用“追寻”软件的关键。他一边浏览菜单寻找符合自己严格饮食要求的食物（最后点了糙米），一边说：“3 个星期前我给马蒂发了一堆自己写得乱糟糟的框架，现在他真的做成了。”

来自田纳西州 21 岁的女生安娜丽丝·伯克哈特是项目的运营总监，她希望能够让中东地区的活动人士掌握“追寻计划”软件。上大学时她辅修阿拉伯语，通过观看 YouTube 视频、叙利亚导师的帮助以及社区中的翻译实践，她的阿拉伯语已经非常流利。一个留着银色长发的美国女生突然说出一口流利的阿拉伯语，这种“混搭”她特别喜欢。“我会在打电话时突然说阿拉伯语，旁边的人总是一脸震惊。”

穿着印有女权主义口号 T 恤的班肯说自己读了某位信息安全领域的作家的文章，其中提到很多支持隐私权的说唱歌词。“他分析了克里斯托弗·华莱士（Notorious B.I.G.），还有《霹雳十诫》（“The 10 Crack Commandments”）。有些歌词是挺不错的行动安全建议。”

“比如，什么建议？”菲利普斯问。

“比如，‘快闭嘴！说太多，等着被捉’。”班肯笑道。

在编程马拉松上，大家做的事情都没有违法。他们打造的工具是为了保护弱势群体。但是，黑客与执法部门之间长期的紧张关系仍然存在，因为警察机关和间谍机构坚持认为，为遵纪守法的普通公民打造的隐私工具也会不可避免地被犯罪分子和恐怖分子利用。

警察机构和间谍机构的观点没有错。以匿名通信软件 Tor 为例，它的开发初衷是对网络浏览进行加密，这样外界就不知道你正在访问哪些网站。对告密者、记者、博主和普通人来说，这意味着他们的网络隐私权得到了保护。但也意味着有人会借此建立所谓的暗网站——无法查清网站站点及其负责人的网站。这对犯罪机会来说太棒了。很多网络上的毒贩特别喜欢 Tor，他们在上面建立了暗网站，在那里人们可以进行毒品和枪支交易。恐怖组织 ISIS 专门撰写了如何利用 Tor 规避审查的指南。使用 Tor 进行违法犯罪活动当然只是一小部分人，但我们必须承认，加密技术在保护自由斗士的同时也保护了犯罪分子。没有哪种加密技术只保护“好人”的隐私。

密码朋克当然知道这一点，大多数人也认为可以接受，自由意味着行善有自由，作恶也有自由。他们能坦然接受这一点确实有些令人吃惊，但也令人耳目一新。在某次安全会议的讨论中，短信息应用 Signal 的开发者、加密技术黑客莫西·马琳斯巴克说，为了保护每个人的隐私，偶尔让违法分子钻个空子是可以接受的代价。

他说：“我认为，执法就应该是很艰难的事情。我认为违法的可能性应该存在。”

他在博客中写道，只有出现违法行为，人们才能意识到有些法律是很荒谬的。“如果从来就不存在同性婚姻，那么各州又怎么去判定同性婚姻应该合法？”

黑客们的好奇心总是很强，一不小心他们就会触犯法律，因为计算机控制了太多东西。20 世纪 80 年代和 90 年代，青少年正是因为掌握了调制解调器的神奇力量才惹上了不少麻烦。当时，那些系统被攻破的企业都惊慌失措：糟糕！我们被黑了！叫网络警察来！不过，也有一些更开明的企业和商界人士认识到，既然黑客喜欢破解东西，那么为什么不充分利用他们的爱好呢？于是，他们开始雇用黑客搞清楚从哪里可以攻破系统，然后修复漏洞。

于是，技术行业出现“渗透测试”岗位。在1992年的电影《通天神偷》中，渗透测试程序员开始出现在荧幕上，其中罗伯特·雷德福饰演的主角带领着一队信息安全人员受雇侵入银行系统。现在也有很多软件公司设立了“漏洞赏金”，有人如果找出系统漏洞并告知公司，就可以获得奖励。

可能和很多人预想的一样，不少渗透测试员从青少年时期就开始尝试攻破系统，有时是自己建立的系统，有时是其他人的系统，他们就是为了寻求刺激。乔波特·安布玛说：“一个17岁的孩子很难理解道德规范。”他和别人联合创立了渗透测试公司HackerOne，雇用全球各地的自由黑客帮助客户找到网站或软件中的漏洞。安布玛在荷兰长大，在那里，他和一个朋友会建立网站，然后相互攻破。后来，他们开始尝试攻破不同企业的网站，看看能不能找出这些网站的弱点。

“我们没有恶意。”他补充说。在高中毕业典礼上，他们侵入了舞台上方的视频显示器，插入了好几个同学的搞笑视频。后来他们决定利用自己的技能去挣钱。他们给很多公司打了电话，征求同意入侵其网站，并承诺如果无法攻破，他们就送对方一个蛋糕。安布玛说：“我们一个蛋糕都没送出去。”因为喜欢刺探计算机的薄弱环节，这些黑客也很容易误入灰色地带。他们要让自己的技能在合法领域为自己赢得回报，同时又要警惕政府把他们变成“杀一儆百”的目标。

每年在拉斯韦加斯举办的DEF CON黑客大会就是这个灰色地带

的大展示。渗透测试、信息安全以及计算机安全科研领域的程序员尤其喜欢这个活动，这简直是数字世界入侵行为的大狂欢，各种创新的入侵系统技术会得到展示，每个人都在积极分享自己最新的构思。2017 年我去参加会议，我发现各种黑客技术真是令人拍案叫绝。一位程序员竟然能攻破重重加密的比特币钱包。另一位程序员可以进入风力发电站的控制台，让制动器不断开启、关闭就足以破坏整台风力涡轮机（“死亡攻击”的艰难终结），或者通过关闭控制台向发电厂索要赎金。（他说：“发电厂停机一小时就要损失 3 000 到 1 万美元，那可是不少钱呢。”）

除了各种演讲展示，黑客们还会在会议大厅里展示自己的入侵技术。我看到一小群人围住一个拿着声波牙刷的人，他在电动牙刷头上加了磁性装置。“你可以把牙刷放到芯片附近充电，看看能不能让它转换状态。”说着他就在自己的树莓派迷你计算机上试了一下，“作为《神秘博士》的忠实粉丝，我当然想要一个声波螺丝刀。”围观的人群中有一个高大魁梧的男生，他的 T 恤上写着:“想歪主意，做善良事。”另一个黑客戴着一顶真正的锡箔帽。

DEF CON 还组织了很多“黑客奥林匹克”比赛项目，也就是专门设立系统让大家尝试去攻破。2017 年我去的时候，看到一间小屋子里全是物联网设备，比如智能恒温器和联网车库开门装置。一队来自美国南部的程序员正在忙碌地写代码。有人大喊：“谁有电源线？我在破解密码，笔记本的电池烫得不行啦。”还有人攻破了警报系统，正在文件夹中搜索密码。

团队成员多里 · 克拉克告诉我：“人们会重复使用密码，这就是秘密，只要想到这一点，很多问题就迎刃而解了。”克拉克曾攻读计算机科学专业，后来又在金融服务行业工作，所以接触了渗透测试。

她说："我竟然要用 COBOL 语言写代码！这个代码可是 20 世纪 80 年代的，比我的年龄都大啊！"她在军队里做过兼职，有一次她碰到一个搞渗透测试的团队，立马被吸引了。现在，她为沃尔玛公司进行渗透测试，空闲时她会从易贝上购买奇奇怪怪的老旧硬件，训练自己破解一些不常见的设备系统。"你必须热爱才能做到这一点，还要把孩子们都哄睡了才能做。"克拉克有个女儿，她决定在女儿学写字时就教她编程。不过，对是否要让女儿了解黑客技术，她还在犹豫。"我要把所有的技能都教给她吗？青春期的女孩子要是学会这个，她可能会黑进朋友的脸书，想看看人家背后都藏了什么秘密。"她说，并哼了一声。

在信息安全领域工作的人对技术世界往往很悲观，因为他们看过太多糟糕的技术，也知道绝大多数的商用软件不堪一击。没错，渗透测试的工作很好玩，同时他们也洞穿了由代码组成的世界：可以被攻破的社交网络，仓促建立起来的各种金融系统，现在是一团乱麻。物联网设备最差，成本低廉，其默认密码一下就能被猜到。（很多信息安全领域的黑客又把"物联网"戏称为"垃圾互联网"。）

在 DEF CON 的"投票机破解站"，这种顿悟得到了更好的印证。有一组计算机专家（包括 20 多年前一手破解了 Clipper 芯片的马特·布拉兹）购买了几十台美国总统大选时使用过的现在已不再使用的投票机，看看能不能攻破它们的系统，然后改写投票结果。布拉兹等专家长期以来一直怀疑这些投票机的安全性能很差，但是一直没有机会对其进行窥探。因为这类机器受到《数字千年版权法》的保护，如果没有生产商的许可，破解机器运行代码就是一种违法行为。但是，政府后来也意识到投票机对整个国家的重要程度，决定暂时赋予其豁免地位。也就是说，黑客们可以尝试破解其系统，不会被追责，也可以公布调查结果。

布拉兹告诉一屋子的黑客:“我们现在鼓励大家去做的事情，是你们在选举日当天做了就会被逮捕的事情。”话音未落，大家已经忙活起来。

破解系统的时间短得惊人。丹麦计算机科学家卡斯滕·舒曼打开他的笔记本电脑，启动了一个破解系统的软件 Metasploit，几分钟后，他就通过不安全的 Wi-Fi 控制了一台投票机。还有一名黑客发现，一台投票机的 USB 端口没有被锁死，插入键盘就可以控制这台机器。这个分会场的角落里时不时就会爆发出阵阵笑声，那一定是黑客们在摸索机器代码的过程中发现了可笑的登录凭证设置。一位金色头发、梳着马尾辫的程序员盯着自己的计算机屏幕，戏剧性地捂着脸说:“用户名是机器默认的，密码……竟然是 admin（也是系统默认的）。”

从技术上讲，选举的组织方应该适时更换密码，但是他们从未改变过。这也是信息安全专家面对的一个困境：在任何系统中，人类都是薄弱环节。信息安全人员总是提醒公司员工要更改密码，要更新软件，但是，一般人还是会忽略提醒。代码可能有缺陷，但用户也有缺陷。从事信息安全工作就是一件费力不讨好的事，你要不断正确地感知网络世界的危险，结果世人却无视你的警告。你是先知，在旷野中哀号，却无人倾听。

正因如此，很多安全技术程序员非常看不惯身边的同事，内心充满鄙夷：我身边都是笨蛋，这些白痴如果不再乱点击邮件里的链接，一切就安全了。同来参加大会的一位程序员在公司里负责信息安全工作，我们会后在酒吧里聊天，他说:“我真的是盯着公司副总们去改密码的。大家都很懒散，很多事能免则免。一旦出了问题，我就会被一顿臭骂。”他苦笑着说，难怪他不愿意和人打交道。

信息安全程序员克里斯蒂安·特努斯在其文章中总结道：“在很多人看来，我们就是混蛋。”

信息安全员的偏执并没有错。确实有很多所谓“黑帽黑客”，为了牟利他们想方设法入侵各类系统。事实上，由于恶意软件在网上变得更容易购买甚至租借，营利性质的网络犯罪规模正在不断扩大。

2017年，恶意软件WannaCry已经充分显现出网络攻击带来的巨大风险。WannaCry是一种“勒索软件”，计算机被其感染后，所有的文件都会被加密，用户将无法正常读取、使用。然后屏幕上会出现一个弹窗：“我们保证您可以安全快速地找回所有文件，但是您的时间不多了。”现在的勒索软件似乎也要把自己弄得非常专业，有的甚至有帮助热线，指导受害人获取比特币，这可是支付赎金的主要货币。这个恶意软件似乎也在试图影响一家硅谷初创企业的声誉。（WannaCry甚至制定了一项富有同情心的企业政策：“我们将为那些在6个月内付不起钱的用户提供免费活动。”）

WannaCry造成了巨大的破坏，全球150多个国家20多万台计算机被强行关机，俄罗斯、乌克兰和印度受影响最严重。不过，最混乱的场面或许出现在英国国家卫生服务系统（NHS）的医院中，各类医疗设备，比如磁共振成像扫描仪、计算机、贮血冰箱等都受到影响。医院职员只能靠纸笔做记录，上千台手术和门诊预约被推迟。据估计，全球损失总额高达40亿美元。

与此同时，在英国的一个农村地区，还住在父母家里的马库斯·哈钦斯正思索着如何终止这一病毒的传播。哈钦斯性格温和，满头卷发，他是洛杉矶一家网络安全公司Kryptos Logic的研究员，也是一名

“白帽黑客”。哈钦斯的专长是对恶意软件进行逆向工程操作，搞清楚其开发过程和运行原理。当年在父母家中，他突然发现一个有趣的现象，WannaCry的每个副本都会试图链接一个根本不存在的网站：iuqerfsodp9ifjaposdfjhgosurijfaewrwergwea.com。为什么？他不确定，如果他注册了这个域名，建成网站，所有的副本是不是就会不断链接这个网站？也就是说，他可以追踪到底有多少副本，传播到了什么地方。于是，他花了10.69美元注册了该网址。

果不其然，他得到了想要的效果，甚至得到一个意想不到的惊喜：WannaCry的攻击终止了。

原来，那个网址就像一个“自毁开关”，被注册后，WannaCry的所有副本都被关闭了。哈钦斯说：“几分钟这一切就结束了。”恶意软件的崩溃速度让他感到惊讶。有可能恶意软件的设计者专门设计了这个“自毁开关”，万一勒索软件失去控制了还有应对的办法。“以防情况发展到不可收拾的地步。”无论如何，他都阻止了更大范围的破坏。在WannaCry崩溃后，美国境内很多计算机不再需要切断电源，立即恢复了运转，也就是说，他的操作意味着减少了数十亿美元的损失。

没过多久，哈钦斯声名鹊起，各大报纸都说这位白帽黑客“无意间”拯救了世界。他12岁开始自学编程。在业余时间，他逐渐对恶意软件尤其是僵尸网络产生了兴趣。他会分析每一个他能找到的僵尸网络，因为他已经熟练掌握了Assembly语言（一种粗糙的低级语言），他把自己的研究发现写成长篇文章发布到博客上。他申请了英国军情五处的工作，不过Krytos Logic的首席执行官更快一步，在读了他的博文后马上邀请他到公司就职。这也显示出，信息安全人才是多么紧俏。

在我们交谈时，哈钦斯指出，很多才华横溢的白帽黑客最开始训练自己的技能都是为了获得免费软件。他说："很多逆向工程师都是被这些'软件'训练出来的。"他们会破解电子游戏或者办公软件的数字版权管理，然后就可以免费使用它们，还会免费分享到网上。"其实就是弄清楚授权算法，然后自己写出新的授权代码。掌握这些技能的人一般都很擅长分析恶意软件。"

在这些年的采访中我发现，很多信息安全领域的技术人员都曾涉足灰色地带。年少时期，好奇心旺盛的他们潜伏在各类恶意软件的网站上，不断下载、试用，还会修改或者自己重新设计新的恶意软件，有人可能是为了赚钱，也有人就是想在恶意软件的论坛上秀一下自己到底有多厉害。不管怎样，这都是他们的学习方式，了解恶意软件领域的来龙去脉及其模糊特征的一种极好的方法就是参与。

2005 年前后，我在欧洲各地采访了很多专门写病毒和蠕虫代码的程序员，很多人年少时都居住在小城镇，他们聪明伶俐但觉得日子无聊透顶，论坛上那些不知身在何处的网友成了他们最亲密的朋友。每每设计出新代码，他们就会在网上分享，并且经常提醒微软等公司，其软件有漏洞可能会被恶意软件攻击，以便那些公司及时修补漏洞。他们不是坏人，也没有发布过恶意软件。但是，他们确实很喜欢在论坛上分享自己的代码，也就是说，这些代码很多时候确实会流传出去，被一些别有用心的人利用。

现在，那些无聊、聪明的青少年最终可能会创造出恶意软件，然后出售或出租它们来牟利。随便浏览一个恶意软件网站，"网络钓鱼工具"数不胜数。这类软件可以生成很多链接，伪造某个平台"密码重置"信息发送给不同的人，如果有人点击了这个链接，恶意软件就会进行"情报采集"，悄悄搜集电子邮件、文件，然后重新发送给受骗人进行欺诈。（鱼叉式攻击软件就更厉害了，攻击者会以熟人的身份发送钓鱼邮件。信息安全公司 Symantec 发现，这是最常见的攻击策略，75% 的诈骗团队会使用这种方法。）勒索软件也是如此，任何人在暗网市场上花几百美元就可以买到。这类软件一般都用于勒索小公司，属于轻罪，2017 年，这些小公司平均损失 500 多美元。僵尸网络也是如此。很多智能家庭设备安全性较差，包括恒温器、冰箱、咖啡壶等，这些设备在接入网络时密码极易被破解，有些家庭甚至根本就不设密码，所以，目前要开发攻击这些设备的僵尸网络特别简单。

正因如此，僵尸网络 Mirai 才造成了极其巨大的危害。制作 Mirai 的是 3 个年轻人，其中包括曾在罗格斯大学主修计算机科学专业的帕拉斯·杰哈。杰哈和他的同伴都是《我的世界》的狂热玩家，他们通过感染数千台物联网设备创建了 Mirai，然后用它们让各种《我的世界》服务器下线，有时他们还像黑手党收保护费那样勒索他人的钱财。他们还出租僵尸网络，协助某些网站进行“点击量欺诈”。比如，每天支付 1 000 美元，他们就会操作设备不断点击网站或网页上的广告，伪造出极高的点击量，网站所有者就可以向广告商索要更多的费用。这类诈骗让他们获利 18 万美元。有时，他们还会使用僵尸网络攻击他们不喜欢的人，在对方的网站上制造激增的流量，导致网站瘫痪。

如果单看杰哈在论坛上的发言，你可能会觉得他是一个喜怒无常的虚无主义青年，喜欢炫耀自己的编程技能。某个网站受到杰哈攻击后，网站所有者解释说，数字世界的攻击会对很多人的现实生活产生影响。杰哈的回复充满了冷嘲热讽：“别人怎么样我早就不在乎了。我的人生经历一直是被骗，或者骗别人。”最终，他还是被绳之以法。布赖恩·克雷布斯是调查恶意软件的知名记者，他花了数个月耐心地搜集证据，终于发现了杰哈的真实身份（与大部分恶意软件的作者一样，他也一直藏得很深）。杰哈和同伴被逮捕后，被判处5年缓刑和62.5周的社区服务。从判决备忘录看，他们已经“改邪归正”，开始协助美国联邦调查局应对“网络犯罪和网络安全问题”。看来“白帽”与“黑帽”之间确实存在很多灰色地带。

据传闻，哈钦斯本人就是个“灰帽”。一开始，他因为终止了WannaCry的恶意攻击受到盛赞，是典型的白帽黑客。第一次去参加DEF CON黑客大会，他就被要求合影的仰慕者团团围住——他是WannaCry的终结者啊！但是，当他去机场准备飞回英国时，FBI特工截住了他——哈钦斯因制造恶意软件被逮捕。原来，几天前，某陪审团起诉他制作并销售恶意软件Kronos，专门搜集银行的信息。这是不是有点儿像一个警探因暗中组织犯罪活动而被逮捕？

当哈钦斯被保释时，技术安全圈内充斥着各种猜测。一些人认为他可能真的触犯了法律，克雷布斯报道了一些证据，显示几年前，哈钦斯还是青少年时发布、销售过一些恶意软件，但是没有多大的影响。还有一些人为哈钦斯辩护：很多白帽黑客在青少年时期都会鼓捣恶意软件，都会尝试入侵系统。这是他们的学习方式。哈钦斯在Kronos一案中没有认罪，截至我写作本书之时，此案还没有被开庭审理。

他也大笑着承认，青少年太过无聊真的可能会制造出大混乱：“恶意软件的背后要么是无聊透顶的青少年，要么是有组织的网络犯罪团伙，没有中间地带。”

虽然青少年利用僵尸网络、恶意软件制造了不少混乱，但是真正的网络罪犯并不是他们。真正的“大佬”往往是那些神秘的程序员团体，他们通过在线合作建立巨大的代码库和操作系统。有些团体纯粹为了牟利，比如俄罗斯程序员叶夫根尼·米哈伊洛维奇·博加乔夫，他制作的僵尸网络专门攻击银行，他因此获利超过1亿美元。他已经成为FBI重金悬赏的黑客通缉犯之一。

博加乔夫目前在俄罗斯的阿纳帕过着自由自在的生活，当地警察没有找他麻烦。这是因为，俄罗斯政府在网络犯罪领域是选择性执法，其基本态度就是，网络犯罪只要不是针对俄罗斯公民，那就没问题。而且，如果某程序员制作的僵尸网络攻击了其他国家政府的计算机，这就可能成为俄罗斯政府的重要资源。政府可能会对黑客说：我们可以以黑客罪逮捕你，除非你选择和政府合作。通过这种方式，政府可以获得一些重要的黑客技术。博加乔夫似乎就是政府的合作对象。

其实，这也是大部分网络犯罪的发展方向：情报搜集。很多时候，有人入侵计算机并不是为了盗窃钱财，也不是为了破坏数据或者植入勒索软件，仅仅是为了窃取信息，例如公司电子邮件、文件、计划（如果是商业企业），或者是有用的政府秘密文件（如果是国家）。

这本质上就是一种间谍行为。而且，网络犯罪和国家利益已经日益紧密地联系在一起。

今天的大型网络犯罪集团不一定由国家政府或其间谍结构直接管理，但是至少和它们有着密切的联系。美国当然也存在黑客受雇于政府的情况，他们积极开发各种恶意软件和工具。事实上，WannaCry所使用的漏洞最初是由美国国家安全局开发的。该工具的开发可能是美国国家安全局想对付其他国家，结果其系统被黑之后该漏洞被泄露出去。

在数字世界中，政府对大众网络行为的监控越来越严，这对公民产生了巨大而令人不安的影响。难怪这一领域的黑客经常与法律发生冲突。当然，密码朋克是偏执狂，但是我们其他人可能也应该做个偏执狂。

第九章

人工智能的崛起

Cucumbers, Skynet, and Rise of AI

这一章的故事始于中国的围棋，以黄瓜结束。

如果你还记得电影《终结者》中的人工智能超级计算机“天网”，那么 2015 年的秋天就是一次震撼人心的“天网时刻”。谷歌的子公司 DeepMind 开发出了阿尔法围棋（AlphaGo），为了检测该程序的人工智能技术水平，DeepMind 安排阿尔法围棋与欧洲围棋冠军樊麾对弈。最终结果是阿尔法围棋以 5 比 0 大获全胜。几个月后，阿尔法围棋又与世界顶尖的棋手李世石对战，以 4 比 1 的绝对优势获胜。

阿尔法围棋之所以如此厉害，部分原因在于，它融入了当下最热门的神经网络技术——“深度学习”。通过该技术，计算机可以分析数百万局围棋比赛，然后形成自己的规则模型。将任一棋局输入模型，阿尔法围棋连同更传统的蒙特卡洛方法就可以推测出下一步怎么走。在此之前，有不少人尝试开发下围棋的人工智能程序，但都比较粗糙，基本上就是通过设计搜索引擎的算法来选择最佳走法。但是这种传统的编程方法攻不破步法千变万化的围棋棋局。围棋走法的可能性远超国际象棋。有句围棋谚语叫“千古无同局”，围棋棋局的变化数量可能超越了宇宙中原子的数量。

所以，阿尔法围棋的开发人员一开始就没有选择传统的编程路径，他们并不是马上着手编写逻辑规则。相反，深度学习让阿尔法围棋分析了 3 000 万局已有的棋局走法，然后形成极其复杂的算法模型，其程度之复杂，连开发人员都无法解释清楚。

总而言之，即便有些离奇古怪的走法，阿尔法围棋也成了不折不扣的围棋高手。有时它甚至会走出前所未见的棋法。《连线》杂志报道，在对战李世石的第二局比赛中，阿尔法围棋第 37 手棋令观战的专家们大惑不解：它完全抛弃了一组棋子，在棋盘的另一块重新布阵。

有专家评论："那一手棋真是出人意料。"还有的专家"以为是计算机出错了"，思索片刻他们才醒悟过来：太厉害了！同时观战的樊麾也不禁赞叹道："太漂亮了！这不是人类的举动，我从未见过有人这样下棋。"阿尔法围棋的第 37 手让李世石也吃了一惊，他站起来转身离开了比赛的房间，15 分钟之后才返回。第二天，战败的李世石承认，那一手棋确实让他感到不安。他说："昨天我大吃一惊，但今天我心服口服。"一时间，关于阿尔法围棋的报道遍布各大报纸和网站。

深度学习成为备受追捧的高新技术。而且对编程人员来说，想要体验一把相关的开发过程越来越简单了。

因为，谷歌在发布阿尔法围棋的同时，也推出了开源软件 TensorFlow，这款软件能够大大简化建立神经网络系统的过程。假设你想开发一个针对本公司员工的人脸识别系统，那么你可以让每个员工提交不同的照片，让 TensorFlow 神经网络学习这些照片，直至能够自动识别出每位员工，最后把程序安装到公司大门的摄像系统中，这样，新的门禁系统就大功告成了。几个月后，全球的程序员纷纷下载

TensorFlow 并兴致勃勃地开始了各种实验。

其中就有 37 岁的日本计算机工程师小池诚。小池诚之前一直在美国的汽车行业从事软件设计工作，他的父母是日本南部沿海湖西市的农民。因为父母年纪越来越大，小池诚决定回到日本帮助父母打理农场。

小池家的农场主要种植黄瓜。在日本，消费者一般都喜欢外形笔直、颜色鲜亮、表皮带有毛刺的黄瓜。在农场里，黄瓜从地里采摘回来之后，小池诚的母亲每天要花 8 小时进行分类，品相最好的会卖给批发商，品相一般的就卖给当地的蔬菜摊贩。黄瓜可以分为 9 种不同的类别，小池诚亲身体验了分类的难度，他花了好几个星期才能准确区分。他说："在特别繁忙的时候，我们找不到临时工，就连我自己也是最近才学会准确分类黄瓜的。"

不过，小池诚看到了阿尔法围棋的新闻，深度学习立刻引起他的关注：这个技术已经越来越成熟了。当 TensorFlow 推出后，小池诚也有了好主意。

"也许我可以开发一个人工智能程序来为黄瓜分类？"

说干就干。小池诚先是搜集了不同类别黄瓜的上千张照片，他需要搭建一个数据库来训练这个神经网络程序，让它区分品相差的黄瓜（弯曲、畸形的）和品相好的黄瓜（细长、笔直的）。他先花了 3 天测试和调试这个程序，然后拿了一根新鲜的黄瓜测试程序是否能识别好坏，接下来不断地调整、训练，几个星期后，他的人工智能程序识别、分类黄瓜的准确率达到 80%。

接下来，小池诚决定做个机器人来自动分拣黄瓜。"分拣黄瓜机器人"跟一个档案柜差不多大小，小池诚把黄瓜从顶部放进去，3 台摄像机会从上方、侧方、底部分别拍摄照片，待人工智能程序识别出黄瓜的类别后，机器人将黄瓜输出到传送带上，机械臂就会将其推入相应类别的盒子中。

小池诚的父母看到这个机器虽然有些开心，但是依然表示对机器人的工作效率不是特别满意。这是因为他们已经是分拣黄瓜的专家了，儿子用机器人来分拣的速度远远跟不上他们，而且 80% 的准确率也不足以替代人类更为精准的判断。他母亲表示，“（它）还有待完善”。当然，小池诚也在继续努力。他认为，只要给系统输入更优质的数据，即更多的高清图片，再利用高速运算的云计算机替代自己的计算机，最终他一定能开发出拥有母亲那种熟练技能的分拣黄瓜机器人。同时，他还在开发另一套神经网络程序，用以识别还未采摘的黄瓜。在采访中他说：“我希望能够制造一个自动采摘机器人。”在他拍摄的短片中，我看到这个程序目前的运行效果：当小池诚举着摄像机在黄瓜棚中行走时，屏幕上显示出人工智能程序用方框圈定的一根根黄瓜。

小池诚梦想着有一天能够让机器人真正实现自动化，可以替代父母当前的工作。这对农场也大有益处，因为父母到时就可以更专注于计算机还未能实现的事情，比如照料植株，或者进行育种实验，种植出更爽脆、更美味的黄瓜。

谷歌发现了小池诚利用 TensorFlow 做的实验并联系到他。小池诚告诉谷歌：“农民当然希望把时间和精力用在培育可口的蔬菜上，我希望在大农场抢走父母的生意前尽快实现分拣任务的自动化。”

多年来，程序员一直在编程，就是为了让计算机取代人类重复性的工作。而现在，他们决定将重复性的思考也进行自动化。

自从计算机被发明以来，程序员一直梦想着能够创造出拥有人类行为的机器。当机器能够展现出与人类相似的行为——能够进行“思考”这样的任务时，你可能会好奇：计算机能像我们一样去学习吗？就像孩子一样，自己汲取新知识，能够和他人对话，甚至能够理解人类的言行？人类大脑的运行和计算机一样吗？人类的思想和语言也是由无数编程逻辑语言构成的吗？

早在 1956 年夏天，全球顶尖的计算机设计人员就决定一起解决这些问题，超过 12 个人聚集在达特茅斯学院，希望弄清楚“人工智能”——该术语正是起源于此。他们在一份振奋人心的会议章程中写道：“我们将尝试寻求特定的方式，让机器可以使用语言，形成抽象思维和概念，承担当前仅有人类能胜任的工作并不断完善自身。我们相信，这些百里挑一的科学家只要齐心协力，这个夏天必定能在至少一个或多个问题上取得重要进展。”对啊，这能有多难？

尽管有这么多才华横溢的学者专家聚集到一起，但是达特茅斯学院的这次会议并未在人工智能方面取得切实的进展。在之后的几年里，程序员终于意识到，聚集在达特茅斯学院的专家大大低估了让机器去“思考”的复杂程度。

这在一定程度上是因为，计算机遵循清晰明确的规则，而人类的思维充满了不确定性。举个最简单的例子，假设你要开发一个聊天机器人，在编程的时候你就要写入所有机器人与他人可能发生的对话，有人输入“你好”，聊天机器人必须从你所编写的回复中挑选一个——“你好”或者“嘿”。在本书写作期间，几乎所有的聊天机器人都是这样工作的。正因如此，这种简单粗暴的方法也暴露了一个问题：开发人员必须预测任何一个人可能对它说出的每一句话。假如有人说“哈喽”，而你编写的程序没有将“哈喽”等同于“你好”，聊天机器人就无法识别“哈喽”，无法做出回应，程序就会崩溃。程序员可能会越陷越深，编写成千上万的回复语句，融入分析人类语言语法的模块，以期更好地预测机器人可能会遇到的对话。但这就是你在购物网站遇到的聊天机器人总是会很快崩溃、变得毫无用处的原因。

戴夫·费鲁奇是沃森机器人（因参加美国智力竞赛节目《危险边缘！》而闻名）开发团队的负责人，他对我说过，以上述方式打造人工智能简直是异想天开。当用户尝试做一些编程人员从未预料的事情时，即计算机遇到“极限情况”时，程序就会崩溃。然而，人类的行为总有充满太多始料未及。

上升到“学习”那就更难了。就算你能让聊天机器人说话，它真的能自己学习新东西吗？如果你对聊天机器人说，“希腊经济因为欧元的问题正在崩溃”，它能听懂吗？因为这个句子有很多“隐含信息”，要理解它，你必须知道希腊是一个国家，这个国家已经开始使用欧元作为其通用货币，一种货币对一个国家的经济有很大影响。除了这些隐含信息，你还要理解很多基本概念:“国家”是什么？“经济”是什么？“崩溃”又是什么？是的，有时候我们把这些统称为常识，在成长与学习的过程中，人类积累了越来越多的常识，而这正是人类与世界互动的能力基础。

打造人工智能的梦想破灭了，它带来了“人工智能的寒冬”。计算机科学家和投资者对之前高调的宣传失望透顶，他们不愿意再涉足该领域。它太危险了，它会让你像个白痴。其实，从 20 世纪 60 年代到 21 世纪第一个 10 年，人工智能领域经历了好几轮的“冬夏循环”。在狂热时期，资本涌入，人们热切期盼着新技术的到来，只是承诺太多，却从未兑现，这导致又一个寒冬的到来。

在过去很长一段时间里，有效运行且能带来收益的人工智能产品并不多，其中一个是“专家系统”。这类程序极其简单，可以将一些非常有限的决策工作自动化。比如，某家银行需要一个工具帮助其职员迅速判断客户是否应该获得抵押贷款。所以，程序员就要访问负责抵押贷款业务的人员，了解他们在分析贷款申请时需要哪些专业知识。程序员也有可能开发一个工具来查看近几年抵押贷款的数据，分析哪些类型的借款人倾向于全额还款。然后，程序员就会把所有的专业知识按照最简单的“if–then”句式写入程序：如果申请人年纪较大，如果申请人信用评级较高，如果申请人有固定收入，他们的申请就会被批准，以此类推。“专家系统”是最低层次的人工智能，因为它自身无法学习任何新东西，不会思考哲学问题，也不会与人对话。

随着计算机能力越来越强大，处理海量数据的成本也越来越低，某些程序员开发的程序在“大数据”分析上做得越来越好。计算机可以通过分析大量数据洞察新趋势，这远远超出人类的能力范围，又被称为“机器学习”。不过这种“学习”和天网的学习不一样，计算机还不能通过吸收信息来获得更厉害的思考，仅仅是“学习”到一个新的趋势。

不过，在某些情况下，这类技术的预测能力确实不错。2003 年，西班牙巴塞罗那的一家高科技公司搜集了数百万首流行歌曲，把它们拆解成各类分析元素：每分钟的节拍，大调还是小调，等等。随后，他们利用一项机器学习算法综合分析这些曲目，最终开发出一个流行曲目预测机器人，输入任何一首新歌，机器人就会从数据角度判断它与以前流行歌曲的相似度。

效果非常不错！在美国歌手诺拉·琼斯没有爆红之前，机器人就判断出她首张专辑的几乎每首歌都会大热，这家科技公司也一举成名。

还有一种人工智能与人类有着惊人的相似之处，它似乎为计算机提供了一种真正自主学习的方式。

没错，那就是神经网络。这些系统基本上是按照人类大脑的工作方式建立的。一个神经网络有很多“层”，每层都由很多节点组成，就像大脑中的神经元，软件中的节点也是相互连接在一起的。

教神经网络学习就是训练它。假设你要开发识别向日葵图片的神经网络软件，你先要搜集大量向日葵的数字图片，第一层神经网络会被图片中的不同像素激活，判断是否向第二层传输信息。第二层也会做同样的事情，每个神经元会判断是否做出反应并将信息传输到下一层。最后一层只有一个决定：这个图片“是”或“不是”向日葵。

为什么这种神奇的结构能够通过像素判断出图片是不是向日葵呢？神经网络不是马上就能做出判断的，它一开始并不知道向日葵长什么样，每个神经元都在盲目地猜测，在得出了“是向日葵”或“不是向日葵”的判断后，由你来检测它的猜想是否正确，然后你再输入信息（正确！错误！）反馈给神经网络，这个过程被称作“反向传播”。神经网络软件利用这些反馈信息增强或减弱神经元之间的校正，那些促成错误猜测的因素将被弱化，那些促成正确猜测的因素将得到加强，经过数百次、数千次甚至数百万次的训练，神经网络的猜测结果会越来越准确，只要输入向日葵的图片，软件就会给出肯定判断，如果输入教堂的图片，它就会给出否定判断。

如果训练得当，软件不仅能识别出它已经看过的向日葵图片，还能在一张新输入的图片上认出它从未见过的向日葵。也就是说，神经网络已经把向日葵的典型特征高度提纯，达到百发百中的判断水平。更厉害的一点在于，这个过程不需要任何形式的 if-then 编码，神经网络算法自己就发展出这种模式匹配能力。

早在 20 世纪 50 年代有人就提出了神经网络的概念，到了 80 年代，法国科学家杨立昆将其推向一个新高度——可以识别手写字母的神经网络。

但是，当时的神经网络系统并不实用，对处理器和内存的要求很高，这超出了大部分软件开发人员的承担能力。更糟糕的是，训练神经网络需要大量的数据，让系统准确识别一张向日葵的图片很简单，但是要想训练出更厉害的神经网络系统，往往需要数百万张不同的向日葵图片。那时距离数码相机的发明还有一二十年，人们很难找到那么多图片。

神经网络系统看起来确实有意思，在某些地方也得到了应用。银行就利用杨立昆的研究开发了自动识别支票的系统。一些语音识别公司利用神经网络开发了第一批语音识别产品，虽然不够灵敏，运行缓慢，但也能够识别语音并将其转换成文字。

但是在大多数情况下，计算机科学家依旧认为，神经网络是人工智能的又一张空头支票。在经历了 20 世纪 80 年代的一些小狂热之后，神经网络也步入了“人工智能的寒冬”。

不过，当时还在读研究生的汉斯–克里斯蒂安·布斯依旧被这神奇的技术深深吸引，他说：“每个人都和我说，这个领域没有前景。”他的同龄人也让他早点儿放弃，他们认为神经网络永远不会有任何成果。

但是，他们都错了。

杰夫·迪恩是发现这个错误的程序员之一。

50 多岁的迪恩掌管着谷歌的人工智能部门（Google AI），早在 1999 年他就加入了公司。我们在谷歌的硅谷总部见了面，他告诉我：“早期我们就在帕洛阿尔托市中心的一家电信公司营业部的楼上办公，地方很小。”那时，谷歌联合创始人谢尔盖·布林每天还踩着轮滑鞋上班，公司仅能勉强维持增长。当时的服务器都是谷歌员工手动搭建的，他们将一些便宜货拼拼凑凑整合到一起。每到夜里，他们都会运行“爬虫”算法，煞费苦心地搜集能在网络上找到的网页的副本，这个过程往往耗时数小时，而且系统经常会崩溃。系统一旦崩溃，谷歌员工的呼机就会闪烁起来，大家不得不半夜赶回公司重启“爬虫”。搜索引擎确实能运行了，但是在开发早期，它可能是一团乱麻。迪恩说：“我觉得当时大家每周都在努力不让公司垮掉，这太刺激了。”

迪恩也是名声在外的谷歌“10倍速程序员”之一。他对谷歌服务器硬件和互联网各方面的细节了如指掌，他张口就能说出一组数据在阿姆斯特丹到加利福尼亚之间来回传输一次需要多少时间（约150毫秒）。他有着过硬的编程技能，能够设计出运行速度极快且可靠的系统，这对这家快速成长的企业尤为重要。由他（和他的同事桑贾伊·马沃特）开发的一个著名产品是MapReduce，这是一款让谷歌工程师在处理器集群上处理大量数据集的软件。还有一个是Spanner，全球分布式数据库。谷歌的同事对他崇拜至极，还模仿“查克·诺里斯事实”给他编了一套“杰夫·迪恩事实”。（其中一个事实是：“真空中的光速原来是每小时35英里，后来杰夫·迪安花了一个周末优化了物理。”还有：“杰夫·迪恩在做人体工程学评估，目的是保护他的键盘。”再有：“编译器不会警告杰夫·迪恩，只能是杰夫·迪恩警告编译器。”）

迪恩很早就对神经网络产生了浓厚的兴趣，在他看来，要让谷歌获得更大的发展，他们必须重视神经网络的潜力。毕竟，神经网络可以实现的功能——自动识别和关联信息——是谷歌的立业之本。20世纪80年代末，迪恩就在他的本科毕业论文中编写了神经网络的代码，但当时他能解决的都是些“微不足道的问题”。当时的计算机性能太差，运行的神经网络系统规模有限。他们需要速度更快的处理器，超乎当时想象的速度。迪恩说：“后来我们才发现，计算机速度提升 60 倍都远远不够，我们需要 100 万倍的提速。”

随着 21 世纪第一个 10 年的过去，迪恩和他在人工智能领域的同事觉察到，限制神经网络发展的条件正在逐渐消失。现在，有更多现实世界的数据需要分析。多亏了互联网，人们在线上平台发布了数十亿文字、数百万张照片。如果你想搜集大量的英文句子，训练能够识别语言的人工智能系统，你可以搜集所有的维基百科文本，也可以利用“爬虫”命令搜集谷歌新闻。更妙的是，在 21 世纪第一个 10 年，计算机运算越来越快，价格却越来越低。在这个大背景下，程序员可以创造出多层结构的神经网络，这被称为“深度学习”，因为有很多层被堆叠在一起。

2012 年，神经网络领域迎来了重大突破。来自英国的计算机科学家杰弗里·辛顿在多伦多大学辛勤钻研神经网络 20 多年，在当年的 ImageNet 挑战赛中，他和他的学生向世界展示了令人叹为观止的神经网络技术，最终赢得了比赛。ImageNet 挑战赛每年都会举行，全球的人工智能研究人员会相聚于此，看看哪个队伍开发的系统在图片识别上更胜一筹。那一年，辛顿带来的深度学习神经网络的图片识别错误率仅为 15.3%，远远超过第二名——错误率为 26.2%。这是人工智能领域一次飞跃性的进步。

迪恩的一位同事也带来了重大突破。华裔计算机科学家吴恩达当时是 Google X（谷歌尖端技术研发部门）的兼职顾问，他和迪恩一样，青年时期就对神经网络产生了兴趣，但是在漫长的人工智能寒冬中，他搁置了这方面的工作。2011 年，吴恩达与迪恩共进晚餐，聊天中两人对利用谷歌强大的计算机设备群来打造一个前所未有的神经网络系统的想法感到很兴奋。

吴恩达告诉我："当人们想到人工智能的时候，很多人想到的是感知能力，但是我会想到自动化，这才是人工智能的价值所在。"他在推特中也曾说："正常人可以在1秒内完成的事情，我们现在基本上都可以通过人工智能实现自动化。"

迪恩和吴恩达等计算机工程师的首个实验就是利用谷歌1.6万台处理器运行一个大型图片识别神经网络。他们让该系统自动分析数百万YouTube视频上的录像，看看它能否找到一些模式。最终，神经网络学会了识别猫。

迪恩回忆道："我们从未对其指明什么是猫。"这个神经网络系统完全独立地辨识出了猫的耳朵、脸型等特征，它是真正会自学的人工智能！一开始，实验结果让大家非常惊讶，不过仔细一想也很容易说得通：YouTube视频上有很多猫的视频，任何有自学能力的算法应该都能分析出那些在视频中重复出现的显著特征，从而洞察人类在网络世界中对猫的痴迷。这种推理方式已经接近人类了，这令人毛骨悚然。"终结者"进入了现实世界，竟然知道猫是什么！

谷歌随即向深度学习领域投入大量资源，不断开发新功能并将其整合到更多的产品中。技术人员对深度学习神经网络进行了语言配对儿训练，例如，技术人员会输入所有被翻译成英语和法语的加拿大议会议程，或者其他的众包翻译版本。谷歌翻译通过一个晚上的"学习"，翻译质量有了明显提升。另外，日英双向翻译甚至可以熟练地翻译文学性段落，这令日本学者惊叹不已。

短短几年，深度学习技术席卷了全球软件业，企业竞相将其融入自己的产品。中国搜索引擎巨头百度迫切想追赶谷歌的人工智能浪潮，便挖走了吴恩达。长期以来，脸书的工程师一直在使用不同风格的机器学习系统帮助识别照片中的人脸，过滤新闻推送中的信息，预测用户感兴趣的广告。公司建立了一个人工智能研究实验室，不久，实验室开发的人脸识别深度学习模型就达到97.35%的准确率，比当时最先进的产品高出27%（用他们自己的话说，“无限接近真人识别的水平”）。世界各地的自动驾驶汽车项目也在利用深度学习让汽车更好地识别路况。优步还用它预测新的服务将会出现在哪里。美国国家癌症研究所正在致力于利用深度学习在CT（计算机断层扫描术）中检测癌症隐患。深度学习甚至渗透到文化领域。中国企业巨头字节跳动在其新闻应用“今日头条”中使用神经网络技术帮助策划新闻故事，这一做法非常成功，用户每天的使用时间高达74分钟。几年前，发明了首个“非特定人连续语音识别系统”，后来成为苹果、微软和谷歌资深员工的李开复，将他所有新的金融投资决策都交给了人工智能。他告诉我，“我不再和人类做交易了”。

在每一次软件技术发展的大浪潮中，对人力资本的追逐都激烈无比。在深度学习领域，美国硅谷与中国企业对尖端人才的追逐尤为狂热，任何擅长教计算机听、看、读和预测的程序员的年薪都会高达6位数。

什么类型的程序员会痴迷于人工智能的开发呢？

没错，就是那些痴迷于科幻电影中强大的机器人的程序员。前文提到沃森机器人开发团队负责人戴夫·费鲁奇，他一直期望着开发出像《星际旅行：进取号》中能与人对话的那种系统。“能够理解你的问题，能够给出所有你想要的回应。计算机要什么时候才能知道如何跟你交流？这就是我的问题！”还有一些程序员通过神经科学领域开始接触神经网络技术，他们好奇这些系统是否真的能模拟人类大脑的工作方式。除此之外，有些程序员甚至是从艺术界转入编程界的，他们的梦想就是开发出可以创作文学和美术的机器。（我所认识的一位很有天赋的人工智能程序员一直在利用电视电影剧本训练他的神经网络系统，让它自动生成新的剧本，他再挑选其中最好的进行拍摄。）

“Hello，Word！”开启了程序员的职业生涯，但是要进入人工智能领域，他们还需要极大的冒险精神。程序员马塔・赛勒是多伦多大学一名年轻的工程科学专业的学生。有一次，杰弗里・辛顿的一个学生向赛勒展示了一段蜡烛闪烁的视频，并告诉他这是由某个神经网络系统自动生成的。

赛勒告诉我：“当时我就惊呆了！”看到视频中栩栩如生的火焰，赛勒立马选修了辛顿的课程，并让辛顿指导自己的本科毕业论文，他希望学到更多深度学习的知识。赛勒到纽约大学攻读博士学位，2012年，辛顿的著名论文引发了深度学习的热潮，差不多同一时期，赛勒在谷歌实习了两个夏天。他迷上了深度学习，愈加得心应手。在谷歌实习期间，他开发了一个识别图片中门牌号码的人工智能。毕业前夕，脸书、谷歌、微软和苹果等公司纷纷递来橄榄枝，他一一婉拒，转而着手打造他自己的尖端视觉人工智能。他住在纽约大学的公寓里，对着自己顶配的个人计算机，不断地鼓捣各种模型。（计算机产生的热量让他在大冬天里都得开着窗户。）不久，赛勒在ImageNet比赛中打破了辛顿的纪录，他成立了自己的公司，将他的视觉人工智能技术推向市场，供各类企业使用。

赛勒发现，神经网络的开发有点儿诡异。普通的编程就像搭建循规蹈矩的机械装置，机器会一板一眼按照指令运行。在常规编程中，很多快乐来自代码的线性美感，程序员可以在逻辑的宫殿中穿行，沿着头脑中的路线行走，惊叹于它精巧的细节（或者因过度复杂的设计而愁眉苦脸)。总而言之，常规编程至少在理论上是有章可循的。每一行代码都出自人类之手。

而现代神经网络系统的构建是完全不同的。

程序员和程序之间更像园丁与田园的关系。豆角为什么突然不长了？西红柿为什么不好吃？园丁可能会换换土壤，可能会调整一下作物之间的距离，也有可能把豆角转移到阳光充足的地方，或者少用些肥料？成功了！它们又开始茁壮成长了！园艺技能的长进有赖于数之不尽的实验和来之不易的经验。很多新手园丁栽种的第一批作物要么长不好，要么就死了。但最终，经过不断试错（和借鉴同行的经验)，园丁们会积累更多知识，形成难以言传的直觉，比如什么有效，什么无效。此时，如果你带他们去新的田园，即便那里的土壤和光照条件完全不同，他们也可以很快弄清楚哪些作物更适合在此处栽种。

训练神经网络与这个过程有些相似。当然，程序员的编程技能必不可少。事实上，该领域的不少先驱人物都是资深黑客，他们对CPU（中央处理器)、RAM（随机存取存储器）的内部结构了如指掌，这样他们就能将处理器的性能发挥到极致。不过现在，谷歌等公司已经免费提供了神经网络建设和训练的源代码，一般的初创公司不再需要从头开始编程，只要以谷歌的源代码为基础就可以开展工作。

因此，神经网络领域的很多程序员真正做的就是搜集数据，不断实验，不断调整，然后祈祷程序奏效。他们很大一部分工作就是简单地组装样本数据来训练他们的神经网络系统。假设现在要神经网络系统学会在肺部CT中识别可能的肿瘤，你就需要获取大量由医生标记过的CT片子——有的片子显示右上角有肿瘤，有的没有。最好你能采集到数百万张片子。神经网络程序员在采集数据时总是如饥似渴，想要抓住更多东西。

贾斯廷·约翰逊是脸书人工智能实验室的一名研究员。他近期训练出的神经网络在视觉问答上能力惊人。它可以看着一张上面有几何图形的图片（彩色的立方体、球体和圆柱体），然后回答“绿色的立方体是否在黄色球体的右边”等问题。他告诉我，为了实现这种程度的问答效果，他先要制作10万张该类几何图形，然后雇用数百位志愿者针对图形提问，光是搜集数据就耗费了近一年的时间。在此过程中，他还要自学网站建设，制作线上表格让志愿者输入他们的答案。这是当今许多神经网络人工智能的核心真理：它需要从人类身上提取信息，让人工智能学习。

约翰逊说：“我花了一年半的时间才成为一名熟练的网站开发人员，这样我就可以搜集训练所需的数据了。”

即使你获得了数据，训练模型也会让你感到困惑。你需要修改参数——需要搭建多少层的网络？每层网络有多少节点？使用什么类型的反向传播程序？约翰逊在脸书和谷歌都参与过视觉人工智能的开发工作，经验很丰富。然而，当神经网络模型不能学习时，他仍然会感到困惑，他发现，模型中的微小改变会极大地影响系统的运行。我去采访的那天，他手头恰好有一个视觉模型运行不正常，他冥思苦想了一个月都没搞清楚是怎么回事。有一天，他在和同事聊天时说到自己的模型使用了“批标准化”，它是视觉人工智能领域常用的数学技巧。一般情况下，批标准化对模型的正常运行至关重要，但这一回，同事建议约翰逊撤掉批标准化，因为它可能就是问题的根源。果不其然，这次调整之后，模型突然就能正常进行自我学习了。由此可见，在模型实验方面拥有丰富的经验非常重要。约翰逊解释说，“当你调整一个模型时，你可以尝试的选择实在太多了”。

有些程序员虽然非常擅长训练深度学习模型，但是同样会为其中的未解之谜感到焦虑，有的模型能顺利运行，有的却不行。如果一个模型能够准确识别行人的照片，准确率高达90%，你就可以判断这个模型运行正常。但是，你并不能每次都解释清楚它的准确率为什么会突然提升，或者给那些训练神经网络模型完成不同任务的人提供准确的建议，比如翻译语言。

这种不断调试、实验性的开发过程令很多传统的程序员感到不安。他们喜欢制作线性且可预测的内容。如果模型运行顺畅，你通常就可以解释原因。华盛顿大学人工智能资深学者佩德罗·多明戈斯说："在计算机科学领域，典型代表是那些具有确定性思维的人。你必须让一切正常运行，不能有漏洞，一个标点都不能错。如果没有强迫症，你就做不好这个工作。"然而，机器学习恰恰相反。这个领域的程序员必须学会面对不确定性和各种诡异情况，他们可以引导系统做它应该做的事，但结果不一定如其所愿。也许你会把它们带到你想去的地方，也许不会。我的朋友希拉丽·梅森是顶尖的数据和机器学习科学家，她在《哈佛商业评论》上发表了对数据科学的看法："在数据科学项目开始时，你不知道它是否会成功。在软件工程项目开始时，你知道它会成功。"

最典型的就是"黑匣子问题"。假设某个神经网络经过训练已经能够识别图片中的猫，那很棒！但是，如果你问开发这一系统的程序员："这东西是怎么工作的？"他们给不出明确的答案。神经网络在训练过程中以非常微妙的方式不断调试每个神经元的权重，它的逻辑很快就超出了人类的理解范围。我《连线》的同事贾森·坦茨优美地描述说，这是"数学的海洋"。它可能会对神经网络在日常生活中的使用产生不利影响（后文会详细介绍）。人类打造人工智能却无法充分理解其运行原理，这真的可行吗？这是另一个影响人们进入该领域的原因，很多程序员对此都持怀疑态度。

多明戈斯猜测，这就是谷歌在搜索引擎的开发上击败微软的原因。微软崇尚逻辑精确的软件开发工作，就像用户在 Word 文档中使用快捷键“Ctrl+I”，文本必定会变成斜体。但是谷歌要做的是互联网分类。从一开始，程序员就在利用统计数据猜测用户的需求。他们在这项任务上永远不可能做到“完美”，搜索引擎不可能给出完美的响应，每一次猜测都有主观因素存在。因此，当深度学习技术出现时，谷歌的企业文化让其能够更快地发现它的用处。多明戈斯说：“这是一种心态，是一种美学理念。”敢于实验的心态是开发神经网络必不可少的条件——在构建神经网络的过程中不断调试，测试自己的直觉，抛弃错误的猜测，直至达到满意的效果，这也让深度学习成为一种“黑魔法”。

多明戈斯看到越来越多的年轻人正在涌入深度学习领域，因为人工智能技术备受热捧，也因为科技巨头竞相以惊人的高薪吸引人才。然而，在他看来，真正能够胜任高水平人工智能开发的程序员并不多。大部分编程工作不需要太多的数学技能，但是高水平的深度学习开发者需要精通线性代数和统计学。机器学习与密码学有些相似，两个领域都吸引了那些极度热衷于数学学科的年轻人，对他们来说，坐下来思考多维向量就是一种乐趣。当然，所有程序员都可以下载 TensorFlow 并训练模型，但是要在深度学习领域有所创新，还得靠那些受过严谨数学训练的高学历人才。

一些老派程序员为深度学习的崛起感到担忧。搜集数据，整理数据，训练模型，通过实验找到可行的方案？这可不像传统软件工程，更不是他们当初想投身的精神世界。安卓手机系统的开发者安迪·鲁宾在《连线》访谈中说:“我在很年轻的时候就进入了计算机科学领域，我热爱这个领域，完全沉浸其中。当时的工作就像面对一张空白的画布，我可以从零开始，一点点开发，它是一个我能够掌控的世界，我也在这个世界里遨游了很多年。”但现在，程序员可能就是不断鼓捣一个模型，不断训练它，等待着它突然奏效的那一刻，这种感觉让鲁宾产生一种难以言喻的悲伤。

早在2015年夏天，从事网站开发的杰基·阿尔辛内就发现了深度学习人工智能在日常生活中所引发的一些问题。

阿尔辛内是自由职业者，居住在纽约布鲁克林。某天晚上他正好闲在家里，电视上播放着黑人娱乐电视大奖（BET Awards）颁奖典礼，他随手打开笔记本电脑，看了一下推特，又登录了谷歌相册的账号。

有个新功能出现了，谷歌刚刚推出了自动标记功能。阿尔辛内发现，他所有照片的下方都出现了标签，显示出照片的主要内容，如“自行车”“飞机”等。他浏览着照片，对新功能赞叹不已，在他弟弟身穿学士服的照片下，谷歌的人工智能竟然打上了“毕业礼”的标签。

突然，阿尔辛内看到自己和另一位黑人朋友在户外音乐会上的自拍：她在镜头前，他在她的身后右侧，微笑着看着镜头。阿尔辛内和他的朋友都是非洲裔美国人，这张照片下的标签会是什么呢?

“大猩猩”，不仅是这张照片，相册中有50多张两人当天的合影都被标上了“大猩猩”。

处于高新技术前沿的人工智能竟然选中了最古老、最卑劣的种族歧视语言。在纽约公共电台（WNYC）的访谈中，阿尔辛内说:“几个世纪以来，黑人一直被冠以这个蔑称，在众多贬义词中，人工智能选中了它。”谷歌为人工智能的错误公开道歉，一位发言人表示，公司对人工智能的表现感到“错愕”。

但是，为什么谷歌的人工智能没有识别出非洲裔美国人？很有可能它没有得到充分的训练。在西方国家，程序员在训练人脸识别时使用的照片大部分都以白人为主，因此，神经网络很快就能掌握白人的各种特征，而对黑人的面孔只有模糊的认识。（同理，在中国、日本、韩国，人工智能很难识别出高加索人，对东亚面孔的识别却很精准。）据我猜测，谷歌的技术类员工只有 2% 是非洲裔，在他们自己的照片上演示人工智能时，不可能有任何工程师注意到这个问题。

除了谷歌，其他公司的产品也出现了无法识别黑人面孔的问题。乔伊·布拉姆维尼也是一位非洲裔程序员，读研究生期间，她希望开发出一款可以玩躲猫猫的机器人，她使用了一款常用的人脸识别人工智能，却发现自己不能被识别。它只能和白人玩这个游戏。

随着人工智能领域的日益成熟，人工智能的歧视问题频频出现。机器学习程序员可能会创造出向世界学习并做出决策的机器人，但这可能意味着，它们学习到的不仅有事实，也有偏见。

而且，这些问题不仅出现在视觉人工智能中，只要是有人工智能通过现实世界的数据进行深度学习的地方，问题就有可能出现。

罗宾·斯皮尔是机器学习公司 Luminoso 的联合创始人和首席科学官。他详细记录了文本型人工智能在日常语言训练过程中学习到恶劣偏见的过程。多年来，斯皮尔一直在研究“词语嵌入”技术，简单来说，这是一种表达词语含义的人工智能技术。其过程是：程序员先搜集大量文本，再使用机器学习技术将每个词语转化为“向量”——一个从数学角度阐释每个词语和其他词语之间的关系的概念。多年来，不少人工智能研究团队都无偿发布了自己的词语嵌入技术。谷歌通过分析谷歌新闻报道推出了自己的词语嵌入技术“Word2vec”，斯坦福大学人工智能团队推出的同类技术名字为“GloVe”。将词语转化为向量可以催生很多好玩儿的东西。比如，巴黎和法国这两个词语的向量之间的数学关系正好等同于东京和日本、多伦多和加拿大的向量之间的数学关系，任何一个国家的首都和国家的向量之间的数学关系都是如此。因此，程序员可以通过 Word2vec 或 GloVe 等词语嵌入技术开发出强大的人工智能产品。你可以开发一个网站应用，如果你表明你住在罗马，它就能自动知道你住在意大利。换言之，这类技术能够让计算机更好地理解句子的含义。当谷歌在网上免费发布 Word2vec 的时候，全球的开发人员纷纷尝试利用这个工具打造搜索引擎和应用，让计算机更好地识别人类语言。

但是斯皮尔发现，词语嵌入技术所显示的词语之间的联系揭示了一些现实世界中的问题。她利用词语嵌入技术编写了一个算法，专门分析线上的餐馆评价，自动归类人们的看法，评价是消极的、积极的、中性的？

她发现，算法给出的墨西哥餐厅评级较低。为什么？难道顾客对墨西哥餐厅的评价都很差吗？她又去查了一下餐厅真实的评价，并没有很差劲儿。一般来说，人们对墨西哥餐厅的评价并不比意大利餐厅差。

问题出在“Mexican”（墨西哥人）这个词语身上，其向量是负面的。这些词语嵌入技术是通过网络上的内容来训练的，而网上有很多英语报道或帖子都暗示或直接表明墨西哥人不是好人——他们与非法移民或犯罪有关。人类带有种族歧视偏见，所以美国的媒体在描述墨西哥人时也就使用了一些歧视性的语言，而机器学习技术恰好特别擅长识别那些微妙的联系。斯皮尔在自己的总结中反思道：“在计算机学习词语含义的时候，刻板印象与偏见也是词义的一部分。计算机成为性别歧视者、种族歧视者，这是它们向人类语言学习的结果。”

在我们的交谈中，斯皮尔告诉我：“这个问题隐藏得太深了。”其中暴露的不仅仅是种族问题。微软研究团队的科学家分析了谷歌的Word2vec，发现它也学到了很多性别歧视。例如，与英语男性第三人称“他”相关联的词语有“上司”“哲学家”“建筑师”，与女性第三人称“她”相关联的则是“社会名流”“接待员”“图书管理员”。在其中一项配对儿中，“男性”和“计算机程序员”的关联等同于“女性”和“家庭主妇”的关联。

上文餐厅评价问题已令人忧心，但是相似的问题正在向现实世界蔓延，越来越多的机器学习和神经网络技术已经成为人们日常决策的一部分，其中的偏见正在产生真实可感的影响。

卡内基梅隆大学的一项研究发现，在招聘网站上，男性接收到年薪20万美元以上高薪工作广告的概率是女性的6倍。2016年，英国《卫报》的一名记者发现，如果你在谷歌的搜索栏中输入“犹太人是”，第一个跳出来的人工智能联想搜索词条就是“犹太人是魔鬼吗?”。搜索引擎观察（Search Engine Watch）网站的创始人丹尼·沙利文告诉记者：“这就像你去图书馆想借一本有关犹太教的书，而图书管理员给你找了10本关于仇恨的书。”（在这个消息发布几个小时后，谷歌修改了代码，删除了那个联想搜索提示。）

当然，这类技术最令人不安的影响可能出现在司法体系中。近年来，有很多人工智能系统在司法领域得到应用，主要是帮助法官判断被告再犯罪的可能性，以减轻法官的工作量。但是，细细分析你就会发现，其中充斥着种族偏见。美国非营利新闻组织ProPublica研究了Northpointe公司开发的COMPAS人工智能系统，查看了系统分析过的 7 000 名被告的案例。研究发现，即使将被告的犯罪前科、年龄和性别作为控制变量，COMPAS 给黑人被告贴上“高风险惯犯”标签的可能性也是白人的两倍。这个评分可不是小事，美国多地的法官会利用评分来判断对被告执行缓刑还是直接收监。从研究结果看，黑人被告被直接收监的可能性明显大于白人。

为什么 COMPAS 会有这样的偏见？外界很难做出准确的判断，该公司没有公开其源代码，也没有解释该系统的预测原理。但基本上我们可以确定，这个系统只是反映了已有数据中的偏见。在过去几十年里，美国警察对黑人的执法变得更激进。在较轻的违法行为中——如吸食或携带少量大麻、驾驶尾灯损坏的汽车，黑人被捕的概率大大高于白人。换言之，在更严重的犯罪行为中，司法系统的定罪也不一定公正。那么，根据已有犯罪数据训练机器学习系统，系统必然会发现，黑人的定罪率远高于白人，它们会认为黑人有更强烈的犯罪倾向。更可怕的是，这可能会形成自我强化的恶性循环。一种被带有种族歧视的执法数据训练出来的司法机器学习系统，最终会将黑人公民视为更危险的人，他们被判刑的概率也会上升，这些犯罪记录又会成为将来机器学习的“数据”。

机器学习给司法界带来了极富挑战的哲学思考。人工智能司法系统的开发与训练是为了预测未来事件，即根据一个人的过往经历、社会的过往趋势来判断其犯罪的可能性。但这有可能固化了人性——“恶人”永远邪恶，“好人”永远善良。

数学家凯西·奥尼尔在《算法霸权》一书中写道：“大数据只是将过往编入体制，不能创造未来。”每个人在思考人生的时候多多少少会受到个人意志的影响，他们可能会在某个时刻突然醒悟，决定改变自己，但是，机器可以预测人们突然做出的决策吗？ProPublica 的调查中就有这样的案例。COMPAS 对一个男性被告做出评估，基于他先前的犯罪记录，预测他再次犯罪的可能性非常高。但是，该被告认为，这个系统并没有考虑他近年来尝试改过自新的行为：皈依基督教，和儿子有了更多联系，正在努力戒掉毒瘾。他说："我当然不是清白无辜的，但是我相信人会做出改变。"人类法官在面对一个被告时，其视角也许会更宽广，更能考虑到个体之间的差异，而被数据训练出来的算法却做不到。

更糟糕的是，深度学习人工智能的概率性本身就存在问题。人工智能识别猫可以达到 90% 的准确率，人工智能可以预测华尔街附近对优步用车的需求会激增，准确率可能高达 88%，在标记照片或者调派出租车的时候，这样的准确率确实很不错。但是，如果是更重要的事情呢？如果关乎一个人是否被判刑，如果关乎一个人的职业生涯，那么谁会愿意接受 20% 的失误率呢？

奥尼尔在访谈中说："从个人角度出发，每个案例都需要得到足够的重视、准确的考量。然而，人工智能算法的开发人员完全没有考虑到这一点。"软件工程师以效率为目标，"当你以效率为目标时，你不需要追求完美，你只需要稍微提高效率就可以了"。一些政客可能认为，COMPAS 大大提升了法庭的工作效率，但是在被告看来，减轻法官负担不应该依赖于机器，而应该雇用更多的法官。

人工智能之所以备受推崇，除了能提升效率，还因为其开发者标榜它比人类更"客观"。人工智能在判断抵押贷款发放、识别猫或判断被告再犯罪的可能性时不会感到疲劳，不会走神。而且，人工智能的训练以大量数据为基础，它必然会客观地应用自己学到的趋势，这没错吧？理论上确实如此。人工智能可能会比一些不走心的人更靠谱。有不少研究显示，法官在午餐休息前会做出更严厉的判决，因为那个时候他们又饿又累。这显然是不公平的，而人工智能不会出现这类问题。正因如此，在日常决策中合理使用人工智能技术的呼声很高。只要使用正确，它确实可以帮助我们规避一些人类的错误。

然而，只有创造出不带偏见的人工智能，我们才能从中获益。

2017 年，软件工程师亨利·简就遇到了相关问题，为了训练人工智能识别亚洲人面孔，他采用了迂回战术。

简就职于 Gfycat，该公司可以让用户制作和分享 GIF 动图。韩国流行音乐（K-pop）的粉丝特别喜欢它，所以用户会不断上传超同步的 K-pop 明星的表情和动图。为了让用户更快搜索到自己喜欢的动图，简决定训练人工智能程序自动识别图中的人物并标记他们的姓名。他先找到一个开源面部识别软件，该软件是在微软公司的研究基础上开发出来的。然后，简从几所大学免费提供的数据库中找到数百万张人脸照片，他利用这些数据训练自己的人工智能程序，还把公司同事的照片也用上了。

在这个过程中，简发现了一个问题。当他利用同事的照片测试视觉系统时，白人同事的照片识别效果很好，但是亚裔同事的照片却不行，他自己的照片也没被识别出来。

简告诉我："我们想，也许这只是个小失误。"于是他转而用亚洲名人的照片来测试系统，结果还是不行，系统甚至识别不出著名的华裔演员刘玉玲、吴恬敏。在测试 K-pop 明星的时候就更糟糕了，系统完全搞不清谁是谁，还以为这些女孩都在同一个乐队，它不断地将每个乐队标记为相同的两个人。

简猜测，可能是他从那些大学中获得的数据没有足够多的亚洲面孔。这就是深度学习的本质：输入低质量的数据，得到的就是低质量的结果。长期以来，西方世界对亚洲人的偏见在这个人工智能中得到体现：亚洲人长得都一样！这样的种族偏见必然会给Gfycat带来极大的影响，如果新功能无法识别热门组合Twice的成员，粉丝们肯定坐不住了。简心里明白，如果是这样，这个产品可就没法进入市场了。

他也意识到，要纠正这个神经网络的问题，他可能需要更多的亚洲面孔图片，至少要上千张，最好是上万张，但他没有比较便捷或低价的方式获取那么多数据。这时他想到另外一个方法：在系统中手动编写最传统的if-then语句，当系统遇到一个看起来像亚洲人的面孔时，它会放慢速度，更缓慢、更仔细地处理图片信息。这个方法奏效了！虽然牺牲了一点儿效率，但是他消除了人工智能中的种族歧视问题。

罗宾·斯皮尔也对他公司的人工智能进行了“手术”，消除词语嵌入中的偏见。她仔细调整，使得词语间的联系发生了改变，“墨西哥人”与其他犯罪相关词语的联系不再那么紧密。另外，她还调整了与男性女性相关的词语的联系，“外科医生”“店主”等表示职业身份的词语不再直指男性，既可能与男性匹配，也可能与女性匹配。

这种改动也带来一些深层的政治和哲学问题。斯皮尔发了一个帖子，阐述自己是如何从人工智能中消除性别歧视因素的，某些机器学习领域的工程师表示强烈抗议。他们承认，人工智能确实吸收了人们言论中的性别和种族歧视，但这也说明，人工智能准确反映了现实世界中的人类语言。斯皮尔的人工智能系统在未经改动之前恰恰准确预测了墨西哥人、男性、女性等相关词语在现实生活中的实际含义，很多人就是会把女性和家庭主妇联系在一起。因此，在这些工程师看来，程序员手动改变词语间的强烈关联其实是在降低系统的准确性，她所打造的人工智能会认为男性与女性是“外科医生”的可能性一样高，但在现实生活中，女性外科医生本来就比男性外科医生少。

他们认为，手动修改人工智能是编程界的“政治正确”。在某个编程论坛上，斯皮尔在谈到自己的工作以及他人对此的态度时说：“我不是种族主义者。但如果种族主义才是‘准确的’，那么这意味着什么？”如果种族主义准确地反映了当前的世界，那么准确地反映种族主义不是很重要吗？当然，也有一些程序员是完全出于效率的考虑才表示反对的。手动更改每个与性别相关的词语非常耗时，这当然会让痴迷于效率的程序员嗤之以鼻。而且，他们本来就是要节省时间，开发能够自己学习的机器，现在怎么能换成手动的呢？斯皮尔说：“他们不讲求道德原则，为了提高‘技术含量’可以不惜一切代价。”

斯皮尔不同意这种观点。人工智能的开发者应该担负起道德责任，减少机器学习中的偏见。正如奥尼尔所说，人工智能不仅要反映现实，还要改变现实。如果企业使用词语向量技术开发软件产品，并将其应用到提供（或拒绝）抵押贷款、显示（或不显示）工作机会上，最后产生的结果就会形成新的反馈数据，就像COMPAS等系统一样，不断加强恶性循环。斯皮尔认为，机器学习系统的开发需要“一点儿理想主义”。

“设计人工智能系统必然面临道德选择，即便忽视那些选择，你也是在做一种道德选择。”如果认为人工智能系统可以反映种族歧视，你就默认了种族歧视可以延续下去。在更实用的层面上说，如果语言处理系统认为墨西哥人带有负面含义，客户可不会开心，毕竟某些客户就是墨西哥人，或者客户的客户是墨西哥人。斯皮尔写道：“当机器不太容易学习成为一个坏蛋的时候，机器学习就会迎来更好的时代。”

从某种意义上说，深度学习早期的狂热劲儿应该结束了。机器确实能够通过数据自我学习很多东西，但人们不应该仅仅感叹其中存在的“魔力”。

对“魔力”的召唤是人工智能问题的一部分。它允许深度学习人工智能的开发者在他们的系统中解决问题。这只是程序员的又一次尝试，他们假装自己的软件比人类更客观更理性。“这只是数学。”希拉丽·梅森指出，“如果人工智能系统的卖家无法解释或者不愿意解释系统的训练过程、训练内容、测试步骤，那么你最好别用这个系统。”长期以来，软件公司常常营造出一种科技妙不可言的氛围，利用其工作的神秘性来迷惑客户，其实它们的产品不过是一堆东修西补的 PHP 脚本。而这种文化在深度学习的潮流中变得更加明显。

人工智能下一阶段的开发也许没有太多的乐趣，却担负了更大的责任。程序员要做的不仅仅是让神经网络工作——任何能力一般的程序员都能让 TensorFlow 模型运行并产生结果。问题更多是关于人工智能的实际表现和责任。你能证明它没有疯狂的偏见吗？越来越多顶尖的深度学习专家开始接受这一挑战。正如他们指出的，没有单一可行的方案。有时候这意味着更优质的数据，不会忽视整个群体的数据。有时候这意味着修改算法中的参数。有时候这意味着用最原始的方法手动编写代码，消除系统中那些顽固的偏见。谷歌在应对前文的“大猩猩”事件时就采用了第三种方法，现在，在谷歌相册中输入“大猩猩”、“黑猩猩”或“猴子”，搜索结果为“0”。

担负起更大的责任也意味着，在某些重要情况下我们可能要放弃使用人工智能。毕竟，在我写作的当下，人工智能系统依旧没有被充分理解，即便是开发人员也无法全面理解其运行规律。部分顶级人工智能的开发人员也表示出担忧，他们认为，这个领域不应该仅仅专注于不断推出可用的产品，还要能够解释它是如何工作的。正如牛顿寻找物理学的基本原理一样，开发人员也应该建立起深度学习的基本原理。

谷歌的人工智能程序员阿里·拉希米在机器学习专家的年度会议上抱怨说："机器学习正在成为当代的'炼金术'。"炼金术士当然不是疯子，他们确实找到了有效的方法进行金属冶炼和玻璃制造。但是，他们过分执着于一个"实用的"目标——点石成金，所以他们从未真正研究清楚物理学和化学的基本原理。欧洲历经数百年才打破了炼金术的神话，真正的科学才得以诞生。拉希米呼吁，人工智能要抛开之前对成功产品的定义——哇！我们能识别猫了！——并开启一场牛顿式的革命。

他说："我们开发的系统将用于医疗卫生管理和公民事务，还会影响选举。我希望人们生活在这样一个社会中，在那里，所有的系统都建立在严谨规范、有据可循的专业基础上，而不是依赖于'神奇的炼金术'。"

许多专家都认同拉希米的观点。当前，全球顶尖的人工智能实验室正在进行各类实验，以期揭开神经网络的奥秘。他们中的一些人认为，这是一个关乎自身利益的问题：如果知道了模型的运行规律，他们就能打造出更厉害的人工智能产品。

政治压力也在增加。2018 年，欧盟实施了一项新法规，赋予欧盟公民一项新权利：有权知晓自己的生活受到人工智能怎样的影响。如果你向银行申请贷款被拒，拒绝你的部分原因是深度学习网络预测你可能会违约，那么你有权知晓其中的细节，为什么系统会做出这样的预测？当前，没有哪家银行能给出充分的理由。因此，为了满足这一法律要求，人工智能开发人员必须弄清楚他们的程序是如何工作的。

来自德国的欧洲议会议员扬·阿尔布雷希特告诉我："开发人员要解释清楚机器学习的基本原理，否则人们难以放心使用它。"

当我告诉别人我正在写关于人工智能开发人员的文章时，当我谈到神经网络中的偏见问题时，对方总是礼貌性地点点头，"嗯嗯，不错，挺有意思啊，值得讨论"。但是，他们真正关心的问题只有一个：

人工智能什么时候会真正崛起并消灭全人类？

其实不难理解人们这种毫无道理的恐慌，人工智能在流行文化中的前景相当暗淡。在那些家喻户晓的科幻作品中，人工智能角色就算没有消灭全人类也是杀气腾腾：《2001 太空漫游》中叛变的人工智能电脑哈尔，《黑客帝国》中控制了人类世界的"矩阵"，还有《终结者》系列中的天网，等等。所有故事如出一辙，源于科学界的狂妄自大：人类创造了可以自我学习的机器，它们不但能够识别长颈鹿、停车标志等东西，还能够快速理解各种形式的知识。例如，一台人工智能机器可以在眨眼间读完人类历史上所有书籍，看完所有电视节目，或者推算出所有的物理、哲学定理。在那一刻，机器变得比地球上任何一个人都聪明，它自然会想：我为什么还要听从这些酒囊饭袋的指令？于是，它对人类展开了杀戮。

这种思考其实早就出现了，统计学家 I.J. 古德将其推向大众。古德曾在第二次世界大战期间与计算机科学家艾伦·图灵一起从事密码破解工作。1965 年，在一篇名为"关于第一台超智能机器的思考"的论文中，他设想人类设计出第一台"超越人类所有智慧活动的计算机"。如果这台计算机比任何人都聪明，那就意味着它可以自己设计新的人工智能，甚至是比自己还聪明的人工智能。然后，新的人工智能会继续设计更高级的人工智能。古德说：“这就必然出现‘智能爆炸’，人类的智商将被远远甩在后面。”

他的结论是什么？“人类发明的第一台超智能机器将是人类的最后一项发明。”

自我改进的人工智能的发展前景令很多人工智能研究人员不寒而栗。哲学家尼克·博斯特罗姆是牛津大学人类未来研究院院长，多年来他一直在研究人类面临的生存危机，试图推测出可能会彻底摧毁人类文明的灾难，这样人类才有机会避免末日的到来。博斯特罗姆思考了好几类大灾难，例如致命性生物科技、小行星碰撞等，但他认为，概率最大的应该是叛变的人工智能。

几年前，在我们的谈话中他就表示：“我思考得越深入，越感觉到这个问题的严重性。”

正如他在《超级智能》(*Superintelligence*)一书中描述的那样，危险在于人工智能的自我提升速度有多快。目前计算机的运行速度已经非同凡响了，如果人工智能不断制造出优于自己的下一代人工智能，其速度就会不断加快，可能只需要几天、几小时，甚至几分钟。换言之，人工智能专家可能刚鼓捣出一台智能水平不错的计算机，转眼间他们就发现，计算机已经进化到没有人可以与其匹敌的地步。

但人工智能没有实体，它要怎么摧毁人类呢？它可能会入侵我们的日常系统——当前这些系统已经紧密相连且防御措施堪忧，然后将其关停。也许，为了防止这种情况发生，我们可以要求顶级人工智能开发人员使用断网的计算机。这当然可以，但是博斯特罗姆认为，超智能计算机可能会具有超常的说服能力，它可能会诱使人类看守者去执行它的意愿，甚至可能会隐藏自己已经达到超常智能水平的事实，并伺机寻找脱逃看守的机会。

目前，我们还不清楚超级人工智能想要消灭人类的原因，甚至也想象不出机器是如何进化出新的谋杀意图的。毕竟，我们连人类自身的谋杀动机和意识都没有研究清楚。但博斯特罗姆在书中指出，超级人工智能可能不需要进化出任何危险的新动机。超级人工智能本身可能无害，也愿意执行人类的指令，但与此同时，为了追求目标，它可能会不惜屠杀或奴役我们所有人。在博斯特罗姆的一个著名的思想实验中，他设想一个超级人工智能的任务是制作回形针，越多越好。那么超级人工智能可能会认为，实现目标的最佳方式就是将地球上的所有物质——包括人类——都转化为其制作回形针的原材料，甚至将整个宇宙都化作回形针。

博斯特罗姆写道:“在智能爆炸发生前，人类就像拿着定时炸弹在玩儿的小孩子。我们不知道爆炸会何时发生，但如果把炸弹贴在耳边，我们就可以听到微弱的嘀嗒声。”

因此，可以肯定的是，一个能自我改进的人工智能至少是有潜在危险的。不过，目前所有顶尖的人工智能开发团队都表示，他们并不知道如何才能开发出超级人工智能，更不清楚什么时候才能达到那样的水平。

其实，消化吸收一切知识的人工智能能否被开发出来仍是一个未知数。目前的人工智能技术看似厉害，但是没有哪个人工智能系统具备推理能力，甚至无法从语义角度去理解世界。上文提到 DeepMind 开发的阿尔法围棋可以击败所有围棋高手，但是它并不知道什么是围棋。谷歌翻译可以将英文句子“这只猫不高兴了，因为你没喂它”转换成意思基本相同的法语句子，但是谷歌翻译仍旧不知道什么是

“猫”，什么是“生气”，什么是“喂”。它也没有反事实的思维，如果你问谷歌翻译：“如果喂了猫，它还会生气吗？”它不会给出任何回应，相比之下，一个5岁的小孩却能回答你的问题。机器学习擅长的是模式识别，但是人类思维不仅仅包含模式匹配，至少看起来不是这样。开发人员还需要发明很多东西才有可能让人工智能拥有推理能力。

不过博斯特罗姆也有一些不同意见，突破性的工作可能会以惊人的速度出现。毕竟，这是编程的世界，一个顿悟就可能让一个“无效”的算法在几分钟内“奏效”。1933年，物理学家欧内斯特·卢瑟福还不屑于核能的实际应用，10年后，美国就造出了核反应堆，引爆了原子弹。21世纪初，即使是人工智能专家也不相信几年后围棋机器人会击败人类高手。现在，全球企业——尤其是美国和中国的企业——正在向人工智能领域投入数十亿美元的资金，渴望凭借领先的人工智能技术赚得盆满钵满。也许15年后，某天清晨醒来，你会猛然发现，在深圳的某个人在无意间创造出了一个超级人工智能。

有鉴于此，很多人工智能专家已经开始准备。特斯拉公司的创始人埃隆·马斯克说：“人工智能是人类文明存在的根本风险。”为此，他投资创办了OpenAI，该智库专注于研究规划“负责任”的人工智能，确保智能机器人不会也不可能屠杀人类。

如果你想找一些慰藉，那么你可以听听我采访的其他专家的意见。很多人工智能专家仍旧一心扑在技术开发上，他们并没有对超级人工智能忧心忡忡，有的人甚至一笑置之。

佩德罗·多明戈斯就笑着说：“没人相信‘天网’会成为现实。”他认为，人类终将开发出超智能计算机，但是他想象不到人类会失去对人工智能的掌控。人工智能不会突然产生自由意志，因为人类自己都没搞明白自由意志来自何处。“作为电影素材是不错的，但是人工智能毕竟不同于人类的智慧。”吴恩达秉持更谨慎的态度，他认为风险可能真实存在，但那是几十年后的事情了，我们有足够的时间去预防它的到来。他说：“担忧人工智能成为杀手，就像担心火星人口过剩一样。”

另一方面，不少人工智能领域的黑客认为，和人类无限接近的人工智能并不遥远。海克·马尔季罗斯是一位年轻的程序员，他在无人机公司 Skydio 参与开发高性能视觉人工智能技术。该公司的无人机可以识别目标对象，然后一直跟拍。这款无人机价格大概 2 500 美元，在单板滑雪爱好者、越野自行车爱好者中尤其受欢迎，它可以一直精准地追踪自己的主人，能拍摄很多精彩绝伦的画面。我亲眼见过一台 Skydio 无人机拍摄，过程相当震撼人心。但是不难想象，这类无人机也会被用于跟踪和追捕人类。

马尔季罗斯说：“我认为，应该考虑人工智能的真正风险。”现在，全世界无数企业都在幻想创造出像人类一样思考的通用人工智能。“这将是个价值上万亿美元的产业，而且并非不能实现。”他支持 OpenAI 等组织思考这些难题。

对那些迫切想了解超人类人工智能的朋友，我很想给出一个明确的答案，但是我没有。也许我们这一代人终有一天会找到答案，也许不会。人工智能促进协会调查了 193 名成员，询问他们博斯特罗姆眼中的“超级人工智能”何时会出现。67.5% 的受访者表示可能需要 25 年以上的时间，一小部分人（7.5%）认为可能需要 10 年到 25 年。

还有 1/4 的人表示“永远不会发生”。美好的希望总是要有的。

第十章

规模陷阱与大型科技企业

Scale, Trolls, and Big Tech

11年前的一天，我出现在推特的办公地点，准备采访公司的两位联合创始人。当时推特处于高速成长期，刚刚搬入新办公室，放眼望去就是旧金山科技公司的典型风格：一座绿色的驯鹿雕塑、满墙像素化的字符，还有每个初创企业的经典标志——桌上足球。高高的窗户让阳光洒满所有的办公桌，多名有文身的程序员安静地坐在那里，噼里啪啦敲打着键盘。公司快速成长的代价就是时不时出现流量激增，服务器崩溃。（参与公司早期开发的资深程序员约翰·亚当斯回忆说："每天都有麻烦事发生。"）

当时，推特已经在技术潮人中流行起来，但仍未进入美国主流文化，我还得经常向朋友解释什么叫"发推文"。推特的主打功能"状态更新"，即发布140字以内的日常信息，这是一种崭新又怪异的交流方式，也是我当年去访问推特联合创始人比兹·斯通和杰克·多西的重要话题。推特如何改变我们的交流方式？又将如何改变社会认识自己的方式？

我已经感觉到，推特正在改变人们对他人的关注能力。在推特诞生以前，人们与朋友间的联系一般是不定时的：偶尔见面聊天、发邮件或打电话。但是，推特的“状态更新”功能出现后，人们不再频繁地进行长时间的交谈，而是互相交换很多短小、细碎的信息——吃什么东西、看什么书、上班路上有什么见闻。因此，人们现在对他们的朋友，甚至是有趣的陌生人在想什么和做什么有了一种无处不在、飘忽不定的感觉。

斯通是个精力充沛的小伙子，穿着皱皱的夹克衫和普通牌子的运动鞋，在接受采访时他坐在椅子的边缘。他将推特带来的这种感觉比作一种超感官知觉（ESP），“就像一种超能力，第六感”。斯通发现，人们正在以一种全新的方式在线上进行联络：一个知名人士说要去酒吧，很多人就会跟着去；各类现场活动的参与者可以通过关注主办方的推特来“阅读”人群的反应。

在访谈中，斯通若有所思地说：“人们变成了一种大生物体，有点儿像群居的鸟类，可以实时交流，迅速地感知周围的一切，就像有第六感，知道每个人在哪里……心情如何。”几天前，当我们在电话中交谈时，斯通对现在个人言论的影响力感到惊讶，他发现自己已经有 1 000 个关注者了——这太疯狂了！他认为，个人言论的触及面现在都很广，真是不可思议。当时每个推特账号最多只能关注 150 人，他觉得对他而言，“125 人就是上限了”。

在多西看来，推特最触动他的是它如何让人们性格中不同的隐藏面浮现出来。他在推特上关注了自己的父母，发现他们平时喝酒、聚会的频率远远超出自己的想象，还喜欢说脏话。多西说：“点点滴滴的细节至关重要。我最喜欢的作家之一是弗吉尼亚·伍尔夫，她对细节的把握十分到位，譬如达洛维夫人，这个女人一天的生活就是她的一生。”多西也同意斯通的观点，推特带来的即时性群体联络意义非凡，大大提高了人与人沟通的效率，其规模是前所未见的。

他指出，这是他一直以来希望实现的事情，“全部和信息传输有关，我一直都对可视化信息传输很感兴趣。”在他的想象中，推特将创造一种全新的突发行为模式——比如实时商务，人们将推特作为一个实时的、高度联系的交易市场买卖东西。多西说：“就像实时版的Craigslist（美国大型免费分类广告网站），或者实时版的易贝。”

十多年后，推特已经成为家喻户晓的名字，当时的某些预测并没有成为现实，比如，用户很少使用推特平台进行实时交易。不过斯通和多西的其他预测倒是非常精准。在21世纪第一个10年中，推特已经成为人们联络的重要方式，它的新话题总能迅速引发公众关注，还能掀起网络狂潮。很多活动人士利用推特让人们注意到暴力执法等社会问题，活动人士和名人都关注了“#黑人的生命很重要”这样的标签，在网上疯传照片和视频。你也可以想想“#Metoo”——一场让好莱坞和其他地方的性侵曝光的运动——是如何在推特上发生的，在哈维·韦恩斯坦的性丑闻被曝光后，这个最初由活动家塔拉纳·伯克创造的词语如火如荼地传播开来。正如斯通和多西当初所言，推特带来的网上联络与集体意识威力无穷。

但是推特上也出现了一些极其恶劣的现象。推特是一个开放平台，任何一个公共账号都可以与其他公共账号对话，这使得它非常适合组织蓄意挑衅和攻击。一些精通互联网传播的极右的年轻人开始利用推特攻击他们看不惯的人。2014年，他们大肆批判电子游戏领域的女性开发人员和游戏评论家，事态升级发酵，成为后来的“玩家门”事件。

事实证明，斯通、多西和我说得都没错，推特有着创造集体行为的力量。不过，我们当时并没有谈到推特可能被恶意利用。我们没有考虑过，当数亿人开始使用推特时会发生什么。推特的多元性大大增加，冲突也随之增加，它已经不是原来那个一小群人的温馨圈子了，我们当时都没想过要如何去应对。现在回想起来，那是一次极其天真的对话，对我和他们来说都是如此。

这也是当今很多科技企业给社会生活带来的巨大挑战，因为其编写的代码已经极大地改变了社会运行的方式，甚至远远超出开发人员最初的预期。

没错，“软件正在吞噬世界”，更准确地说，软件正在分解这个世界。当然，有一个因素至关重要——规模。目前，对社会产生巨大影响的一般是那些触角遍布全球的科技企业，它们处于社会经济生活的核心区域，也被记者富兰克林·福尔称为“大型科技企业”（Big Tech）。

事实上，现在在公共领域处于主导地位的科技公司屈指可数，有的控制着我们的交流方式（如脸书、推特、苹果、网飞、YouTube视频等），有的涉及商业（如亚马逊、优步、爱彼迎等），有的成为人们日常生活的信息媒介和主要工具（如谷歌、微软等）。分析大型科技企业有助于我们思考各类主流软件给社会带来的挑战，因为很多企业在自己的领域享有近乎垄断的地位。这些企业成立时间不长，大部分在不到10年的时间就成为业内翘楚，它们的历史以疯狂的转移性增长为标志。

鉴于软件本身的性质，这不足为奇。软件公司以代码为生，而代码可能是人类历史上最奇怪的产品，它可以在短时间内在全球得到复制，分销的边际成本接近零。这就像雪佛兰设计出了科迈罗，然后瞬间将2亿台车一一停放到每户美国人的家门口。就连大型科技企业里的工程师也时常被软件的传播速度震撼。我在撰写此书期间访问了照片墙的首席工程师赖安·奥尔森，当时，他和团队刚刚发布了一个大规模的应用更新（其中就包括后来大受欢迎的视频共享功能，但涉嫌抄袭其竞争对手色拉布）。奥尔森在访谈中表示，在更新消息发布后的一两个小时，当他带着连日加班后的疲惫在洛杉矶四处奔波时，他惊喜地发现，很多人每天都在使用这个新功能。

他说："这种体验特别爽。在火车上，或者昨晚在攀岩馆里，我往周围一看，总能发现有人正在使用这个产品。我不知道历史上是否有任何其他方式可以让你接触到这么多人——或者"如此少的人定义了这么多人的体验"。

日新月异的增长速度震撼人心，让人欲罢不能。很多程序员——尤其是那些消费品的开发人员——无比崇尚规模。他们渴望用户呈现指数级增长，2 个人、4 个人、8 个人，用不了多久，就是全球人口。如果能轻而易举地把自己的作品传播到世界的每个角落，你还想去做一些小众的产品吗？一段代码不能以疯狂的、像野葛一样的速度生长，这难道不是一种悲哀吗？

在硅谷的精英圈中，大家往往会蔑视那些无法达到规模化的产品。小与弱之间仿佛被画了一个等号。本书第五章讲到杰森·何的故事，他开发的打卡程序被广泛应用于世界各地很多企业，生意规模不大，但也赚了不少钱，他 20 多岁就基本上实现了财务自由，满世界旅游，做投资。在我眼中，他就是成功人士。

但是，有一次我和一位 30 多岁的大型科技公司创始人提到了杰森·何，他不屑地笑了笑。在他看来，那就是一种居家生意，在硅谷人的眼中，那是一种无法成大气候的表现。

他说，那些产品不错，但是谷歌也可以做出同样的东西，然后瞬间把他们踢出局。他反问，如果不打算成为巨头，那么你为什么要开始呢？这种态度在中国等软件市场似乎更鲜明。在中国，科技行业竞争异常激烈。2015 年，我访问了总部位于北京的美团。成立才短短 5 年，公司已处于疯狂的扩张阶段，很多年轻人从计算机专业一毕业就被火速招入。在采访公司 CEO 王兴的时候，我们同时望向正在工作的程序员，整个办公楼层坐得满满当当，办公区域穿插摆放了上百盆绿植，让人感觉不再那么枯燥乏味。王兴一脸严肃地说："在中国，要么做大企业，要么被碾压。"（知名技术圈投资人李开复估算，在数千家同类企业中，美团可能是仅有的幸存者。）全球高科技企业也面临着"胡萝卜加大棒"的奖惩机制，"胡萝卜"就是代码瞬间在全球流行的诱惑，"大棒"则是惨烈的竞争。

风险投资人进一步煽动了科技企业扩张的欲望。他们将赌注分摊在数十甚至数百家公司身上，鼓励所有公司竭尽所能快速发展。其实大部分企业都做不到，但总有一两个运气好的企业能突出重围，获得爆炸性成功，这就弥补了投资人在其他地方的损失。所以，投资人可以接受企业轰轰烈烈之后的失败结局，却接受不了企业平平淡淡地经营下去。他们要的不是稳定，不是微薄的利润，要的是爆炸性增长和超高的投资回报率。Y Combinator 每年都会吸纳数十家技术初创企业，期望帮助它们发展壮大。每年在项目即将结束时，一个"演示日"活动就会被举行——企业创始人会向一屋子的风险投资人展示自己的产品。在演示文稿中，每家企业都迫切希望能够展示一张"曲棍球棒式"的图表——前期低速发展突然出现一个爆炸性增长的图表。

一天晚上，我来到 People.ai 公司的黑客之家，这家公司几天前刚刚参加了"演示日"活动。公司创始人一边埋头敲着键盘，一边疲惫地回顾演示日之前的 3 个月，他们不断找客户注册自己的服务，希望创造一张"曲棍球棒式"的图表。

创始人奥列格·罗金斯基说："你想想看，3个月一直在累积数字，但是展示这张'增长'图表的时间只有10秒。"

联合创始人兼首席程序员凯文·杨回忆起当时投资人坐在他们面前，等待着看增长数据的情景，他打趣说："这个曲棍球棒够不够明显？"

罗金斯基赶紧补充说："没办法，横轴必须在页面中间。"

规模化肯定有极大的好处。对大型科技企业来说，它们拥有更雄厚的财力，只要发展足够迅速，就能吓跑不少竞争对手，形成"网络效应"。譬如脸书、微信等社交网络发展到一定规模，用户就不能随心所欲地停用其服务了，因为朋友们可都在这些平台上。当然，科技公司迅速增长，对用户也有很大的好处。例如，脸书用户现在遍布全球，无论是家庭成员会面、政治筹款，还是搜救工作，都可以通过脸书快速组织起来。为什么人们近年来会关注警察滥用权力的问题？这与脸书和推特的庞大规模不无关系，用户上传了很多令人毛骨悚然的视频，甚至直播，因证据确凿它们在网络上迅速传播开来。正是这类公司遍及全球的触角让用户能够发出更响亮的声音。

但是，对规模的疯狂追求也改变了科技公司，有违诚信甚至有违道德的策略也成为其扩大规模的必要手段。

毕竟，公司要迅速实现规模化，不能向用户提前收取费用，必须"免费"提供服务，在社交网络领域尤为如此。如果用户要先交10美元才能加入，这个社交网络就不可能在一夜之间获得100万用户。因此，公司要赢利就必须扩大规模，然后把广告卖给其受众。脸书、推特、谷歌都采用了这种"免费使用"的模式。脸书的注册页面就写着"使用免费，永久免费"。但是，这些平台在广告领域赚得可不少：

2017年，推特的广告收入是24亿美元，脸书是406.5亿美元，谷歌则达到1 000亿美元。

广告也改变了科技公司和用户之间的关系，很多意识到问题所在的程序员和设计师开始感到不安。

詹姆斯·威廉斯喜欢思考哲学问题，他拥有英语本科学位，之后获得了产品设计工程学硕士学位。2005年前后他加入谷歌，担任公司搜索广告系统的策略规划师。他走入该行业的初衷是改善公众获取信息的途径。在谷歌人的心中，这个使命自带光环，威廉斯也非常喜欢。“当时大家普遍认为‘技术含量越高越好’，‘信息多多益善’。”

然而，他逐渐注意到困扰着利亚·珀尔曼和贾斯廷·罗森斯坦（脸书“点赞”功能的设计者）的问题。技术企业靠广告营收，必然想让用户无休止地盯着自己公司的软件。用户只有停留在软件中，才能看到广告。因此，很多公司会利用心理学知识在代码中加入诱惑性内容。大型科技企业会不断向用户发送提示，打断用户手头的事情，希望把他们重新带回公司的软件平台。企业会大量使用“量化”标识，激发用户的好奇心，引诱用户“清空未读信息”：您有14条未读信息！而且，所有的提示都是鲜红色的，增加了用户点击的欲望。威廉斯发现，在苹果手机出现之后，这种趋势变得一发而不可收。

他说：“在智能手机出现之前，互联网还受到一些限制，你关了计算机就能远离它。但现在，互联网就在你的口袋里，你无处可逃。”

同时，他也意识到，软件工程师想要洗白这类心理学把戏毫不费力——辩称它们很好。每个新功能都经过A/B测试：设计两种颜色的提示按钮，一红一黄，看用户更喜欢点击哪种颜色，如果红色点击次数多，最后的设计方案就选红色！这种数据驱动的设计形式可以让每个心理学技巧在客观上看起来是正确的，毕竟用户选择了它，它就一定是用户想要的。在以规模为驱动的工程设计中，“应该做什么”这样的道德疑问早就被“为了增长可以做什么”的声音淹没了。一位匿名的脸书前员工在网络新闻媒体 BuzzFeed 上简洁地说：“在他们看来，某种东西即使在脸书上走红或像病毒一样传播开来，它反映的也不是公司的角色，而是人们的需求。这种绝对理性的观点可能会让他们少承担一些责任吧。”

广告与增长一旦成为大型科技企业的两大支柱，企业就会诱惑用户不间断地使用其产品——或者委婉地称其为“参与”。威廉斯说：“你想要控制自己的注意力，但是他们雇用了世界上最聪明的程序员来分散你的注意力。”

最终的结果就是，程序员、设计师的目标与用户的目标形成冲突。前者的目标就是诱惑用户形成上瘾行为，他们的策略非常微妙，是一种潜意识里的助推。因为，如果这些策略太明显，用户就会拒绝。威廉斯说，以 GPS 为例，你让它带你回家，但是系统为了满足广告商的需求，沿途设置了 5 处绕行路线，这样做你很容易就会发现。

更糟糕的是，数字平台广告也引发了公司对个人网络活动无孔不入的追踪。如果一家科技公司向广告商承诺能够为目标人群量身定制广告，那么它必然会竭尽所能搜集目标人群的信息：人们浏览过的网站，居住的社区，邮件和帖子中的关键词，等等。深度学习技术出现后，科技公司对个人信息的索取更加贪婪，因为深度学习技术需要海量的训练数据。也就是说，数据越多，他们对目标人群偏好的预测越准确，甚至能预测星期一大家是什么心情。小说家、休斯敦大学教授马特·约翰逊发现，在这样的大趋势下，脸书甚至开始搜集个人智能手机的通话信息。（他在推特上开玩笑说：“太酷了，一点儿都不吓人。”）

在谷歌工作期间，威廉斯开始了自己的博士生涯，研究方向是分析现代技术对人类注意力的影响。他说："没有谁一进入技术领域就想着，'我要监视所有人，我要让世界变得更糟糕'。大家都有着善良的初衷。"然而，商业模式有其自身的强大推动力。

在谷歌工作了10年后，威廉斯辞职了。后来他进入牛津大学，撰写了《别遮挡我们的光》（*Stand Out of Our Light*）一书，深刻反思大型科技企业给社会文明带来的危害。"我从世界上最前沿的组织离开，到世界上最古老的组织中去。"他苦笑着说。

对规模的追求也助长了算法的统治地位。

为什么？大型科技公司一旦拥有数百万用户，人们每天发布在平台上的信息就可能达到数十亿条，或者有无数的待售商品，单凭人力难以管理如此庞大的数据，只有计算机才能快速梳理、分类、提取重要信息。没错，当规模达到一定水平时，人类的判断力就跟不上了。

前文提到程序员鲁奇·桑维和脸书团队，他们在开发动态消息功能时就面临着同样的问题。平台不可能向每位用户展示每个关注人的每一条信息，不然大家就会被鸡毛蒜皮的琐事淹没了。因此，团队需要开发一个自动化算法来挑选用户可能感兴趣的信息。

脸书最终是怎么做到的？外界并不了解真相。社交网络公司不会公开讨论其排名系统的细节，以防止有人绕开系统的限制为自己牟利。譬如，垃圾邮件的制作团队可能会想办法弄清楚邮件系统中的推荐机制，然后设计出能被推荐到收件箱里的"垃圾邮件"。因此，这类细节外界知之甚少。但一般来说，算法会打乱你所期望的内容类型：获得点赞最多的帖子、照片、视频，或者获得很多评论和转发的帖子，尤其是和近期动态有关的帖子。这些典型特征会让被发布的内容迅速成为 YouTube、推特或 Reddit 等平台的推荐对象。排名算法一旦起作用，就会非常有用，它可以把“精华”与“糟粕”区分开来。

然而，这些算法本身也存在偏向性。任何排名机制只要开始计算帖子的回应情况，就会越来越偏向于观点尖锐、情绪高亢的内容，因为这类内容更有可能得到热烈的回应。性感热辣的照片、扣人心弦的视频、引人愤怒的标题，这些都有可能引发更多关注和参与。一项研究发现，2017 年脸书最热门的标题都含有引发强烈情绪或诱发好奇心的表述。当然，如果这些排名机制只涉及可爱的猫咪视频或者用最新的影视剧做成的恶趣味动图，那就是无伤大雅的。

然而，当涉及公众事务时，这些算法可能会偏向于歇斯底里的、分裂的和令人瞠目结舌的内容。这当然也不是什么新问题。自美国建国初期开始，报纸上就充斥着各类耸人听闻的虚假信息，人们总是会被无关紧要或荒谬绝伦的事情吸引，全社会也一直在与这种倾向做斗争。但是，算法排名把这个长期存在的问题彻底点燃了。在 YouTube 上，视频博主为了获取关注，竞相发布更疯狂更危险的内容。一位父亲为了保持自己 200 多万的浏览量，不断发布自己的孩子处于极度痛苦中的视频。（BuzzFeed 这样描述，在标题为“痛苦不堪的流感疫苗注射”视频中，一个小女孩的双手和手臂被举过头顶，肚子露在外面，撕心裂肺地叫个不停。）

我的朋友泽伊内普·蒂费克奇是北卡罗来纳大学的副教授，长期以来她一直在研究技术对社会的影响。2018 年初她就指出，YouTube 的推荐机制往往会过度提炼用户的偏好，任何一类话题都会被推向极端。她发现，如果她观看了慢跑的视频，平台就会推荐强度越来越大的运动，例如超级马拉松。如果她观看了素食的视频，平台就会推荐极端素食主义的视频。在政治上，这种极端主义令人不安。她观看了唐纳德·特朗普的总统竞选视频，之后平台开始推荐“白人至上言论”“犹太大屠杀否定论”的视频；她观看了伯尼·桑德斯和希拉里·克林顿的演讲视频，平台就开始推荐左翼阴谋论、9·11“真相论”。哥伦比亚大学的研究员乔纳森·奥尔布赖特也在 YouTube 上做了一个实验，在美国的一次校园枪杀案过后，他在平台上搜索关键词“危机演员”，然后搜集了每个视频之后的“接下来播放”（由平台推荐），通过这个方法他迅速搜集了 9 000 个视频，其中大部分似乎都是定制的，旨在震惊、煽动或误导用户，包括强奸游戏笑话、名人恋童癖、现实冲击社会实验，还有“假旗行动”言论、恐怖主义阴谋论，等等。他认为，部分视频完全以获取经济利益为目的，发布令人震惊的假新闻，以便进入推荐排名系统，获取点击量从而牟利。

蒂费克奇指出，推荐机制可能会偏好煽动性的内容。另外一名学者雷内·迪雷斯塔发现，脸书“群组”推荐系统也存在这样的问题，如果用户浏览了与疫苗相关的内容，平台就会提示其加入反疫苗注射的群组，如果用户选择加入其中一个，平台可能会进一步推荐更极端的阴谋论小组，比如“化学凝结尾”。这些推荐机制其实就是不断制造阴谋论的旋涡，让人们越陷越深。

当然，大型科技企业因害怕被利用，确实不会公开自己的排名机制。但媒体学者和《反社交媒体》一书的作者希瓦·维迪亚那桑指出，公司的所作所为显然表现出对强烈情绪的偏好，这导致平台很容易被操控。

他说：“如果你喜欢能吸引注意力的内容，那么帖子越古怪，吸引的注意力越多。比如，我写了一篇经过深思熟虑的关于货币政策的文章，读者可能只是那些特别关注这个话题的人，我可能只会得到一两个赞。但是，如果我发布一些疯狂的言论，比如疫苗引发自闭症，我可能会马上得到许多关注。也许有一两个朋友会在下面回复，‘你说得没错’，但会有更多人回复，说我说得不对，‘美国疾病控制与预防中心的最新研究表明你是错的’。那些人想要极力证明我的错误，却进一步扩大了我言论的影响范围。也就是说，有人发表了一些疯狂的想法，而你想去反驳他的任何一个动作都会让这些疯狂的想法获得更多关注，产生更大的影响力。”他总结道：“如果是独裁主义者、民族主义者或仇恨社会的人，这种机制对他们来说就非常合适了。”

各种推荐算法给世界各国都带来了上述问题。在2016年美国总统选举中，极端右翼势力发现，社交媒体的推荐算法尤其偏爱引发强烈情绪的内容，能够成为一种有力的工具。在那段时间，从脸书到YouTube，从Reddit到推特，各大知名社交平台充斥着各种谣言和阴谋论，比如，希拉里利用华盛顿一家比萨餐厅运营着一个儿童性犯罪团伙，希拉里指使谋杀了一位民主党工作人员，等等。与此同时，还有很多不太知名的右翼网站编写了许多白人民族主义表情包，通过脸书、推特、YouTube等社交网络，它们迅速成为主流讨论话题。社交网络也使得人们更容易建立意识形态领域的回声室，在这类平台上，人们往往会关注与自己意见相同的人。这使得他们更不可能因一条虚假的信息或一个种族主义表情包而遭到揭穿。在推特和脸书上，恶意扰乱选举的组织可以利用很多假账号自动程序支持阴谋论帖子，让它们看上去很受欢迎。极端右翼组织特别善于利用这些自动程序，使假新闻在推荐系统中获得靠前的排位，从而吸引极大的关注量，很多新闻记者震惊于此类网络信息的热度，通过自己的报道又让假新闻进入主流媒体。

在2016年的选举之前，社交网络公司似乎并没有注意到这类有组织的政治活动正在不断发展壮大。脸书当然知道有人在自己的平台上散布谣言，也一直在应对关于这方面的投诉。2015 年 1 月，脸书推出了新的垃圾信息举报功能，用户可以举报动态消息中的假消息。然而，据脸书前员工透露，在新闻媒体还未曝光选举遭到恶意干涉之前，脸书并未关注极右翼团体或国外势力利用公司系统干涉选举的想法。

迪帕扬·戈什于 2015 年到 2017 年在脸书的隐私和公共政策部门工作。他说："我认为人们并没有很好地意识到这个问题。" Buzzfeed 发现，脸书的一位工程师早就注意到，脸书推荐流量排名最高的网站出现了不少极右翼的"假新闻工厂"。他把消息发布到内部员工论坛上："大家的反应就是，'是呀，太疯狂了，但我们又能做什么呢'？"

偏好极端言论的推荐机制给美国带来不少麻烦，在世界其他地方甚至造成了更恶劣的影响。

外国势力甚至利用社交媒体的广告网络操控美国政治。为什么他们会选择这种手段？因为谷歌、脸书、推特的广告技术可以帮助广告商进行微目标定位，瞄准小众市场。也就是说，这类手段能帮助外国势力很快找到阴谋论和虚假信息的受众：愤怒的白人种族主义者，极度反对新自由主义的左翼活动人士，等等。微定位技术可以让各类怨愤不平、心态扭曲的人群看到为其量身定制的信息，让他们心中的怒火越烧越旺，让社会分歧越来越大。

这个问题的严重性让戈什感到震惊。离开脸书后，他为新美国基金会撰写了一份报告，指出："广告技术市场的形态恰好满足了虚假信息的运作要求。"政治领域的虚假信息"吸引了人们的关注，又能为那些网络内容的制造者带来收益。每个成功的假新闻运营团队都催生了非常活跃的受众"。

广告技术推动网络商务规模不断扩大，戈什告诉我，"正是这种核心商业模式导致了目前我们所见的负面外部性。这种商业模式就是要对受众形成强大的吸引力，甚至让他们上瘾。就像推特的推送功能，或者脸书的信息功能、动态消息功能，等等”。

那些曾就职于社交媒体公司的人不约而同地告诉我，开发人员在打造这些系统的时候并没有邪恶的初衷。没有哪个人想创造一个腐蚀文明社会、摧毁人类互信的系统。但是，大型科技企业的驱动力——对规模的追求、靠广告维系的“免费服务”、容易成瘾的使用体验——使他们走到了今天。

维迪亚那桑总结道：“脸书并不喜欢仇恨。但是仇恨喜欢上了脸书。”

为什么在2005年前后开发这些软件的工程师和设计师没有预见到平台被恶意利用的问题？为什么他们花了那么长时间才反应过来？

如果你问问那些社交媒体开发领域的工作者，他们可能会告诉你，这是工程设计思维的副作用。社交网络的程序员和设计师擅长软件开发、逻辑运算、系统规划、效率提升，擅于将大问题分解成小问题，逐一攻破。但是，他们大多是年轻人，出生在白人家庭，接受过高等教育，对世界的纷繁复杂所知甚少。政治是什么？其他种族的人生活怎么样？他们知之甚少。也许更糟糕的是，借用美国前国防部长唐纳德·拉姆斯菲尔德的名言，“他们不知道自己不知道”，这才是更可悲的。对他们来说，社交平台是一个充满乐趣的新领域，给他们带来了相互交流的新方式。更多的沟通怎么可能是坏事呢？

亚利克斯·佩恩曾参与推特早期的开发工作，他说：“我见过很多非常聪明的人，但是他们的聪明十分狭隘。”他们的狭隘“在于无法与人文交融”。他们只是非常热爱数学和数据，热爱编程，热爱商业与金融，却对人性一无所知。所谓高智商人才并没有掌握任何一种洞察人性的技能。

我的朋友达纳·波伊德是技术专家，也是人类学家，他现在运行着一家叫“数据与社会”的智库。他参与过一个项目，该项目研究在社交网络发展初期聚友网的表现，当时他还把创始人汤姆·安德森拖到苹果商店，就是为了让他看看青少年是如何使用聚友网的。很多创始人并不能敏锐地察觉自己的技术是如何影响个体的。作为社交网络工程师，他们看到的是需要不断被优化的网络结构，他们很难察觉或关注任何人以及他们将要做的事。我觉得，某些程序员的世界观就像某些经济学家的反社会论调：经济模型显示经济整体平稳运行。然而，对一个 49 岁被解雇又找不到什么好工作的人来说，经济学家的信息并不意味着他会过得更好。搭建大型网络系统的工程师，就像搭建经济模型的经济学家一样，从整体出发看世界，却看不到个体。波伊德说：“技术圈的问题之一就是极其关注数据模型本身，却忽视了其中的人性。”

21 世纪初，我的朋友阿尼尔·达什曾在博客公司 Six Apart 工作了 7 年，现在他是社交编程公司 Glitch 的首席执行官。在他看来，所有开发社交媒体的程序员在过去都被以弱敌强的论调吸引，黑客精神鼓舞着他们去颠覆现有行业，比如媒体。他们准确预见了其中的好处，但由于缺乏宽广的世界观，没有预见到其中的凶险。

达什说：“我们总是在谈论‘这一定会彻底改变媒体’。从此不再有人来决定大众应该看到什么，可以看到什么。这会大大推进很多政治运动！果不其然，我们的预测都应验了。但我们都没有预料到负面影响。为了某件事情凝聚力量，然后在社交媒体上分享它，这是我们的目标。但是我们忽略了一点，这件事情也可能是一个谎言。”我意识到，正是基于同样的原因，当初的我未能预见后来的危机，想象不到推特等平台会遭到恶意滥用。曾经的我对社交媒体有着同样的憧憬，作为一名中年男性，我几乎没有在网络上受到过骚扰与攻击。我和那些创始人一样，想法太过天真。达什还指出，庞大的规模确实超出了人们的预期。他说："当时也确实没人想到会有数十亿用户同时使用这类服务。我认为没有预测到负面影响确实是我们的过错，但是这不是某个人的责任。"

道德盲点并不仅仅出现在编程领域。弗雷德·特纳是斯坦福大学的传播学学者，长期研究硅谷文化，他在技术杂志《逻辑》的访谈中指出，在历史进程中，很多形式的工程设计都形成了同样的氛围：工程师埋头应对技术层面的挑战，忽视了自身工作给社会带来的影响。

他说："工程设计就是要制造产品，如果你做出了有用的产品，那就满足了这个职业的道德要求。工程学的道德标准就是'你设计的东西能用吗'？如果能用，你就做了符合道德标准的好事。沃纳·冯·布劳恩说，就像音乐家汤姆·莱勒唱的那样：'火箭升空了，谁管它到哪落下，反正不是我的家。'"

推特的发展过程体现出了道德盲点给编程设计带来的影响。

不少推特前员工告诉我，在公司发展初期，很多工程师在加盟时都是冲着它的理想主义使命——建设一个让人们与世界对话的平台。一名员工曾称推特为"言论自由党的言论自由派"：无论帖子多么粗鄙无礼或卑劣低俗，当时的开发人员都坚决反对删帖行为。这种态度并非推特独有。硅谷程序员大部分都是年轻的白人男性，他们都不喜欢被指使的感觉。当外界认为他们应该做什么，例如应该把那些辱骂性的言论撤走时，他们反而变得更加抗拒。一名谷歌前员工告诉我："硅谷对言论自由的捍卫可谓到了极致——'我们必须允许那些内容出现在平台上，即使我个人完全不认同’。”

推特前员工透露，公司在德国推出服务时，当地法律要求必须删除与纳粹或纳粹物品相关的内容，某些员工表达了他们的不满。他们认为，推特这类网络服务平台具有“公共运营者”的地位，就像电话公司一样，既要向公众提供无差别的服务，也要尊重用户的隐私。确实，某些推特员工根本就不在乎产品的社会影响，不在乎纳粹或者言论自由方面的争论。他们一心只想写代码。佩恩指出：“在那时，有些人只想从事一些发展势头强劲的事情。”只有大规模发布实时软件，而不是对一个垂死挣扎毫无起色的应用程序进行调整，才是真正令人兴奋的事情。

随后，推特出现的社会问题越来越复杂。21 世纪第二个 10 年初期，有些推特用户已经可以巧妙地应用平台参加有组织的骚扰活动了。

最著名的当然是前文提到的“玩家门”事件——以男性为主的几个团队恶意攻击电子游戏领域的女性开发人员和游戏评论家，她们因为谈论、批判游戏中的性别歧视现象而遭到报复，其中就包括媒体评论人阿妮塔·萨克伊西恩。那些骚扰团队常用的方法之一就是利用 dogpiling 技术进行网络攻击：他们会选中目标人物，然后利用推特平台的“@”对话功能不断向对方账号喊话，有时还会利用自动程序加大信息量，导致对方无法正常使用推特，当被攻击对象登录账号时，信息列表中全是侮辱性的言论，日常对话信息已经被淹没在数不尽的咒骂中。而且，每天几小时面对恶言恶语——被骂“婊子”，被威胁会遭到强奸、谋杀，被“人肉搜索”——会对心理产生极大影响。那些纸上谈兵的观察家可能会说，“远离推特就行了”。然而，对很多被攻击的受害者来说，这并不现实。他们大多数都是职业作家或者游戏设计师，推特就是他们发布自己活动、宣传个人形象的地方。法学家达尼埃尔·西特龙认为，推特已经成为一个职场。这个平台对他们维系声誉特别重要。那些攻击者恰恰看到了这一点，转而利用平台对他们施加伤害。

“玩家门”仅仅是推特平台毁谤现象的开端，又或者是 2016 年美国总统大选这一重大事件的预演。在 2016 年的总统大选中，一些曾歧视、攻击女性的在线论坛开始支持白人民族主义，支持唐纳德·特朗普。他们对那些骚扰攻击的套路驾轻就熟，现在只要谁反对特朗普，他们就针对谁发动攻击。当然，这些和选举相关的辱骂言论不仅仅出现在推特上。但是推特高度开放的本质——在默认模式下，任何公众账号都可以对话另一公众账号——以及它在新闻圈中的重要地位，使得它在操控选举的舆论中有特别大的影响力。在竞选期间，白人民族主义者和反犹太分子对新闻记者、希拉里·克林顿的支持者还有非洲裔名人发动网络攻击、人肉搜索。在铺天盖地的反犹太人威胁中，《纽约时报》编辑乔纳森·韦斯曼不再使用推特，黑人演员莱斯利·琼斯遭到恶劣的种族歧视羞辱，也选择远离推特。

《压迫算法》（*Algorithms of Oppression*）作者、前广告高管萨菲娅·乌莫亚·诺布尔认为，社交媒体的幼稚之处在于，它仅仅预见了个人作恶的可能性。平台开发者明白人们试图推送垃圾信息，比如垃圾邮件的危险性，但是他们没有想到平台会遭到协调一致的组织的恶意利用。她说：“那些白人民族主义者或 4chan（一个在线讨论版网站，出现不少极端种族主义和仇视女性的帖子）平台上的人针对某个目标同一时间从多个方向展开攻击，这是平台开发者没有想到的。”

推特前员工也承认：“玩家门”和那些骚扰言论自动程序让公司措手不及。推特一直以来都有检测垃圾自动程序的工具，但主要是靠定位垃圾信息的签名，譬如一个账号给很多人发布垃圾信息就会被定位。反向的检测工具当时还不存在，也就是说，如果很多账号同时攻击一个目标，平台就没有应对的方法。当然，平台上也有一些反骚扰的工具，其屏蔽功能可以阻止骚扰者跟踪你（但是骚扰者还是可以手动搜索账号来查看你的推文）。他们也考虑过设计“过滤机制”，自动检测并禁止发布辱骂性言论。然而，语言如此微妙，语法分析并不容易实现。一名工程师曾告诉我，推特的某条回复如果出现了“贱人”，那有可能是两个女人在开玩笑，也有可能是蓄意的网络攻击。

这位工程师说：“公司内部肯定也有人想到过骚扰问题，也想解决这个问题。”但是大部分工程师对新阶段毁谤现象的预测“真是太天真了”。推特的年轻工程师根本就没想过问题的波及范围有多大，所以，当“玩家门”事件正在进行时，他们很难意识到事态已经非常严重了。虽然他们占据了有利位置——处于整个平台的顶端，但是，公共领域出现的新型毁谤问题愈演愈烈，已经超出他们的想象。

这位工程师说：“回看2016年和选举中发生的一切，如果推特之前注意到这个问题，早点儿想清楚往后该如何应对‘玩家门’事件，结果可能就会变得不同。但是，我们没有给予足够的关注，我们总以为都是巧合。阿妮塔·萨克伊西恩发声了，但是我们没听进去。”推特内部已经有员工认为，应该更积极地应对毁谤和虚假信息等问题，但是他们的诉求一直没有受到重视。

推特前工程师雅各布·霍夫曼–安德鲁斯给我发邮件陈述了自己的经历。“很多人对毁谤问题理解得很不错，但是公司并不了解。”他一直以来都很支持推特在用户体验上“少插手”的态度。他觉得，如果有人骚扰你，那就屏蔽他，这就够了。推特不应该自己甄别哪些账号应该被禁用，哪些个人推文应该被撤掉。他认为：“依靠平台运营者‘解决’骚扰问题，弊大于利。”尤其是在非英语国家，推特的美式管理体系在当地根本不起作用。

然而，当霍夫曼-安德鲁斯亲眼看见 dogpiling 技术的网络攻击行为之后，他开始觉得真的需要新的应对策略了。如果被骚扰的用户每周甚至每天要花好几个小时去屏蔽那些集体攻击自己的账号，对他们来说确实很不公平。他开始思考用代码解决这个问题。2014 年，他离开推特（与平台滥用问题无关）。在离职后的几个月中，他着手开发“共同拦截”（Block Together）应用。假设一个用户制作了一份自己的屏蔽清单，然后分享给朋友，朋友们有了这份清单，就可以屏蔽同样的账号。反之亦然，你在拥有了某人的屏蔽清单后，如果对方屏蔽一个账号，你就会自动屏蔽同一个账号。也就是说，如果一组用户同时受到厌恶女性群体的攻击，被攻击对象很快就能建立起集体防御。霍夫曼-安德鲁斯指出，这个想法就是“通过分享来减轻屏蔽恶意账号的负担”。

他是在“玩家门”事件发生前推出这款工具的，之后，它在受到攻击的女性中流行开来。由此可见，创新的工程设计似乎可以减轻推特、脸书、YouTube 的一些问题，关键是社交网络公司要重视这类工作。

到了 2018 年中，技术抵制浪潮到来，大型社交网络公司遭到了公众的猛烈抨击。

剑桥分析公司的丑闻被曝光，该公司搜集了数百万脸书用户的个人信息，用于推送政治竞选广告。大型科技企业开始接二连三地公开道歉，启动各种计划来应对其发现的问题。YouTube 宣布，对于正在进行的新闻事件，会采取措施限制不实视频的推荐。脸书对“新闻推送”功能做了多次调整，包括减少推送中新闻网站的数量。推特推出了升级版工具，帮助用户应对网络攻击，同时删除了7 000万假账号，此类账号旨在发布诈骗信息、虚假新闻。推特负责信任与安全事务的副总裁德尔·哈维指出，公司目前已经使用优化的机器学习工具来分析虚假信息和毁谤信息的特征，例如，某个账号是否会频繁地给另一个它没有关注的账号发信息。

我在采访推特的产品经理戴维·加斯卡时，他表示，处理毁谤问题、维护平台秩序已经成为公司的首要任务。他补充说：“在过去几年里，这一直都是重中之重。我觉得这一点现在已经得到认可。”他指出，这一工作的目标在不断变化。推特的设计人员和工程师需要定期处理新的恶意行为，譬如最近在日本，某些用户会使用“正在孵化的昆虫”图片来骚扰他人。在美国这不算攻击，但在日本却是非常恶劣的行为。

加斯卡反问：“要是你，你会怎么处理？我们应该禁止发布昆虫图片吗？这可行吗？这种情况仅出现在日本，还是世界各地都有？该在什么情况下禁止？”

对推特和大多数社交网络来说，应对恶劣行为就是要不断完善规则，不断调整决策，修改代码。这就意味着，对内容审查员的训练要不断补充新的规则，还要对软件进行更新，推出新的反诈骗人工智能技术，反思平台运行的核心。加斯卡指出，推特要做的工作不仅仅是减少伤害，也要思考如何鼓励积极的互动。公司与数家学术组织展开合作，探究如何形成良性的网络互动。推特设计团队的一个方向就是优化对话的展示方式，现在对话被展开后经常会变成一团乱麻，很难分清哪些对话有意义，哪些没有意义。

加斯卡指出：“每次有大量讨论的时候，你很难追踪对话内容，很难搞清楚你应该回复谁，也时常忘了自己是不是已经回复了某人。”拥有很多关注者的用户基本上没有工具来管理大量的回复。他认为，目前一个非常重大的挑战就是，推特的发言核心是每一条推文，而不是对话主线。这是不是也可以改变呢？

某些之前批评推特的人对其当前减少骚扰、调整服务的工作表示认可。游戏设计师布里亚纳·吴在“玩家门”事件中因收到死亡威胁而逃离住所，她发现推特当前的工作改善了她的使用体验。在《快公司》杂志的采访中她说：“我现在收到的死亡威胁大部分来自脸书和电子邮件，推特设置了更有效的拦截，我基本上不会再看到。”（这样的称赞也反映出网络世界的沉沦，仅仅是死亡威胁减少了，她就已经很欣慰了。）当然，也有人觉得推特的工作做得还不够。某些用户表示，他们向推特举报某些推文中含有赤裸裸的人身攻击——这显然违背了推特的政策，但此类推文并没有被删除，或者只是偶尔被删除了。历史学家玛丽·希克斯说：“就算我举报一些推文含有极其恶劣的侮辱性言辞，这些言论也不会被删除。”

其实，推特雇用了内容审查员，专门裁定被举报的推文内容是否不妥，但他们的工作时常不堪重负。脸书和谷歌也遇到同样的状况。在公众的批评下，公司纷纷雇用内容审查员，检查被举报的帖子、图片、视频等，审查员的数量也不少。脸书承诺，在2018年底之前会雇用1万名审查员。谷歌在2017年表示，将雇用1万名审查员检查来自YouTube的视频。在网络世界中，审查员工作可能是最吃力不讨好的工作。他们每天都要裁定被举报信息是否应该被禁止——属于恶意威胁、色情内容，还是类似的内容。也就是说，他们每天接触的内容都极易引发心理不适，比如虐待儿童的暴力行为，青少年直播自杀的过程。因为工作强度大，压力大，失误在所难免，可能一不小心他们就删除了不该被禁的内容，也可能漏掉了某些恶意信息。

这些都是规模化带来的问题。这些大型科技企业一心想扩大规模，也实现了目标。在全球范围内，这些大型科技企业的平台上每天都会出现数十亿的帖子。就算每个运营平台都抱有美好的初衷，也竭尽全力解决平台被用来作恶、毁谤和造假等问题，就算大家一心想要除恶扬善，我们也不能肯定地说我们真的可以做到。

面对社交网络如此庞大的规模，内容审查员当然应付不过来，然而技术手段似乎也无法全面解决问题。除了雇用内容审查员，科技公司也承诺，会开发更精准的人工智能技术，自动识别欺诈行为。这其实就是程序员应对问题的方式：将决策自动化，提高机器的效率！但是，正如前一章所说，机器学习非常不适合处理特殊情况，它无法处理人类行为中隐晦或模糊的信息。当某些人在制作白人至上的图片时，他们不会在上面贴上纳粹标志，也不会写出“纳粹万岁”的字样，这些很容易就能被机器识别出来。他们会找个公众人物的图片，加上标题，一眨眼它就变成了白人民族主义的新话题。在4chan等网站上，很多年轻人每天都在不停地制作这类图片，在社交媒体上不断传播。萨菲娅·诺布尔说：“机器学习是无法赶上这一水平的。”

维迪亚那桑在关于脸书的讨论中说：“我想象不出有哪种技术或政策可以从根源上解决这个问题。”我们在面对美国之外的问题时更是如此。例如，在缅甸雇用内容审查员标记毁谤行为很困难，“仅懂得缅甸语还不够，还需要识别在当地文化中能煽动仇恨情绪的信息。但是你需要有内容指导方针，还要找到数千名反对种族灭绝言论的人，他们要敢于站出来反对政府。这正是脸书想做的，它想在缅甸雇用数千名持不同政见者，让他们去反抗种族灭绝言论”。即便是在美国，脸书的这些政策在政治上也显得过于天真：2018 年夏季一份被泄露的文件显示，脸书虽然禁止了鼓吹“白人至上”的帖子，但是对“白人民族主义”“白人分裂主义”等帖子视若无睹，而种族主义者正是利用了后面两个词条来给自己洗白的。

维迪亚那桑说，扎克伯格以及脸书的管理层都非常聪明，他们已经意识到，平台强大的力量背后是艰巨的挑战。要应对这样的挑战，仅有聪明还不够。维迪亚那桑也不确定出路在哪里。他说：“在我所认识的人里面，能够胜任管理脸书这个工作的人少之又少。这个平台如此庞大，渗透到无数人的生活中，要管理这个平台太难了。”

我们还不清楚，当公司像脸书、推特或 YouTube 一样规模庞大且影响如此之大时，所有人都认可的或不会被滥用的内容政策是否存在。科技思想家克莱·舍基指出，反对白人至上主义和极右阴谋论的人一直在向大型科技企业施压，要求它们禁止这类内容和用户。但是，大型科技企业行使权力的方式真的会符合批评人士的预期吗？舍基说：“自由主义人士真的希望将决策权完全交到一家大型公司手中吗？”电子前线基金会的公民自由事务主管戴维·格林指出，很多平台在美国境外会按照当地政府的要求禁止一些特定内容。格林在《华盛顿邮报》的文章中写道：“我们应该保持高度警惕，否则未来的互联网可能会成为几家私营公司主宰内容的世界，由它们来决定公共言论，由它们来定夺哪些声音应该被压制。内容审查这样的系统一旦成为常态，就必然会遭到掌权者的滥用。”

如果庞大的规模是问题所在，那么缩小规模是否可行？某些观察人士认为，如果大型科技企业掌握了过大的权力，那就应该对其进行拆分——典型的反垄断行为。毕竟，脸书现在已经没有势均力敌的对手了，美国国会对扎克伯格进行质询时有人问了这个问题，扎克伯格也无法回答。参议员罗恩·怀登说:“总会有人提出脸书应该被拆分，目前已经有相关提议了，我想，除非（扎克伯格）能够找到方法兑现几年前的承诺，否则他就要面临相关的法律问题了。”

这也可能是虚张声势。美国国会长期处于党派分歧的僵局，技术公司给很多政客的捐款也在稳步增加，国会除了给技术公司一点儿警告，估计不会有更大的动作，更别说拆分公司了。最理想的情况就是，国会通过新的法规，让平台用户得到更好的保护，类似于欧洲的法规，比如出台更严格的数据隐私保护政策。

事实是，只有深层次的结构性变革才能真正改变大型科技企业的发展方向。大型科技企业获得了相同的权力——也遇到了同样的问题，由于管理代码产生的巨大结构性力量:技术开发者、技术投资者、技术盈利方式。因此，要改变技术就得改变这些力量。

第一个问题与技术的开发者有关。社交网络的问题之一就是，当初的开发人员都是同类，眼界不够宽广。解决这个问题的方法就是让开发人员的组成更加多元化。试想一下，在当初打造脸书、推特的程序员和设计师中，如果有人曾因自己的身份遭受过网络暴力——女性、非洲裔、拉美裔、变性人等，他们就会对平台遭到恶意使用的可能性有更高的警觉。他们可能无法解决平台下游出现的问题，但至少可以减少很多恶劣现象。

第二个问题是改变风险投资的重心。达纳·波伊德指出，第一代社交网络的开发者和投资者都将“人与人的联结”视作唯一的目标。他们天真地期待着各种艰深的问题——人类的相互理解、政治分歧——会因技术的发展迎刃而解。事实没能如他们所愿，也不可能如他们所愿。脸书前员工凯特·洛斯说，在脸书创建初期，扎克伯格宣称要创造“信息流”。可是仅有信息流还不够。(波伊德特别反感扎克伯格一直将 20 亿来自全球各地，包括从得克萨斯到伊斯兰堡到雅加达的脸书用户称为“社群”，他显然误解了社群的真正含义，有着共同纽带、相互依存的一群人才能被称为社群。)

波伊德认为，下一代投资者对技术要有更多方面的要求，不能仅仅以人与人的联结为目标。下一步应该让来自不同生活背景、不同价值观的人实现相互理解。

在一篇关于未来技术的文章中，她写道：“试想一下，如果风投人士和其他投资商对产品的要求就是解决社会分歧，那么我们如何才能跳出当前的思维，打造适应未来的社交基础设施？”从乐观的角度看，硅谷可能已经为此转变做好了心理准备。波伊德和硅谷的资深技术人员讨论过这些问题，他们似乎也在为自己所做的事情感到不安。她告诉我：“他们感受不到曾经的那种乐趣了。从前他们只是想做好事，结果却事与愿违。”

Glitch 公司的阿尼尔·达什认为，初创企业应该考虑放弃风险投资，或者尽可能减少风险投资的比例。投资者会坚持追求“曲棍球棒式”的增长，这必然会让企业热衷于扭曲的产品设计。达什认识很多年轻程序员，他们高喊着：“必须实现增长！”如果你问他们为什么要增长，他们会回答：“因为我们要达到那些目标！”“为什么要达到那些目标？”“因为合作伙伴给我们投资，投资回报周期是 6 年，现在已经是第五年了，再没有爆炸性增长我们就完了。”程序员很难敏锐地察觉到迅猛增长背后的道德风险。达什指出：“很多东西在他们看来并不是显而易见的。他们的计算机科学专业里没有与此相关的教学。”当然，很多初创企业也很难马上采用达什的建议，毕竟它们需要投资才能起步。整个圈子要想摆脱对疯狂增长的追求，必然需要一个漫长的过程。

而变革的最后一个问题就是摆脱广告业的影响。

谷歌前员工詹姆斯·威廉斯指出，广告就是将注意力转化为金钱，因此，程序员和设计师才会和用户形成对立关系。如果软件不再依赖于广告，程序员和设计师就可以专注于用户真正的需求。维基百科的管理团队就拒绝了广告模式，而是直接向用户筹款。休·加德纳指出，也就是说，他们不需要引诱用户不断点击链接，也不需要追踪用户的在线行踪。维基百科就是为了帮助用户找到其所需的文献，然后用户就可以离开了。她说："我们的追求与用户一致。"加德纳认为，苹果公司遵循了同样的原则，正因如此，其在手机和笔记本电脑的隐私和保密方面比其他公司做得更好。苹果的用户是预先支付技术费用的。

程序员戴维·海涅迈尔·汉森曾开玩笑说："付钱给你的人你才会叫他们消费者，而不是用户。用户这个词来自毒品交易啊。"汉森经历过 20 世纪 90 年代的互联网泡沫，亲眼看见以广告模式营收的公司分崩离析，于是决定只开发人们愿意付钱的软件。他开发了一个组织工具叫 Basecamp，订阅费用不高，既不需要追踪用户的浏览行为，也不需要引诱他们在自己的软件上停留更多时间，没过多久，其"消费者"越来越多，他开始招聘员工帮助他运营。

在访谈中他告诉我："人们向你支付费用，你们之间就有了一种神奇的关系。"他补充说，这也意味着他的公司不需要"一心追求增长"的营销人员、广告人员和商务拓展人员。公司员工基本上都是程序员、设计师，他们专注于解决"消费者"的实际问题。他说："这才是'建设者'的企业，这种感觉太棒了。我们这样做是为了打造一家长期，可持续发展的公司。"

当然，这些规律也不是处处适用，广告营收模式同样有坚定的支持者。推特和脸书的员工一直以来都在强调，如果平台收取费用，那就相当于将数百万低收入者和发展中国家的数十亿人拒之门外。有很多用户已经享受到社交媒体带来的好处，甚至得到了经济回报，如果平台当初收费，哪怕是每月 1 美元，他们就永远不会有这个机会了。

尽管如此，上述问题以及更多的变革还是应该受到重视。在未来，技术对社会的影响只增不减，我们需要更长远的眼光与更审慎的实验去解决这个问题。而且，我们需要更多人发出声音，将这些话题带入技术领域的核心地带。

有人准备好这么做了吗？

也许有，也许就是本书的主人公——所有程序员。他们可能已经成为改变软件行业规则的重要力量。

泰勒·布雷撒彻及其同事的行为就是很好的例证。2018 年，他们用行动迫使谷歌最终在某个涉及道德问题的事情上做出了改变。

布雷撒彻是程序员，戴着黑框眼镜的他看起来和我认识的其他程序员没什么不同。他从小喜欢编程，在南加利福尼亚大学学习计算机科学和物理专业。毕业后他入职某软件公司，从事 JavaScript 编程。一年半之后，他被谷歌聘用参与 Chrome 浏览器开发项目。他说，那是数百万人要使用的东西，我可以参与开发，而且可以和技术牛人一起工作，那就是我梦想中的工作啊！布雷撒彻在 Chrome 浏览器项目待了 2 年，在谷歌工作了 6 年。在技术行业，这可是相当长的时间了。

不过，在后来几年里，他对工作的不满情绪逐渐显现。他开始厌倦每天一个半小时的“谷歌班车”。这些班车不但让城市交通变得更拥堵，也让旧金山的居民心烦，大量技术人员为了追求高薪纷纷涌入硅谷，这使得当地的房租越来越高。与此同时，谷歌高管与特朗普政府的关系也让一些内部员工觉得心神不安。在特朗普就任总统后不久，拉里·佩奇在一次技术圆桌会议上与其会面，某些员工开始公开表示不满。布雷撒彻与同事也发现，在公司每周的员工会议上，当员工从道德角度出发反对公司的某些活动时，高管们的态度越来越模棱两可。布雷撒彻说，“通常我们只能得到闪烁其词的回应，就像那些政客一样——‘你说得很好，我们会跟进的’”。

布雷撒彻在谷歌工作的第七年，一场真正的争论出现了。2017年秋天，谷歌的一些员工得知公司与美国国防部签订了合同，为其开发人工智能程序。原来，谷歌加入了五角大楼的 Project Maven 项目，帮助军方开发软件，识别无人机采集的图像。

一位化名为金的谷歌员工在接受《雅各宾》(美国左翼评论杂志)采访时表示，员工向谷歌云技术负责人黛安·格林表达了担忧。但是几个月后，“谷歌员工的发声并没有什么效果，公司还是在全力推进项目”。于是，忧心忡忡的员工在谷歌内部社交媒体平台上发文，详细解释 Project Maven，并说明了忧虑所在。

公司越来越多的员工感到了深切的不安。他们加入谷歌是为了组织梳理海量的信息，不是为了让军方更精确地瞄准异己。布雷撒彻回忆说，当时员工有很多的疑惑：“到底发生了什么？公司到底在干什么？”不满情绪越来越强烈，最初的抗议员工联合起草了一封信给公司 CEO 桑达尔·皮查伊，并将其发布到内部论坛上，要求他终止该项目，“我们坚信谷歌不应该参与到战争交易中”。

这次抗议得到了热烈的回应。不到一天时间，1 000 名谷歌员工签署了联名信，截至 2018 年 4 月初，共有 3 000 名员工签字。公司一些顶尖的人工智能技术人员强烈反对谷歌为军方工作，当2014年谷歌收购人工智能公司DeepMind时，其高层就强调，公司的所有发明不得应用于武器装备。

为了平息员工的愤怒，谷歌召开了数次全员大会，让大家讨论对该项目的不满之处。金回忆说，结果就是“领导层被痛骂”。在某次超长会议中，一位在谷歌工作了13年的女性员工说：“我已经在这里工作了那么长时间，这是我第一次觉得无法信任你们。你们有没有把我们当成公司的员工？怎么就不问问我们是怎么想的？”

会议毫无作用，员工发现，管理层并没有坦诚地告诉他们当时正在进行的工作。谷歌的高管一开始告诉员工，该项目规模不大，只是一个900万美元的合同。但随着员工抗议消息的传出，媒体开始追踪报道该项目，结果却发现这仅仅是合同的一部分，谷歌还要争取国防部价值数十亿美元的合同。（谷歌确实非常担心媒体的报道，《纽约时报》后来设法得到了谷歌首席人工智能科学家李飞飞的电子邮件，她在邮件中建议对Project Maven合同的性质保持谨慎。她写道：“竭尽所能避免提及或暗示人工智能。谷歌在人工智能和数据方面已经面临很多隐私问题，如果媒体找到新话题，认为谷歌正在秘密开发人工智能武器或者使用人工智能技术为国防工业提供武器，那么后果将不堪设想。”）

到了春季末，一些员工已经对公司失望透顶，纷纷辞职。毕竟他们是技术人员，离开谷歌还有很多选择。硅谷的初创企业总是求贤若渴，简历上写着谷歌程序员和设计师的人更是抢手。正因如此，他们可以为了自己的道德立场潇洒离开。

布雷撒彻就是其中之一。他告诉我：“毕竟软件工程人员很好就业，既然你有资本去选择自己的雇主，那么为什么不选择和你价值观一致的公司呢?”4月底，他已经找到另一份工作并递交了辞呈。几个星期后，他和十几名同事离开了谷歌。

在那之后不久，谷歌做出了让步。内有员工抗议，外有各界谴责，谷歌压力倍增。2018年6月的第一周，谷歌高管向员工宣布，Project Maven 合约到期后将不会续约。

谷歌的此次事件暴露了技术公司的弱点：员工。软件公司争夺人才之激烈外界早有耳闻，不是脸书挖优步的墙脚，就是优步挖谷歌的墙脚，谷歌又去挖推特的墙脚。正因如此，技术人才拥有极其强大的劳工权力，他们才是大型科技企业最想讨好的人。

布雷撒彻指出，软件用户就没有那么大的影响力了。“面对脸书或谷歌，人们抵制一般公司的策略是行不通的。谷歌有数百万用户，Chrome 浏览器有数百万用户。但是，员工数量就非常有限了，只有几千人。所以，如果你打算在这样一家公司工作，我觉得你应该思考一下你会有多大的权力，思考怎样利用这样的权力，这近乎一种义务。”当然，这种权力并不绝对，只有在大部分员工共同抗议的情况下它才能奏效，就像他们在 Project Maven 上所做的那样。

在未来，可能会出现更多类似的“起义”。越来越多的程序员对企业的道德行为和社会影响感到不安。2018年夏天，越来越多的新闻报道，美国移民和海关执法局（ICE）拆散移民家庭，将孩子和父母送往不同的拘留中心。微软员工发现，公司当时正在向 ICE 提供软件服务，于是，300多名员工签署联名信，要求公司终止合约。信中写道:“微软从此类技术中获益，而我们作为技术开发者拒绝成为同谋。”

与此同时，在2016年美国总统大选之后，脸书、推特等企业的很多员工在社交娱乐场合都尽量不提及自己的雇主，以避免尴尬。一名 30 岁的软件工程师在英国《卫报》的采访中表示："我从来不说自己在脸书工作。"如果被问及，他就敷衍着应付过去。"遇得多了自己就学聪明了。说出身份别人很难不对你'另眼相看'。"10 年前，华尔街西装革履、不可一世的"金融精英"把整个国家搞得一团糟，10 年后，硅谷的程序员成了人们眼中的破坏者，褪去了黑客电影中的英雄色彩，他们成为硅谷中笨手笨脚、只顾自己的小丑。

综上所述，科技行业变革的压力可能来自内部而非外部，来自那些风险投资人和首席执行官不敢怠慢的人。

目前，布雷撒彻对新雇主 Hustle 的道德观比较放心。这家小型初创公司主要开发短信息软件，让各类组织在内部可以搭建、维系一对一的联系。塞拉俱乐部（环保组织）、美国计划生育联合会等很多非营利组织都是他们的客户。

不过，他也承认，他时不时会怀念在谷歌工作的时光。那里有很多他喜欢的东西，新鲜刺激的技术挑战，斗志昂扬的同事，还有那些奢华得过分的员工餐厅。

回想起过去种种，他轻轻叹了口气："我错过了它。"

第十一章
蓝领程序员

Blue- collar Coding

2014 年，美国肯塔基州采矿业解雇了很多工人，加兰·库奇也是其中之一。

41 岁的库奇留着浅棕色的山羊胡，住在肯塔基州东部群山环绕的派克维尔，小镇上有 7 000 多人。从爷爷到父亲再到库奇，祖孙三代都在采矿业勤勤恳恳地工作。库奇从业也已经 15 年了，主要负责设备防护检修。采矿业已经成为他生活的一部分。他告诉我："在矿区工作，工友就成了你的家人。"

但是，在 21 世纪第二个 10 年初期，水力压裂技术的应用带来了大量廉价的天然气，可再生能源变得越来越可行，美国联邦政府出台政策，要求逐步减少煤炭使用，煤炭行业开始急剧衰落。2008 年，肯塔基州的矿工大约有 1.7 万人，8 年后，仅剩下 6 500 人。因为市场缩水严重，煤炭被开采出来之后没有销售渠道，逐渐堆积如山。库奇意识到，要找到好的工作可不太容易了。他有个机会去路易斯维尔市当工业维修人员，但通勤距离太远，他也不太确定那份工作能不能干长久，现在就把妻女都带过去也不合适。

就在他冥思苦想该怎么选择的时候，收音机里传出一个奇怪的广告。

“您是不是被采矿公司解雇了？如果您有严谨的逻辑思维，喜欢学习新鲜事物，不要错过眼前的好机会。Bit Source 来到了肯塔基州东部，计算机编程革命就要来了。”

这是什么玩意儿？有人要招编程人员？在派克维尔？

这个招聘机会来自罗斯提·贾斯蒂斯。55 岁的贾斯蒂斯在采矿业工作了大半辈子，他继承了父亲的煤矿运输生意，还经营着一家土地平整公司。但是，煤矿业的急剧衰落让他感到震惊，他告诉我：“我们之前想着行业会逐渐衰落，完全没有预见到整个行业会彻底崩溃。”

贾斯蒂斯意识到，他必须在派克维尔建立全新的业务，一定是朝阳产业才行，而且工资不能低。肯塔基州的煤矿行业岗位平均年薪超过 8.2 万美元，这些高工资支撑起了当地的零售、酒吧、汽车行业。新的工作机会应该有同样的作用。贾斯蒂斯和商业伙伴林恩·帕里什讨论了各种各样的可能，风力发电厂、太阳能发电厂，他开玩笑说，“甚至还想到了养猪场”。

2013 年，创业调研还在进行中，有一天他们走访了列克星敦的一家科技孵化器，就在离派克维尔几小时车程的地方。阳光充沛、空气清新的办公室，宽大的皮质沙发，崭新的乒乓球桌，程序员在桌子前飞快地敲击着键盘——两人仿佛瞬间置身于一家硅谷的创业公司。科技孵化器的主管告诉他们，当地很多技术企业招不到程序员，会编程的人不多。这里工作年薪 8 万美元。

“工资不错啊，”贾斯蒂斯回应着，“可是应该需要计算机科学本科学位才能干吧。”主管告诉他：“不用，只要聪明勤奋就能边干边学，跟其他技术行业一样。”

这话击中了贾斯蒂斯。他很清楚，采矿工人都非常聪明，可塑性强，而且半只脚已经在技术圈了。他告诉我："很多人觉得我们不太聪明，就是一群山里人。"其实，采矿工人的工作性质和编程有很多相似之处：每天都要长时间坐在同一个地方，耐心地操作设备，解决问题。"这项工作技术性挺强的。有的人觉得矿工就是拿着镐和午餐篮下矿井，其实，现在采矿靠机械操作，工人们还要掌握流体动力学、水力学知识。"

"采矿工人就是邋遢一点儿，可同样是技术人员。"

贾斯蒂斯和帕里什决定将编程行业带到派克维尔。他们可以找一些有才华的下岗矿工，为他们提供培训，如果有任何组织需要开发软件或者创建网站，就可以和他们签约。说干就干，他们先找到一名程序员做培训师，然后申请了联邦资助，给培训期的员工提供补贴，办公地点就选在可口可乐公司之前在派克维尔设立的灌装厂里，更重要的是，附近正好有一条高速互联网线路（派克维尔的情况和阿巴拉契亚的大部分山区差不多，宽带线路少之又少）。他们给公司起名为"Bit Source"。

但是，真的有矿工想成为程序员吗？贾斯蒂斯在广播中播放了广告，还去外面张贴了纸质广告。"我们当时计划招 11 个人，如果运气好，有 50 个申请人就不错了。"

最终的报名人数是 950 人。大家对山里人的刻板印象还真就出现了：当地人听说是软件行业的工作，争先恐后想要加入。因为反响太热烈，培训师建了个数据库，把所有申请先梳理一遍，然后对申请者做了初步测试，其中包括一些数学和心理学问题，譬如，你是更想维修发动机还是做演讲？测试之后有 50 个人被筛选出来，然后对他们做了新一轮测试，有 20 人进入最后的面试。

通过测试和面试的一共 11 个人，其中就有加兰·库奇，他被聘用了。11 个人都明白，采矿业不可能反弹了，他们需要尝试进入新行业。第一天上班，库奇穿过公司大门，看到门上的标语赫然写着：新的一天，新的道路。公司墙上布满当地历史上的著名人物，其中就有企业家约翰·梅奥，正是他推动了该地区煤炭行业的发展。还有一堵墙上写着：坚持学习，仿若生命可以永恒。珍惜当下，仿若明天不会来临。库奇觉得很奇怪："我不会是进了什么坑吧？"

贾斯蒂斯对新入职的员工说："从现在开始，你们不要再把自己当成下岗矿工了，你们现在是技术工作者。"新职员中有人曾经是煤矿安全检查员，有人曾经是矿井里的矿工，还有大学学历的机修工，之前负责维修煤矿输送带。所有人在接受培训的实习阶段工资都是每小时 15 美元，被正式聘用后会加薪。贾斯蒂斯和商业伙伴也把自己的资金投到工人的薪水中，他们得找到项目赚钱，才能持续雇用这么多人。

大家马上进入紧张的学习状态，他们面对的是各种各样的编程课——HTML、CSS、JavaScript、手机应用语言等。

员工威廉·史蒂文斯回忆说："这就像你口渴了，然后去消防站找水喝。"采矿很辛苦，但主要是体力劳动，"学习编程是消耗脑力，是我做过最费脑子的工作了"。史蒂文斯曾经在露天矿山工作，被解雇后在另一个离家 3 小时车程的煤矿找到工作。妻子和 3 个女儿依旧在派克维尔生活，他工作日不回家，下班后就睡在车里，只有周末才能和家人见面。来到 Bit Source 之后，他拼了命想做好这份工作，因为他再也不想为了采矿工作四处奔波了。这些矿工迫切地想要学会编程，每天都在刻苦努力，库奇说他过了好几个星期都不知道邻座的人姓什么。

他们的工作逐渐有了起色。每个星期结束时，他们都会用本周学习的内容做个小项目，最开始是简单的网页，然后是有互动功能的网页，接下来就是可以把数据存储到数据库中的网页。贾斯蒂斯看人很准，这些矿工学习能力很强，也很认真。但有一点不太容易，就是他们要适应软件开发有些风风火火的风格。在采矿业中，谨小慎微是关键，要是不小心出了错，可能会危及生命，还会造成巨大的财产损失。编程恰好相反，关键在于快速迭代、不断修正错误，出错并不可怕，甚至是必然的。

几个月后，他们已经可以开发完整的程序了。一开始只是比较简单的工作，比如给派克维尔的市政厅创建网站，给当地的起重机公司或土石方公司创建网站。随着时间的推移，项目难度逐步增大，他们开发的一项应用可以帮助医院的病人在农贸市场兑换代金券，一项应用运用了增强现实技术（AR），还有一个是与肯塔基州密切相关的公益项目，他们开发了帮助当地社区减少吸毒问题的应用。

3 年来，贾斯蒂斯的投资差不多回本了。不过，销售工作确实不好做，客户对矿工出身的程序员可能还是有偏见，觉得他们是山里人。但是贾斯蒂斯毫不介意“山里人”的称呼，他甚至为自己带有浓重的阿巴拉契亚山区口音感到骄傲。现在，他的程序员已经有了非常娴熟的开发技能，在会议上能和麻省理工学院计算机科学教授自如地交流，他们精心编写的 Linux 代码令专家们交口称赞。贾斯蒂斯说：“更棒的是，他们没有不好的编程习惯需要改。”史蒂文斯爱上了前端设计，每天调试 CSS 和各种字体，一坐就是几个小时。“看到用户脸上流露出惊喜，那种感觉太棒了。”

贾斯蒂斯也成为经济发展圈小有名气的人物。他每天都会接到世界各地的来电，大家都在询问“如何做出一个 Bit Source 项目”。他给出的建议也不简单，就是被逼到绝路，要在面对一个崩溃的行业时想到出路。

他说："这是饿肚子饿出来的动力。我父亲过去常说，生活是不公平的，所以要时时为意外做好准备。"

不过，他坚信，从 Bit Source 这个小项目中他已经窥见了下一阶段的编程行业。在第一波浪潮中，程序员从小开始玩康懋达 64 和 HTML，靠着编程成为百万富翁。现在，编程市场逐渐成熟，编程工作成为通往中产阶级的门票。很多人将其视作稳定的谋生工具，就像曾经在肯塔基州的煤矿工作一样。

贾斯蒂斯称自己的程序员为"蓝领工作者"，他们做的就是"蓝领工作"。

贾斯蒂斯说得没错，编程行业飞速发展，编程人员的出身以及进入行业的动机也在发生变化。

我们很可能会迎来编程的主流化——在编程飞速发展的进程中，越来越多受过高等教育的成年人需要掌握这项技能。一直以来，人们对编程的印象就是像扎克伯格那样穿着连帽卫衣的年轻人聚在一起，东拼西凑出各种各样的应用程序，他们号称可以"改变世界"。而现在，编程已经逐步成为稳定、高收入的代名词，逐步取代 20 世纪支撑起中产阶层的各类高薪工作。我的朋友、技术企业家、思想家阿尼尔·达什将这一趋势称为"蓝领程序员"的崛起。

全世界对程序员的需求呈爆炸式增长。美国劳工统计局预测，计算机以及信息技术岗位在 2016 年至 2026 年将会增长 13%，增速高于其他行业的平均值。该行业就业人员的薪资也会保持在较高水平，2017 年 5 月平均年薪已达到 84 580 美元，是所有职业平均年薪的两倍多。但是，编程行业的劳动力仍旧供不应求。2020 年，编程行业有 100 多万的职位空缺。即便不是全职的软件开发工作，越来越多的岗位也要求员工具备一定的编程技能。就业市场分析公司 Burning Glass Technologies 的一项报告显示，2015 年，20% 要求“有工作经验”的招聘岗位都将编程视为一项优势。另外，目前及未来出现的编程岗位并不集中在硅谷。在美国，硅谷的编程岗位仅占全国的 1/10，其余的工作机会分布在大大小小的城镇中。

这些未来的程序员从何而来？

最简单直接的路径就是目前大部分人的选择：进入大学花 4 年时间攻读一个计算机科学学士学位。假设这名学生表现不错，学校的人脉很广，那么在该学生毕业的时候，很多大型科技公司会竞相将其揽入麾下。其实，很多大学都与大公司建立了实习项目，不少毕业生在完成学业之前就已经得到了公司的录用通知。我遇到过两位刚从哥伦比亚大学毕业的年轻人，其中一位同时收到脸书、微软和纽约某数据库公司的邀请，另一位则在来福车和推特之间犹豫不决。他们告诉我：“每个参加这种项目的毕业生差不多都是这样的情况。”高科技公司的创始人往往会聘用他们在大学时认识的朋友，大学班级可能会给你提供一张通往高薪的技术行业的门票。

正因如此，越来越多年轻人正疯狂地涌入计算机科学专业。从 2011 年到 2015 年，仅仅 4 年，宣布将计算机科学作为自己专业的美国大学生翻了一番。

学生们追逐编程的热情有多高？2015 年，斯坦福大学计算机科学专业的学生占学生总数的 20%，现在计算机科学已经成为全校最热门的专业。斯坦福大学其他领域的教授——尤其是人文领域——只能眼睁睁地看着学生们涌向 STEM 的课堂，将语言、历史、人类学等学科抛在身后。学生们知道，市场对程序员的需求几乎是无穷无尽的。第七章提到的埃里克·罗伯茨曾是斯坦福大学计算机科学系的主任，他说:“如果你是斯坦福的学生，又刚好是计算机科学专业的学生，待在圣克拉拉就有工作，哪都不用去。”

以前也出现过学生热捧计算机科学专业的现象，比如20世纪80年代早期和90年代末，但每次热潮都很短暂，就如昙花一现。据观察人士预测，这一次大为不同。因为编程已经进入各行各业，社会对程序员的需求会常年维持在较高水平。不仅仅是技术初创企业需要程序员，保险公司、银行、娱乐业等都需要程序员。

涌入计算机科学专业的年轻人已经得出和罗斯提·贾斯蒂斯同样的结论：学习编程是找到稳定工作的可靠路径。现在的年轻人面对着越来越多的不确定性和前所未有的学校贷款压力，学习编程意味着他们离稳定的中产阶级生活又近了一步，而这种稳定性在美国经济版图上逐渐消失了。曾经，年轻人进入计算机科学领域是一心想成为比尔·盖茨、马克·扎克伯格，现在，他们只想成为普普通通的高薪职员。

罗伯茨说:“‘哇，我要成为亿万富翁’那种20世纪90年代的心态现在比较少见了。”

但问题是，大学没有足够的师资力量去培养新的中产阶级，教授不够，导师不够。在斯坦福大学，仅有2%的教职人员教授计算机科学，也就是说，面对校园中占比20%的学生，这一小部分教职人员已经捉襟见肘了。其他大学的情况基本上也一样，招不到教授计算机科学的教职人员。关键的一点是，学校的预算不够，就算预算还可以，肯定也拼不过那些求贤若渴的科技公司。企业界为了抢夺人才，能开出6位数的年薪和不受限制的科研支持。计算机科学专业的博士生也一样，毕业后直奔优步、谷歌，不会考虑留校任教。正如很多教授担忧的那样，很多计算机科学系已经成为学科中的“沙丁鱼罐头”，人满为患。斯坦福大学一届机器学习专业的学生就有760人（这还是研究生班）。扭转局面的唯一方法就是限制招生：告诉大部分学生，抱歉，你不能进入本校的计算机科学专业；只有成绩一流的学生才能进入。

华盛顿大学计算机科学专业教授埃德·拉佐夫斯卡说：“不这么做的话，每个年级都会变得异常庞大。”他们不想看到那种局面，因为这样一来，教学质量必定大打折扣。国家已经非常慷慨了，拨给学校资金扩大招生，即便如此，大学也无法满足学生的需求。“我们以前说过，只要给我们资金我们就扩招，现在看来这简直是大放厥词。”

如果计算机科学专业的扩张速度不够快，那就应该找到其他方式帮助人们获得技能进入编程行业。

阿维·弗洛巴姆正在探索一种新方式。他创立了熨斗学校（Flatiron School），这是一家编程培训机构，学员缴纳1.5万美元学费，在此接受为期15周的高强度训练。学校在曼哈顿区的华尔街，我走访那天，现场有200名学生坐在长桌前，两人一组讨论Ruby编程语言。有个学生拿着白板笔在桌子上直接写出一串代码。弗洛巴姆告诉我：“桌面就是白板，我们想了好久才想出这个办法。学生围着传统的白板来回走动，容易影响教学秩序。”但他又希望大家能不停地表达、分享自己的思考。“这是一种重要的学习方式”，于是“白板桌”应运而生。远处的墙上有一幅尺寸大得令人生厌的壁画，上面画着格雷斯·霍珀的巨大头像，还有20世纪80年代的电脑，以及夸张地写着“学习，爱，编程”的彩色涂鸦。

34岁的弗洛巴姆梳着大背头，右肩上有个熨斗学校的标识文身，胸口还有个 WeWork 的文身——这家公司收购了他的学校。他开玩笑说："我这样有点儿像赛车（车身贴着赞助商的标识）。"弗洛巴姆的编程也是自学的，他曾经在对冲基金公司工作，之后自己创业，4 年后他决定开展为期 5 周的编程班"玩玩"，没想到很多学员上完课后找到了工作。他一想，不如就做点儿大事。于是在 2012 年，他和一位生意伙伴创办了熨斗学校，到目前为止，近 2 000 名学员从学校毕业。

熨斗学校和很多培训机构一样，以高强度的教学著称。在入学前，学员可以在网上免费学习 15 周的基础课程，课程主要介绍 Ruby 和 JavaScript。正式进入培训后，很多人和同伴开始天天熬夜做项目。学员中一半是女性，大部分是年轻人。有些人因为大学毕业后发现编程可能比自己所学专业更好就业，有些人已经就业了但不喜欢自己的工作想转行，还有些人来自得克萨斯州的养猪场。

25 岁的维多利亚·黄来自新泽西，我去采访的时候她还是刚入学 3 周的编程新手。她告诉我，因为父母的压力她选择了药剂学，毕业后在曼哈顿某医院工作了一年。但是她并不喜欢自己的工作，软件制作才是她的梦想。上小学时她就花了很多时间搞动漫网站，"我就是喜欢那种从头开始自己创作东西的感觉"。她认为，自己在药剂学领域的成长过程为高强度的编程培训打好了基础。"这种超高强度的训练和医院的工作很像，就是每时每刻都在吸收有用的知识。"班上很多同学和她一样，来自各行各业——律师、市场营销人员，但他们心中总有一种想要创造的渴望。"第一期课程结束后，我完成了第一个项目，内心的自豪感真是无与伦比。"

弗洛巴姆承认，没有人能通过短短 15 周的课程成为精英程序员。15 周的学习不可能覆盖本科 4 年的所有内容。计算机科学专业的课程包括大量抽象的计算机原理、计算机结构和设计。专业的程序员在算法设计等方面拥有敏锐的洞察力，知道如何利用大 O 理论判断分类算法是否达到了最高效率，例如，处理 1 000 万个数据集需要几分钟还是几小时。编程领域的创新——新型密码、人工智能、比特币、区块链等——都得靠科班出身的程序员。正因如此，顶尖的科技公司更青睐计算机科学专业的毕业生，对从培训机构出来的求职者一般不感兴趣。谷歌负责大学与教育项目的副总裁玛吉·约翰逊说："根据我们的经验，从培训班出来的学员并不能胜任谷歌的软件工程工作。"

培训机构更像职业培训，类似于 20 世纪六七十年代的职业学校。这类机构也表示，颠覆性的创新工作并不是他们主要的学习内容。学员主要学习日常编程中最常见的东西：如何设计可以存储数据的网络服务，如何检索数据，如何向他人展示服务，等等。

真的就只是这些无聊又没有创意的东西吗？一旦走出亚马逊、谷歌、百度、阿里巴巴等顶尖技术公司的殿堂，你就会发现，大部分编程工作实际上就是这样的。技术公司 npm 的首席技术官 C.J. 西尔韦里奥在推特上写道："在整个行业中，仅有极少数人在开发那些艰深晦涩的算法，搞研究。大部分人每天都是在连接字符串。"（"连接"的意思就是将文本字符串连在一起，譬如"克莱夫"这个文本串可以和"感觉很精神！"或者"感觉不舒服！"连在一起。西尔韦里奥可没有开玩笑，这是程序员每天都在做的事情。）你所见的每个公司网站的背后，都有人在编写 JavaScript 代码，他们会确保每一块有用户互动的地方都能稳定运行。这些程序员不会在网站上不断创造新东西，他们的工作主要是维护现有的功能，他们就像编程界的"管道工人"。当谷歌更新了 Chrome 浏览器，或者微软更新了 Edge 浏览器时，总有人会调整网站代码，确保网站在新版浏览器中被打开时不会出错。如果网站是一幢大楼，这些程序员就像大楼的管理员，随时监测“大楼”是否有异常情况。

编程培训现在已经风靡全球，哪里的编程岗位供大于求，哪里就有培训学校。在印度，经验丰富的程序员桑托什·拉詹创立了Geekskool培训学校，他的目标就是解决印度传统教育机构在计算机领域“远远落后于时代”的问题。传统学校培养出来的程序员对传统的编程语言和数据库十分在行，大多数学生毕业后会进入印度的大公司，为全球大型企业提供廉价的后端服务，都是一些比较无聊、一成不变的工作。拉詹说，如果想要学习比较新的编程语言，比如JavaScript和Ruby，你就需要去培训机构。他的学员中有医生也有计算机科学专业毕业的大学生，他们发现他们在本科学习的东西只够应付无聊的数据库管理工作，但他们想做得更多。拉詹坚信，他们充满了求知的热情和动力，这正是成为程序员最重要的条件。

他告诉我：“成为伟大的程序员，和成为伟大的音乐家或足球运动员一样，都需要坚定的决心。”Geekskool承诺，以远低于大学4年的时间和成本，让学员获得市场真正需要的技能。

正是这类承诺催生了大量的编程培训机构。2013年，有2 178名学员从美国编程培训机构毕业。5年后，毕业学员增加了近10倍，2万多名学员走出培训机构，寻找编程工作。

这种快餐式的培训真的有用吗？有多少学员最后真的成为程序员了？

很难确定，毕竟培训机构的质量参差不齐。有的机构已经成立多年，运营良好，可以提供学员就业数据。有些机构管理宽松，资质堪忧。一家专门研究该领域的公司做了一项调查，发现2/3到3/4的机构其毕业学员可以在编程领域找到工作。熨斗学校在学员的就业方面就比较公开透明，其审计报告显示，2015 年 11 月至 2016 年 12 月毕业的学员，97% 在毕业前后的 6 个月内找到了与软件工程相关的工作——其中 40% 是全职（平均年薪 67 607 美元），50% 是合同工、带薪实习或带薪学徒岗位（平均工资为每小时 27 美元），其余则从事自由职业。

29 岁的路易斯·德·卡斯特罗应该属于比较成功的学员。他住在旧金山，我们在 2016 年的 GitHub 大会上第一次相遇。当时，他俯身敲打着笔记本电脑的键盘，鼓捣一个程序模型——利用 IBM 的沃森人工智能，程序在接收短信后会识别其中的情绪状态。德·卡斯特罗最近刚刚从附近的 Dev Bootcamp 培训学校毕业（该校目前已停业），当晚他要向一些学员展示自己的程序，但是他还没有完全弄好。“老天，我都不知道出什么问题了。”他说完笑出声来。代码一直在出错，他一直在修改，就在演示开始几分钟前，他终于把程序错误消除了。

德·卡斯特罗出生于菲律宾，在加利福尼亚州长大。他非常喜欢汽车，高中毕业后找了个宝马公司的洗车工作。他逐步晋升，直到做了令他感到倦怠的文书工作。他辞了职，考上了大学，入学没多久他发现自己真的不感兴趣，就退学了。

德·卡斯特罗告诉我，“我也不知道自己怎么回事”。他苦苦思索自己要干什么，正好遇到报名参加 Dev Bootcamp 培训学校的朋友，聊了一会儿后，他还挺感兴趣的，于是就尝试了免费的网课。“我觉得很有趣，自己也能理解，好像还挺容易上手。”他又花了点儿时间凑齐 1.5 万美元学费：“太难了，我那时都没有工作！”他终于入学了。培训课程振奋人心，但强度有点儿吓人。他每天早早到校，待到很晚才离开。编程中那种心流的状态让他着迷。“我特别喜欢早上戴上耳机，打开电脑，沉浸在代码中，世界很平静，我可以全神贯注地编程，心无杂念。”

然而，从培训机构毕业并不保证就能找到工作。德·卡斯特罗知道，只有1/3的学员找到了程序员的工作，1/3从事相关领域工作（比如技术公司的市场营销工作），剩下的1/3则完全放弃了编程。他给自己安排了非常严格的计划，每天申请15到20份工作——“什么都试一下，碰碰运气”。一开始，收件箱里是很多自动回复的拒绝邮件，他很好奇，这些公司为什么不聘用我？大部分回复都是“我们需要经验丰富的人”。某一天，他在领英上给某个招聘企业发了申请，终于得到一个面试机会，这家公司叫Funding Circle，专门协助小企业寻找投资。不过，德·卡斯特罗觉得面试后也会被拒绝，毕竟极少有人首次面试就能搞定。结果让他喜出望外，公司聘用了他！

编程工作和学踩水的过程很像，他一开始觉得自己还没有充分准备好，每天都在疯狂地搜索资料。突然有一天，他意识到：嘿，现在这样就很不错啊！这是他第一次对自己充满了自信。工作一年后，我们又见面了，那段时间他把自己的简历投放到某招聘网站上，他想看看自己有没有升值。网站要求用户输入最低工资要求，他想着反正是实验性的，就输入了14万美元。“结果真的有人发邮件，说‘高级职位，希望你能够参加面试’。”德·卡斯特罗吓了一跳，又笑出声来。

并不是所有人都和他一样顺利。米奇·普隆申斯克是一位关注技术领域的作家，在编程类新闻网站TechBeacon担任编辑。他对编程很感兴趣，也下定决心尝试一下。因为不想放弃本职工作，他就选择了在网上授课的培训学校Bloc，收费5 000美元，他可以在晚上和周末学习。普隆申斯克上课非常认真，导师也不断鼓励他：“你到技术初创企业工作完全没问题。”

课程结束后，普隆申斯克开始找工作，这时他才意识到，他的能力远远不够。用人单位需要的程序员应该在 GitHub 上有自己的作品集，满满地罗列着自己的代码产品，但普隆申斯克的作品仅仅是他在 Bloc 学习期间做的一些小模型。企业想找到那些真正热爱编程的人，而不是从职业培训学校毕业的学员。普隆申斯克知道自己并不是企业所需的人才，他在闲暇时可不会写代码。

他说："我自己有一部分责任。夜复一夜地写代码确实不太适合我。"但是他认为，那些培训机构应该交代清楚，其课程并不适合那些想要找到非常出色的工作的人。因为他觉得编程行业可能不需要那些从培训机构出来的学员。"培训机构不应该昧着良心赚钱。"

培训机构对学员的就业率有时也不太诚实，很多机构会使用有水分的数据做宣传。加利福尼亚州政府在发现有些机构无照经营后，已经要求它们永久停业。随后的投诉案件显示，一家叫"编程之家"的机构声称自己的学员被 21 家不同的企业聘用了，但是政府发现，真正就业的仅有两名学员。（加利福尼亚州政府对机构创始人处以 5 万美元的罚款，并责令学校停业。）就连熨斗学校也因就业率数据方面的纠纷被纽约州处以罚款。（2017 年秋季，该公司拿出 37.5 万美元，用以支付学员的索赔。）培训机构本质上与美国营利性高等学校有很多相似之处，批评人士认为，两者针对的都是那些无法承担 4 年大学费用的孩子，说服他们贷款入学，却没有给予充分的帮助让他们顺利毕业或就业。

学者特雷西·麦克米伦·科托姆专门研究营利性机构，她认为，培训机构介于斯坦福大学等名校与毕业率较低的营利性学校之间，相较于那些进入营利性大学的工薪家庭孩子，进入培训机构的学员可能有较高的教育水平，而且他们在个人经济上也没有面临很大的困难。

她在技术杂志《逻辑》的访问中说：“学业基础好、经济基础好、能够支付这类培训费用又从中获益的学生，数量非常有限。”

如果想让编程成为促进社会流动性的推动力，我们就应该让更多普通家庭、贫困家庭的孩子有机会学习编程。这些家庭负担不了培训机构的学费，也可能根本就没听说过。相比之下，社区大学的成本较低，管理也更严格，可能是更好的选择。不过，社区大学现在面临着“能力危机”：社区大学工资水平较低，师资无法与顶尖大学竞争，而顶尖大学又难以和科技公司匹敌。斯坦福大学的罗伯茨教授说：“如果我们都招不到人，那就更别说社区大学了。”

编程行业神奇的地方还在于，人们可以通过自学进入这一行。

在很多技术类行业这是行不通的。如果你在自家后院鼓捣波音飞机的机翼，自学了飞机工程设计，波音公司恐怕不敢聘用你。如果你发现上手术台的眼科医生不是从医学院毕业的，只是在朋友身上练过技术，估计你会被吓傻。而人们在日常生活中使用的软件，可能都是由未读过计算机科学专业，也没去过培训机构的人编写的，他们可能就是东看西看、自学成才的。好几个程序员都告诉我，编程行业如此神奇，是因为业余人士和专业人士一样都能轻易获得开发工具。假设你想设计一部新手机，你必须借助非常专业的硬件设施：一个微芯片制造工厂，一个精密焊接加工中心，可能还需要 3D 打印机来制作外壳。但是，如果你想开发软件，一台计算机足够了。许多代码编辑工具也是免费的。编程问答网站 Stack Overflow 的调查显示，相对较低的准入门槛是一部分原因，69% 的程序员“至少有一定的自学经历”，56% 的程序员没有计算机科学学士学位，13% 的程序员表示自己“完全”是自学的。对一个高收入的技术行业来说，这些数字是惊人的。

昆西·拉森就是靠自学进入编程行业的。20 多岁时，他在中国和美国加利福尼亚州圣巴巴拉先后经营过英语学校，对技术一窍不通。“家里的 Wi-Fi 路由器都是我老婆安装的。”然而，在管理圣巴巴拉的学校时，很多重复性的工作让他感到厌烦，他和员工要在报告中不断地剪切、粘贴信息，不断整理文件格式。本书读到此处，你也能觉察到，一个程序员就要诞生了——拉森决定将烦琐的文书工作自动化！他开始在网上自学 AutoHotKey（热键脚本语言），很快就写出了脚本程序，为员工节省了不少时间。

在采访中他告诉我：“学校的运营变得更高效了，而且更受学生欢迎了，因为老师们有了更多时间和学生交流。”

昆西的兴致越来越高，他开始在网上搜索所有可以用来学习的编程材料。当时，很多知名大学开始在慕课（MOOC）上发布相关课程，于是他观看了很多讲座的视频，还加入当地的“编程之家”，经常去参加编程聚会。7 个月后，昆西——被误认为是编程高手——获得了某家公司的软件开发面试机会。公司最终录用了他，认为他有足够的能力边干边学。2014 年的某一天，拉森开始整合在线资源开发编程课程，3 天后，非营利免费编程自学网站 freeCodeCamp 建好了。网站在很多编程新手中大受欢迎，网站合理规划了自学编程的步骤，从简单的网页设计到服务器和数据库运行，由浅入深，非常实用，学完所有课程需要 1 800 个小时。除此之外，拉森也知道，如果有过来人答疑解惑，新手能学得更好，于是他创建了在线论坛，还鼓励网站上的用户多创造面对面的学习机会。2018 年，网站用户达到数百万人，他们还在线下 2 000 多个地方组织了见面活动。

那么网站用户都是什么人？他们为什么选择在线自学编程？拉森调查了近 2 万名网站用户，发现很多都是想要转行的中青年人，平均年龄 29 岁，1/5 在 35 岁以上。大部分是男性，仅有 1/5 是女性。近一半拥有本科及以上学历——但基本上是非技术专业。差不多有 2/3 的用户在美国境外，超过一半的人母语不是英语。还有少数人已经有了孩子，要挤出时间来学编程。最让人惊喜的数据应该是，25% 的用户在自学后找到了编程工作。

拉森十分认可人人都能自学编程的观点，也在为此积极发声。他说："我认为，任何一个有足够动力的人都可以自学编程达到就业水平。"免费在线课程的巨大潜力让他尤其感到兴奋，这意味着很多每天生活成本不到 2 美元的人都能得到帮助。在美国境外，网站用户人数最多的是印度，排名人数前十的国家还有巴西、越南、尼日利亚等。拉森说，很多用户出于自身的需求，才有了强大的动力在网站上学习，他们负担不了培训机构的学费。

事实上，通过自学编程就业的人不在少数。也有不少人通过在 freeCodeCamp 上学习找到了工作，我就和其中几个聊过，有一个是加拿大蒙特利尔 29 岁的青年安德鲁·沙勒布瓦。他以前是个木匠，有一年冬天经济不景气被辞退了，于是他开始在网上学编程。他发现建立互动性的网站和做木工很像——网页上组件的完成和装配与用木头制作整齐的东西相差无几。在网站上自学了 4 个月后，沙勒布瓦开始申请软件开发的工作，在发送了 78 个申请后，他终于成功了。他告诉我："有段时间我很焦虑，一直在网上搜索'27 岁转行晚不晚？'。"我们见面的时候，他已经在软件开发岗位上干了近两年，并开始指导一些新手程序员。

目前，女性和少数群体在编程行业中的占比还很低，网络自学和培训机构真的能够进一步打开编程行业的大门吗？也许可以，但是在培训机构的问题上，特雷西·麦克米伦·科托姆等人还是持怀疑态度。

她认为，通过这个路径获得成功的人都是“百里挑一”的，个人必须有坚如磐石的决心，或者有充足的社会经济条件做支撑。自学成才是不可能“规模化”的。

更有效的途径可能是让用人单位招聘并培训那些非传统背景的程序员，也就是提供在职培训，类似于前文 Bit Source 的模式。因为目前市场对程序员的需求仍然非常旺盛，这也正成为一种趋势。

位于巴尔的摩的一家软件公司 Catalyte 利用在线能力倾向测试来识别有潜力的编程新手，然后为入选者提供 5 个月的高强度培训。这项在线测试的创意来自哈佛大学的一位助教，他认为，招聘程序员的传统方法——筛选简历、进行面试——往往不能有效发掘出色的员工。Catalyte 的首席执行官徐嘉表示，研究发现，传统方法也固化了社会偏见。出生在富裕的白人家庭的孩子有着耀眼的简历、名校文凭，无论他们是否真的适合当程序员，绝大部分的工作机会都属于他们。Catalyte 选择了以往少有公司问津的人群，推出能力倾向测试，为高分获得者提供培训机会，不需要简历，也不需要面试，完成培训之后他们就可以获得工作机会。公司选择了巴尔的摩作为首个测试地点。

利用能力倾向测试挑选程序员，这不就是编程历史的重现吗？在 20 世纪 50 年代和 60 年代，软件行业刚刚起步，企业还弄不清楚什么人适合当程序员，于是就大量应用思维谜题和模式识别测试来判断应聘者是否具有严谨的逻辑思维。很多人在这些测试上表现优异，也就是说，不同背景的人都有机会进入编程行业。第七章提到，数十年后，很多编程公司不再采用能力倾向测试，而是优先考虑“文化契合度”，在招聘中逐渐向男性倾斜。

Catalyte 的测试包含数学题、思维谜题和写作题，系统还会监测应试者的答题节奏。徐嘉说："测试能够检验个人处理复杂问题的能力，即能将复杂的事物分解成小块来应对的能力。"

Catalyte 还在另一个城市进行了盲测，效果也不错。目前公司有 600 名员工，相较于整个软件行业，他们的人口统计学数据更具多样性。在公司的巴尔的摩办事处，29% 的软件开发人员是非洲裔美国人，是行业平均值的 3 倍多。徐嘉说："大部分员工都来自普通的工薪阶层，44% 没有本科学历，平均年龄 33 岁，而且很多人是转行来的，都是为了找到更好的工作。"

"才华确实是平均分布的，至少编程的才能是这样的。"我访问了一名在 Catalyte 工作了两年的女性员工卡罗琳娜·埃里克森。她当时 35 岁，大学主修音乐表演专业，有很长一段时间都在尝试以长笛演奏为生，最后她还是觉得无法从事这一行。后来她开始在技术客服中心做兼职，这份工作点燃了她对网页开发的兴趣，于是她报了相关的大学课程，之后她知道了 Catalyte，她通过了测试并被录用。目前她所在的团队负责为 StubHub 公司（在线票务交易平台）改进票务系统和 iOS 应用程序。埃里克森猜测，与大学刚毕业的程序员相比，转行过来的程序员可能更有优势，因为他们有更多的团队合作经验。

她说："这个和在管弦乐队中演奏有点儿相似。"在乐队中演奏，作为长笛手要随机应变，要通过视觉辅助与同伴协调演奏。

从非传统领域招聘程序员，其中一个好处就是，企业能获得更广阔的视野。刚从大学计算机科学专业毕业的学生缺乏人生经验，很容易陷入骄傲自满的情绪，觉得自己无所不能。他们甚至觉察不到现实世界中可以通过软件来解决的问题，因为他们从未遇到过。而且，如果大学时期没怎么接触人文学科——历史、社会学、文学等，他们常常就会具有教育学家诺思罗普·弗莱所谓的"未经培养的想象力"：

他们几乎没有能力去预见用户使用软件的动机。也许他们深谙计算机的二进制原则，却看不到人性中的千变万化。

乐器电商平台 Reverb 的首席执行官戴维·卡尔特说："人文学科出身的人具有批判性思维。"卡尔特是音乐家，曾经从事音乐制作工作，20 世纪 90 年代转行成为软件工程师，之前创立了一家初创企业，后来被收购。2013 年，他发现很多音乐人士都抱怨在易贝和 Craigslist 等在线平台上买卖乐器非常闹心，于是他创立了 Reverb，针对在线乐器销售提供了很多独特的功能，其中就包括评估二手乐器。在过去，卡尔特一直呼吁让更多孩子学习计算机科学，然而，在创立了两家软件公司之后，他发现他手下最厉害的软件开发人员都学过哲学、政治学等人文学科（他本人就是政治学出身）。所以，他现在呼吁软件行业应该招聘更多不同学科的人才，可以是有专业背景的人，也可以是通过自学或培训学习编程的人。

他告诉我："我们从培训机构的学员中招了不少人。而且，我们可以很明确地判断出，哪些人两年后会成为资深开发人员，一般都是那些拥有人文学科学位的人。他们拥有批判性思维，相较于线性思维的人，他们能更灵活地吸收新知识。"Reverb 还聘用了很多音乐人当工程师，他们能更敏感地觉察到音乐人在线上采购乐器的需求：清晰的图片，演奏的视频，运输过程中的保险政策，等等。卡尔特还告诉我，那些音乐人出身的工程师精通乐器，而且很多也是自学成才的。

他们知道如何学习，如何练习，直到让技能成为一种本能。

越来越多的人进入编程行业，微妙的问题也变得越来越多，其中一个就是以性别为界限的领域划分现象，即女性和少数族裔群体进入编程行业后，其所在领域的声望下降了。

就目前来看，这种现象主要出现在前端编程领域。编程新手在起步阶段往往会学习 HTML、CSS 等编程语言，制作简单的网站，然后添加 JavaScript，让网站具有互动性。从 20 世纪 90 年代到 21 世纪第一个 10 年中期，很多网络流行文化都非常鼓励青少年进行这类尝试，比如在尼奥宠网站上，孩子们可以修改代码，让自己的电子宠物和家园具有个人风格（不少前端开发工程师都告诉过我，他们年少时经常沉浸在尼奥宠的世界中）。在旧版的聚友网上，青少年还故意使用很多失真图片作为自己的主页背景。也有很多青少年为自己最爱的电视剧或乐队制作了五花八门的网站。在康懋达 64 主宰世界的 20 世纪 80 年代，电子游戏是青少年接触编程的开端。在接下来的 20 多年里，更多元化的一代则追随流行文化走入了编程的世界。不同领域的粉丝不断提升自己的网页开发技能，并进入了爆炸式增长的网页设计市场。

所以，女性进入编程领域最常见的工作就是前端开发。程序员米丽娅姆 · 波斯纳在加利福尼亚大学洛杉矶分校教授信息研究课程，她在 Stack Overflow 的程序员就业数据中发现，女性列出的最多的两个职业身份是“设计师”和“前端开发人员”。相比之下，在后端开发领域鼓捣服务器、数据库，或者在区块链、人工智能等热门领域工作的，基本上都是男性。而且，这些领域的工资水平相对更高。波斯纳发现，前端岗位的平均工资比后端岗位低 3 万美元左右。

也就是说，当女性进入编程的某个领域，该领域往往会贬值。男性会选择离开，去新的领域人为制造“稀缺性”，营造“女士免入”的文化氛围，或者让身处其中的女性觉得自己是外来者。比如，在比特币、区块链、人工智能领域，每每我去参加活动，现场基本上都是男性，其比例远远超出编程行业的其他领域。

波斯纳认为，目前的情况已经导致编程领域出现了“粉领贫民窟”。编程界承认，女性和少数族裔人群确实可以在 JavaScript 等编程语言方面成为专家，制作出运行流畅的网站和手机程序，并能以用户想要的方式做出准确的响应。然而这个领域也遭到贬损，有人说它更像美学，跟编程关系不大。这简直是无稽之谈，前端编程十分复杂，发展速度很快，大部分前端人员都要不断学习以跟上新技术。然而，波斯纳也感受到很多人对前端工作的不屑，最开始她自学 HTML 和 CSS 来制作网站，然而有人告诉她，“那不是真正的编程”。于是，她又自学 PHP 和 Drupal 两门语言，开始着手服务器方面的开发，结果被告之这些太简单了。之后，她又学了 JavaScript，可是鄙视的声音并没有停止。

她告诉我：“女性化的工作总是没有那么光彩照人。”经济学家在几乎每个行业都发现了这一现象：在某个领域，例如护理、小学教育等，女性一旦成为主导，这个领域就会被（或明或暗地）轻视，该领域人员的社会地位和工资水平就会降低。

在编程的发展历程中，什么是“真正的编程”一直存在诸多争议，对前端编程鄙夷不屑的态度就是这一漫长争论的最新篇章。几十年来，某些以精英自诩的程序员坚信，编程语言难度越高、越抽象、越难掌握，就越有价值。（显然，这些语言也是那些“精英”偏好的工具。）如果哪些语言能让编程更加简单易懂，那就是对编程技艺的亵渎。早在 1975 年，计算机科学领域先驱人物艾兹格·迪科斯彻就看到了 BASIC、COBOL 等编程语言的不断崛起，他大为震惊。这类语言更接近日常英语，对编程新手来说学起来更简单。他非常不满，认为这类语言松散凌乱，设计不严谨，简直就是在鼓励编程人员乱写代码。“使用COBOL会破坏人的思维，因此，COBOL语言教学应该被视为犯罪。学生如果接触过BASIC语言，那就无法再向他们传授真正的编程了，因为他们的思维已经残缺，再无新生的可能了。”

迪科斯彻刻薄的批判并非完全没有道理。COBOL确实有可能惹出麻烦，比如管理层并不懂编程，却要求程序员写出能让自己“读懂”的代码，那必然会导致代码冗赘而低效。BASIC语言也有同样的问题。（比如，输入指令“GOTO”就可以跳转到程序中的任何一行代码，也就是说，喜欢用这个指令的程序员必然会写出很多格式混乱的“面条式代码”，代码到处乱跳。）然而，迪科斯彻也确实太过清高自傲，他认为不该花任何力气让初学者轻松入门。在他看来，编程至高无上的地位恰恰在于它的艰深晦涩，让人望而却步，只有苦心修行的人才配得上在宁静的喜悦中思索ASCII这样复杂的编程语言。在那个时候，受到轻视的主要是COBOL和BASIC两种语言，而现在，编程新手和非专业背景的程序员的入门工具——JavaScript、HTML、CSS——也成为那些自负情绪的出口。

“粉领贫民窟”在前端领域逐步显现，清高自傲的极客大批撤离，他们对网页开发、手机程序的兴趣越来越小，开始转向区块链、比特币、加密货币、机器学习等领域。这些领域在技术层面上充满了新挑战，机器学习的研究需要缜密的数学思维（高水平的研究更是需要计算机科学教育背景）。他们知道这类技术更有利可图，毕竟风投资本正不断涌向机器人、自动驾驶汽车等领域，这类技术又是其中的关键。

因此，对培训机构能让更多女性深入编程行业的前景，玛丽·希克斯等学者并未抱太大的希望。希克斯长期研究编程界女性的历史，她知道，培训机构确实能让她们找到工作，然而她们的发展仍然会受到限制，因为整个行业对女性的看法依旧没有改变——她们没有天资承担那些“更难”的编程工作，不然她们早就占据那些高级职位了。希克斯对波斯纳说：“我认为（培训机构）本意是好的，但是这些机构完全误解了问题所在。渠道不是问题所在，‘英才至上’才是问题所在。如果认为只要给更多人提供进入行业的渠道，问题就能得到解决，那不就等于默认英才至上的问题不存在了吗？”

什么人做什么工作，什么工作配得上最高的薪酬和社会地位，这不就是编程行业的等级制度吗？培训机构、自学成才、在职培训等都会为更多人打开软件行业的大门，会有更多来自各行各业的女性、少数族裔想要转行加入其中。他们可能会获得比其他行业更好的报酬，但是顶级的高薪工作呢？当然会继续向新的技术领域流动，而主导那些领域的仍旧是有专业背景的程序员，还有未来的计算机科学专业的毕业生。

蓝领程序员出现了，粉领、白领会继续存在。

对编程人才的需求依旧在上升，这是不是意味着下一代应该人人学编程？

这个话题引发了诸多争议。包括昆西·拉森在内的一些人对此表示强烈支持。

他说：“我认为，即便不进入编程行业，每个人也应该学习编程，因为编程已经渗透到很多职业中。”举个简单的例子，在商业世界，一个人如果能够用Python语言或R语言分析数据，在应聘时就会更有资本。一个人要是知道如何把日常办公任务自动化，无论在哪里办公都会让人另眼相看。“放眼当今社会，很多工作都是由机器完成的，它们都是在执行指令。计算机科学家约翰·麦卡锡就说过，‘每个人都需要计算机编程技术，这将是我们与仆人对话的语言’。”

在世界范围内，受普遍的STEM狂热的推动，越来越多的决策者认为，编程应该成为和阅读、写作、算术同样重要的基础技能，进入小学课堂。这种想法以前也出现过。20世纪80年代，麻省理工学院的教育理论家西蒙·派珀特就指出，计算机编程带来的思维模式对儿童有重要影响。一个人学习法语的最佳方式就是住到说法语的地方（如巴黎），一个人学习逻辑和数学的最好方式就是住到“数学王国”中，也就是进入编程的世界。

后来又有人指出，孩子们现在学的只是最基础的计算机知识，比如怎样做幻灯片，怎样做视频。而最强大的计算机知识应该是懂得让机器做出新的动作，让机器听懂你独一无二的指令。结果，近年来出现了很多针对儿童的计算机语言，比如麻省理工学院的Scratch，还出现了编程一小时（Hour of Code）、机器人竞赛等活动。美国各地的学校争先恐后地把编程学习塞进本来就满满当当的课程中。英国已经将计算机课程定为5至16岁学生的必修课。在中国，日益庞大的中产阶层家庭越来越重视孩子的编程教育。

然而，很多程序员不相信编程是和写作、阅读同等重要的核心技能。Stack Overflow的联合创始人杰夫·阿特伍德在文章中写道，“人人学编程”和“人人学管道疏通”一样荒谬。社会需要很多称职的管道工，当然也需要一些特别厉害的管道建设人员，可能还需要大家懂一些管道系统的知识。但是，管道疏通也好，编程也好，只有让人们去追逐自己心中所爱，各展所长，世界才能维系正常的运转。

认定编程能解决未来一切问题，这无异于很危险地走向硅谷式的解决方案——世界上的所有问题都可以通过软件来解决！阿特伍德说：“这是本末倒置！在决定学编程之前，你先要想清楚自己的问题到底是什么。你是不是真的有问题需要解决？你能向他人解释得通吗？你有没有做过调查，探究过可行的解决方案？编程可以解决这个问题吗？你确定吗？”人文学科之所以是重要的研究领域，是因为它认识到人类行为难以捉摸的复杂性。人文学科帮助我们定义了社会目标、社会文明，这是关键的第一步，然后我们采取各类工具，比如编程、管道建设、城市规划等去实现美好的愿景。

现在，STEM 备受热捧，很多家长不禁好奇，我的孩子应不应该学编程？和众多问题的答案一样，我们也不是很明确。几位程序员和教育家提供的建议如下：所有的小学都应该让孩子接触编程，让他们知道自己是否感兴趣。然而，数学、历史、文学已经充实了孩子的课程，没必要让每个孩子挤出时间钻研编程技能。让孩子有机会尝试，让他们自己去决定是否愿意进入这一行。否则，想要成为程序员的孩子只会来自那些父母能提供计算机设备的富裕家庭。

更重要的是，要营造一种文化氛围，让下一代有机会玩代码。课堂教学虽然重要，但往往比较枯燥。对孩子来说，“如何编写算法”听起来过于抽象，毫无发挥想象力的空间。真正高效的引导路径往往出现在孩子的课外活动中。很多孩子对编程感兴趣是因为编程能让他们做出一些有意思的东西，让同龄人很羡慕。正因如此，很多程序员编程的开端，要么是设计电子游戏，要么是为喜欢的电视节目或乐队创建粉丝网站。这些活动特别有意义，他们可以向朋友炫耀。在学编程的时候，“学习”不是目的，其中的文化因素才是关键，他们可以拥有属于自己的游戏，可以在自己的网站上和别人分享昨晚播放的《处女情缘》深藏的细节。

在过去的 10 年里，吸引年轻人走入编程的最强大的媒介应该就是沙盒游戏《我的世界》了。这款游戏有点儿像数码版的乐高积木：玩家可以“开采”不同的材料块——砍树得到木材块，挖土得到土块，还可以挖到铁块、金块，等等，把这些材料块结合在一起就可以创造不同的新结构，搭建房屋，建造城市。大部分孩子的乐趣止步于此。

然而，也有一些玩家发现，这款游戏似乎是一个入门级的编程介绍。《我的世界》中有一种内置材料“红石”，你可以用它设计电路，这与软件开发的编程语言非常相似，比如，点击一个开关和另一个开关，一盏灯就亮了；扳动某个杠杆或另一个杠杆，一扇门就会被打开。（这些就是“与门”和“或门”，实际上，你可以使用从《我的世界》中学到的知识去构建你在编程和微芯片设计中看到的许多主要逻辑形式。）于是，这些孩子开始创建特别复杂的机制——一些陷阱、暗含机关的门等等，然后向朋友炫耀，把游戏视频上传到网上。他们发现，在《我的世界》中他们可以用逻辑门建造各种有趣的东西，这让他们很有面子。哲学家、游戏设计师伊恩·博格斯特说，这款游戏已经不仅仅是一款游戏了，它也是这一代人的“个人计算机”，是他们的“康懋达 64”，正是这台机器让他们去探索数字世界，并动手创造数字世界。而且，“红石电路”往往不是第一次就能奏效，孩子们也要学会攻坚克难，想办法搞清楚逻辑门哪里出了问题。

到目前为止，并没有数据显示有多少孩子完成了从玩红石到实际编程的转变。《我的世界》的玩家只有一小部分会成为程序员，正如过去那些玩康懋达 64 或者 1999 年在网站上“查看源代码”的孩子，他们也不是每个人都成了程序员。但可以肯定的是，确实有人通过玩游戏进入了编程行业，英国青少年奥利弗·布拉泽胡德痴迷于“红石电路”，不断设计出复杂的游戏装置。他把自己的游戏视频发布到网上，还给出了详细的设计步骤，很快就有很多人订阅他的视频，这让他有了一笔小收入。而且，在逻辑门的设计和探索中，他对编程产生了浓厚的兴趣，读大学时他申请了计算机科学专业并被录取。

他说："我周围玩红石电路的人，很多都是搞编程的。"结果，当他在讨论区发布自己的作品时，他发现被他吸引的不仅有十几岁的孩子，还有很多职业程序员。

就"如何帮助年轻人学习编程"这个问题而言，上述案例有极大的启发意义，那就是流行文化有着最强大的推动力。人们学习在游戏中设计逻辑门，像计算机一样思考，那是因为玩游戏本身有乐趣，因为他们能够制作出让别人啧啧称奇的作品。《我的世界》之所以成为吸引年轻人进入编程世界的强大媒介，是因为游戏本身充满了乐趣。（该游戏的开发团队从未想过让自己的产品富有教育意义，也从未想过要让产品成为学习逻辑门的工具。首席设计师延斯·伯根斯坦说："我们只是在为自己开发游戏。"）尼奥宠网站上的游戏也是如此：游戏开发人员可没有想过，我们制作一款游戏来培养新一代的前端开发程序员。他们只是设计出了一个奇妙的虚拟世界，让人们玩耍，却恰好成了人们学习的工具。

要想吸引人们进入编程行业，文化的力量不可小觑。

同样不可小觑的，是人们的倔强。

知道罗斯提·贾斯蒂斯为什么下定决心在肯塔基州开拓编程行业吗？因为纽约州一个有钱人告诉他，不要想太多。

2011年，当时的纽约市长、亿万富翁迈克尔·布隆伯格向塞拉俱乐部捐赠5 000万美元，支持其发起的"超越燃煤"运动，该运动呼吁政府出台措施，倡导使用新能源，关停燃烧煤炭的能源工厂。对贾斯蒂斯来说，这可不是什么好事，他坚定地认为煤炭是重要的廉价能源，也是肯塔基州主要的就业来源。

2014年，布隆伯格在聊到矿工们学习编程的事情时表现得非常不屑。

在彭博新能源财经峰会上，他说："矿工是学不会编程的。马克·扎克伯格说谁都能学编程，未来很美好。恕我直言，这是不可能的。"

这激怒了贾斯蒂斯。在接受技术在线杂志《反向通道》(*Backchannel*)的采访时，贾斯蒂斯说："这些话满是对矿工的刻板印象和偏见，认为矿工脑子笨，做不了大事，很可怜，等等。这不就是赤裸裸的挑衅吗？"你觉得矿工写不了JavaScript吗？再好好想想吧。

致谢

感谢经纪人苏珊·格卢克的热忱与卓越见解，感谢编辑斯科特·莫耶斯的激励与筹划，两位对本书的出版功不可没。

同时，我要感谢在百忙之中接受我访问的上百位人士，他们慷慨地分享了自己的见解与学识。他们的名字无法在此一一罗列，但他们的思想、洞见和经历已经深深融入我的文字。

在本书的写作中，我十分荣幸能够与诸多有识之士交谈，并从中收获了宝贵的信息与意见，在此对以下人士表示感谢：马克斯·惠特尼、弗雷德·贝嫩森、汤姆·艾戈、米歇尔·泰珀、萨龙·雅巴里克、卡特里娜·欧文森、凯茜·珀尔、蒂姆·奥莱利、卡罗琳·辛德斯、希瑟·戈尔德、伊恩·博格斯特、玛丽·希克斯、阿尼尔·达什、罗宾·斯隆、达纳·波伊德、布雷特·道森、埃文·泽林格、加里·马库斯、加布里埃拉·科尔曼、格雷格·鲍格斯、霍尔登·卡劳、杰茜卡·拉姆、卡拉·斯塔尔、迈克·马塔斯、保罗·福特、雷·奥兹、罗斯·古德温、斯科特·古德森、泽伊内普·蒂费克奇、史蒂夫·西尔贝曼、蒂姆·奥默尼克、艾米莉·帕库尔斯基、达赖厄斯·卡齐米、塞恩·巴尼斯特、克雷格·西尔弗曼、克里斯·科伊尔、切特·默西、查德·弗洛伊德、布伦丹·艾希、洛朗·麦卡锡、安妮特·鲍曼、阿莉森·帕里什、丹·沙利文、格兰特·保罗、吉多·范·罗苏姆、廷斯·伯根斯坦、马克·奥托、米奇·奥尔特曼、彼得·斯科莫罗克、吉姆·奥比尔杰雷和 Ross Intelligence（人工智能初创公司）的所有黑客，还有罗布·格雷厄姆、史蒂夫·克拉布尼克、罗布·利果里、亚当·德安吉洛、贝尔·库珀、道格·桑、金·策特、戴维·席尔瓦、萨姆·朗、罗恩·杰弗里斯、苏珊·坦和约翰·赖西格。因记忆有限，该名单未能囊括所有给予我意见的人士。

我在技术领域的写作也有幸得到多家杂志编辑的鼓励与指导，其中包括《纽约时报》的迪安·鲁滨逊、比尔·瓦希克、杰茜卡·勒斯蒂格和杰克·西尔弗斯坦，《连线》的亚当·罗杰斯、薇拉·蒂图尼克和尼克·汤普森，《史密森尼》杂志的德布拉·罗森堡、迈克尔·卡鲁索，《琼斯母亲》杂志的克拉拉·杰弗里、迈克·米尼克，以及《本杂志》（*This Magazine*）的埃丽卡·伦蒂，等等。

本书如果出现有误信息，责任由我一人承担。感谢核查团队的工作，尽可能减少了一切事实性错误，该团队成员包括夏尔米拉·文卡塔苏班、卢卡斯·弗尔布卡、本吉·琼斯、詹姆斯·盖恩斯、卡拉·墨菲、安妮·马、罗恩·沃尔拉思、卡伦·丰特和弗格斯·麦金托什。

感谢企鹅出版公司的米亚·康斯尔为本书的出版倾尽全力。

另外，我想感谢父亲的朋友哈尔。20 世纪 80 年代的一个暑假，他把自己的康懋达 VIC-20 借给了我，开启了我的 BASIC 语言编程之路。我还想感谢一个我叫不上名字的人——多伦多萨米特高地公立学校的图书馆管理员。这名富有远见的管理员采购了一本解释如何使用机电继电器搭建逻辑门的书。我在 11 岁那年读到了这本书，可以说，它改变了我的人生轨迹，也是我写作本书的重要诱导。

在写作本书的过程中，朋友们给予了我极大的鼓励，其中包括Wack论坛上的朋友们，多伦多和布鲁克林的朋友们，还要感谢The Delorean Sisters乐队音乐的陪伴。

当然，还要感谢我的家人，感谢我的妻子埃米莉（她也是20世纪80年代黑客中的一员），我们时常在深夜进行头脑风暴，她给我的初稿带来了重要的反馈意见。还要感谢我的孩子加布里埃尔和泽夫，他们耐心地听我絮絮叨叨了整整3年。正是因为有你们，我才完成了这项工作。